未来エコ
実践テクノロジー

一般財団法人　エネルギー総合工学研究所　編著

図解でわかるカーボンリサイクル

CO_2を利用する循環エネルギーシステム

技術評論社

はじめに

近年、世界が異常気象に見舞われ、地球温暖化がその一因と考えられています。2015年に開催された気候変動枠組条約第21回締約国会議（COP21）では、世界全体の温室効果ガス排出量削減のための方針と長期目標が設定され、21世紀末の大気の温度上昇を、「工業化以前と比して2℃を十分に下回る水準に抑制し、1.5℃に抑制するよう努力する」ことが合意されました。また、2025年または2030年までの温室効果ガス排出量削減目標をそれぞれの国ごとに自主的に設定し、進捗状況を報告し、専門家によるレビューを受けることになりました。

EU諸国では、2050年にCO_2排出量をゼロにするとの目標に取り組んでいます。そのためには、低炭素燃料の使用、高効率化、省エネルギーや、再生可能エネルギー大量導入だけでは困難と考えられます。発電所などからの燃焼排ガスからCO_2を回収し貯留（CCS）する事業が各国で実証されています。日本も苫小牧で実証試験が行われましたが、日本の沿岸地域だけでは十分な量を貯留する場所がありません。

炭素とCO_2による循環エネルギーシステムであるカーボンリサイクルを人為的に構築し、CO_2の有効利用（CCU）を加えることで、実質のCO_2排出量をゼロに持っていく必要があるでしょう。これは、国際連合で決められたSDGs（持続可能な開発目標）の考え方にも沿うものです。

2019年２月には、経済産業省内にカーボンリサイクル室が発足し、カーボンリサイクル技術ロードマップが策定され、産官学が一体となって取り組む道筋が示されました。エネルギー業界をはじめとした産業界だけではなく、各界の皆さんが大いに関心を持つ状況にありながら、技術が分野横断的で範囲が広く、世界の動きや制度もウォッチしなければなりません。そんな状況で、何をなすべきか悩んでいる方が多いのが実情でしょう。

本書は、幅広い読者を対象として、カーボンリサイクルの必要性と概念を説明し、CO_2実質排出量ゼロを目指す上で、必要なシステムと要素技術を図や表を用いて解説するものです。CO_2はどこで発生し、どうやって回収するか、何に使われているのかに始まり、CO_2からオレフィンやポリカーボネートなどの化学品、メタンやメタノールなどの燃料製造の方法を示します。コンクリートに固定化する方法もあります。これら分野における昨今の研究動向も示しました。さらに、CO_2を大幅に削減するためには、世界規模でカーボンリサイクルのシステムを構築し、持続可能な社会を目指す必要性を解説します。

また、カーボンリサイクルを進めるには、CO_2を発生することなく水素を製造するための再生可能エネルギーの導入が欠かせません。太陽電池（PV）や風力発電などによる再生可能エネルギーを、日本で安価に大量に調達することは難しく、オーストラリアなどとの国際協力も重要です。さらに、日本の政策や選択肢を紹介するとともに、カーボンプライシングを進める上での課題にも触れ、実務に役立つようにしました。その流れの中で各組織が具体的に実行することを見つけ出す一助になることを願っています。新たなカーボンリサイクルエネルギーシステムを構築し、普及するには、数十年を要します。2050年までに残された時間は限られているのです。このような状況で、皆さんの専門分野や所属されている組織で実行することの方向性がわかるように心がけました。また、本書では、興味のある章から読み始めていただいても理解しやすいよう、随所に専門用語を丁寧に説明しています。ぜひ、手に取ってページを開いて読み始めてください。

本書は一般財団法人エネルギー総合工学研究所の多くの研究員の協力により、各専門分野からの知識と知恵を反映したものとなっています。また、執筆にあたり、経済産業省、国立研究開発法人新エネルギー・産業技術総合開発機構をはじめ、多くの機関からの貴重な情報を活用させていただきました。本書を上梓するにあたり、深甚なる謝意を表します。

最後になりましたが、当所研究員の金子裕子氏、斎藤一郎氏には、内容がしっかりと伝わるようにレビューをしていただき、また、技術評論社の最上谷栄美子氏には編集面で適切なアドバイスをいただきました。ここに深く感謝いたします。

2020年9月

一般財団法人　エネルギー総合工学研究所

理事長　寺井　隆幸

CONTENTS

[英単語略語表]

略称	正称	和訳
A-USC	Advanced Ultra Super Critical Power Plant	先進超々臨界圧発電
ACT	Accelerating CCS Technologies	欧州CCUS促進を目指す研究イニシアティブ
ATJ	Alcohol to Jet	アルコールからのジェット燃料合成
BAU	Business as Usual	特段の対策のない自然体ケース
BECCS	Bioenergy with Carbon Capture and Storage	バイオマスCO_2回収・貯留
BFG	Blast Furnace Gas	高炉ガス
BMBF	Bundesministerium für Bildung und Forschung	ドイツ連邦教育研究省
BTX	Benzene, Toluene, Xylene	ベンゼン、トルエン、キシレン
CBM	Coal Bed Methane	炭層ガス、コールベッドメタン
CCS	Carbon dioxide Capture and Storage	CO_2回収・貯留
CCU	Carbon dioxide Capture and Utilization	CO_2回収・利用
CCUS	Carbon dioxide Capture, Utilization and Storage	CO_2回収・利用・貯留
CFRP	Carbon Fiber Reinforced Plastics	炭素繊維強化プラスチック
CNT	Carbon Nanotube	カーボンナノチューブ
COG	Coke Oven Gas	コークス炉ガス
COP	Conference of Parties to the United Nations Framework Convention on Climate Change	国連気候変動枠組条約締約国会議
CSP	Concentrating Solar Power	集光型太陽熱発電
DAC	Direct Air Capture	CO_2直接空気回収
DACS	Direct Air Capture with Carbon Storage	CO_2直接空気回収・貯留
dena	Deutsche Energie-Agentur	ドイツエネルギー機構
DME	Dimethyl ether	ジメチルエーテル
DOE	US Department of Energy	米国エネルギー省
DPC	Diphenyl Carbonate	ジフェニルカーボネート

略称	正称	和訳
EGR	Enhanced Gas Recovery	天然ガス増進回収
EIA	Energy Information Administration	米国エネルギー省エネルギー情報局
EOR	Enhanced Oil Recovery	石油増進回収
ESG	Environment, Social, Governance	環境、社会、ガバナンス
ETS	Emission Trading Scheme	温室効果ガス排出量取引制度
FCV	Fuel Cell Vehicle	燃料電池自動車
FIT	Feed-in Tariff	固定価格買取制度
FPSO	Floating Production, Storage and Off-loading System	浮体式生産貯蔵積出設備
FT	Fischer-Tropsch process	フィッシャー・トロプシュ合成
GHG	Greenhouse Gas	温室効果ガス
GTCC	Gas Turbine Combined Cycle	ガスタービン・コンバインドサイクル発電、ガスタービン複合発電
GTFC	Integrated Gasification & Fuel Cell Combined Cycle	ガスタービン燃料電池複合発電
GTL	Gas to Liquids	ガスから液体燃料製造
HHV	High Heating Value	高位発熱量
HLPF	High-level Political Forum	ハイレベル政治フォーラム
HSR	Heavy Straight Run	重質ナフサ
ICEF	Innovation for Cool Earth Forum	世界エネルギー・環境イノベーションフォーラム
IGCC	Integrated Gasification Combined Cycle	石炭ガス化複合発電
IGFC	Integrated Gasification & Fuel Cell Combined Cycle	石炭ガス化燃料電池複合発電
IRENA	International Renewable Energy Agency	国際再生可能エネルギー機関
IREX	Institute for applied research and experimentation in civil engineering	フランス土木工学応用実験研究所
IPCC	Intergovernmental Panel on Climate Change	国連気候変動に関する政府間パネル
IEA	International Energy Agency	国際エネルギー機関
INDC	Intended nationally determined contribution	削減目標を自国が決定する貢献案（約束草案）

略称	正称	和訳
IS	Iodine-Sulfur	ヨウ素ー硫黄法
JOGMEC	Japan Oil, Gas and Metals National Corporation	独立行政法人石油天然ガス・金属鉱物資源機構
JSPS	Japan Society for the Promotion of Science	日本学術振興会
JST	Japan Science and Technology Agency	国立研究開発法人科学技術振興機構
LHV	Low Heating Value	低位発熱量
LNG	Liquefied Natural Gas	液化天然ガス
LSR	Light Straight Run	軽質ナフサ
MCH	Methylcyclohexane	メチルシクロヘキサン
MOF	Metal-Organic Framework	金属有機構造体
MTA	Methanol To Aromatics	メタノールから芳香族製造
MTBE	Methyl t-butyl ether	メチル・ターシャリー・ブチル・エーテル
MTG	Methanol To Gasoline	メタノールからガソリン製造
MTO	Methanol To Olefins	メタノールからオレフィン製造
MTP	Methanol to Propylene	メタノールからプロピレン製造
NASA	National Aeronautics and Space Administration	アメリカ航空宇宙局
NDC	Nationally determined contribution	温室効果ガス削減・抑制目標（国が決定する貢献）
NEDO	New Energy and Industrial Technology Development Orgaization	国立研究開発法人新エネルギー・産業技術総合開発機構
NETL	National Energy Technology Laboratory	米国エネルギー技術研究所
NZE	Net Zero Emission	温室効果ガス排出を実質ゼロ
OECD	Organisation for Economic Co-operation and Development	経済協力開発機構
OME	Polyoxymethylene dimethyl ethers	ポリオキシメチレンジメチルエーテル
Oxy-Fuel	Oxy-Fuel Combustion	酸素燃焼法
P2G	Power to Gas	電力からガスへの変換
PAN	Polyacrylnitril	ポリアクリロニトリル
PCT	Patent Cooperation Treaty	特許協力条約

略称	正称	和訳
PEM	Proton Exchange Membrane	プロトン交換膜
PET	Polyethylene Terephthalate	ポリエチレン・テレフタレート
PSA	Pressure Swing Adsorption	圧力変動吸着法
PtG	Power to Gas	電力からガスへの変換
PTSA	Pressure and Temperature Swing Adsorption	圧力・温度変動吸着法
PV	Photovoltaic	太陽電池
RCA	Recycled Concrete Aggregate	再生コンクリート骨材
RCPs	Representative Concentration Scenarios	濃度変化シナリオ
RITE	Research Institute of InnovativeTechnologyfor the Earth	公益財団法人地球環境産業技術研究機構
SNG	Substitute Natural Gas	代替天然ガス
SOEC	Solid Oxide Electrolysis Cell	固体酸化物形水電解
SOFC	Solid Oxide Fuel Cell	固体酸化物形燃料電池
Syngas	Synthesis Gas	合成ガス
TNO	Netherlands Organisation for Applied Scientific Research	オランダ 応用科学研究機構
TPU	Thermoplastic Polyurethane	熱可塑性ポリウレタン
TRL	Technology Readiness Level	技術成熟度
TSA	Thermal Swing Adsorption	温度変動吸着法
UNDP	United Nations Development Programme	国際連合開発計画
UNEP	United Nations Environment Programme	国際連合環境計画
UNFCCC	United Nations Framework Convention on Climate Change	国際連合気候変動枠組条約
USC	Ultra Super Critical Power Plant	超々臨界圧発電
WAG	Water Alternating Gas	EORにおける水ガス交互圧入
WE-NET	World Energy Network	水素利用国際クリーンエネルギーネットワークシステム
WSR	Whole Straight Run	フルレンジ・ナフサ、ホールレンジ・ナフサ

注）地名、商品名、人名は除く。

[単位換算表]

	SI単位	工学単位	British単位	慣用単位など
長さ	1m	1m	39.37インチ	—
	25.40mm	25.40mm	1インチ	—
質量	1kg	1kg	2.205ポンド(lb)	—
	1,000kg	1t	2,205ポンド(lb)	—
	0.4536kg	0.4536kg	1ポンド(lb)	—
容量	0.1590m^3	0.1590m^3	—	1バレル(barrel)
	1m^3	1m^3	—	1kL
圧力	1kPa	0.01020kg/cm^2	0.1450psi	0.009869atm
	1MPa	10.20kg/cm^2	145.0psi	9.869atm
エネルギー・熱量	1J	0.0002389kcal	0.0009488Btu	0.0002778Wh
	1kJ	0.2389kcal	0.9488Btu	0.2778Wh
	1MJ	238.9kcal	948.8Btu	0.2778kWh
	1GJ	2.389×10^{5}kcal	0.9488MMBtu	277.8kWh
	1PJ	2.389×10^{11}kcal	9.488×105MMBtu	2.778×10^{8}kWh
	1.054kJ	0.252kcal	1Btu	0.2928Wh
	1.054GJ	2.520×10^{5}kcal	1MMBtu	292.8kWh
熱流	3.600MJ/h	860kcal/h	—	1kW
温度	273.15K	0℃	—	—

［単位の解説］

種類	単位	説明
CO_2発生量	kg-CO_2/kg	物質1kgを燃焼した時のCO_2発生量（kg-CO_2）
	kg-CO_2/GJ	物質の発熱量1GJ当たりのCO_2発生量(kg-CO_2)
	kg-CO_2/1,000kcal	物質の発熱量1,000kcal当たりのCO_2発生量(kg-CO_2)
	t-C/GJ	物質の発熱量1GJ当たりのCO_2発生量をC（炭素）のトンに換算(t-C)、排出係数と呼ばれる。
	g-CO_2/kWh	1kWhを発電する際のCO_2発生量(g-CO_2)、火力発電からのCO_2発生量に用いられる。
発熱量	MJ/kg	物質1kg当たりの発熱量（MJ）
	MJ/m^3N	気体1m^3N当たりの発熱量（MJ）
CO_2相当量	Gt-CO_2e	CO_2eの「e」は、温暖化ガスをCO_2に換算した値
エネルギー供給量	kL	液体燃料等の体積
	PJ	燃料を発熱量で換算したエネルギー供給量として用いられることが多い。10の15乗J。
CO_2回収に必要な熱量	GJ/t-CO_2	CO_2回収装置に必要な熱量を表す。CO_2 1トンを回収するのに必要なエネルギー量(GJ)。再生に必要な熱が主である化学吸収法で用いられる。
	kWh/t-CO_2	CO_2回収装置に必要な熱量を表す。CO_2 1トンを回収するのに必要なエネルギー量(kWh)。空気からのCO_2回収（DAC）など消費電力が大きい場合に用いられる。
面積当たりの出力	W/m^2	太陽電池などの面積(m^2)当たりの発電出力(W)
	MW/km^2	太陽電池などの設置面積(km^2)当たりの発電出力(MW)
熱量当りの燃料価格	US$/MMBtu	発熱量百万Btu当たりの燃料価格(US$)。米国で石油、天然ガス、石炭価格の表記に用いる。百万Btuは1.054GJ。
	円/10^3kcal	発熱量1,000kcal当たりの燃料価格(円)
	円/kWh	発熱量1kWh当たりの燃料価格（円）、あるいは電力1kWh当たりの電力価格、発電コスト。
原油の価格	US$/BBL	1バレル当たりの燃料価格（US$）。米国で石油の価格表記に用いる。1バレルは、0.159m^3。

ご注意：必ずお読みください

●本書記載の内容は、2020年8月20日現在の情報です。そのため、ご購入時には変更されている場合もあります。また、本書は著者が独自に調査した結果を出版したものです。

●本書の内容について万全を期して作成いたしましたが、万一、ご不明な点や誤り、記載漏れなど、お気づきの点がありましたら、奥付に記載の小社連絡先にてご連絡をお願いします。

●本書に記載された内容は、情報の提供のみを目的としています。本書の運用については、必ずお客様自身の責任と判断によって行ってください。これらの情報の運用の結果について、技術評論社および著者はいかなる責任も負いかねます。

●本書の全部または一部について、小社の許諾を得ずに複製することを禁止しております。

以上の注意事項をご承諾いただいた上で、本書をご利用願います。これらの注意事項をお読みいただかずに、お問い合わせいただいても、技術評論社および著者は対処しかねます。あらかじめ、ご承知おきください。

第1章

CO_2をなぜ利用するのか

この数年、世界各地から異常気象が報告されている。ヨーロッパでは43℃の熱波、スペインやオーストラリアでは山火事、アメリカ合衆国ではミシシッピー川の大洪水､日本でも「数十年に一度」の大雨などである。人為由来のCO_2が大量に大気に排出され、産業革命以降、現在までの気温上昇は約1.1℃となっており、異常気象の一因と考えられている。

大気中のCO_2濃度の上昇と地球温暖化の実態を示し、世界の研究機関での研究成果を紹介する。それらを踏まえて、COP21で採択されたパリ協定における「世界の平均気温上昇を産業革命以前に比べて2℃より十分低く保つとともに、1.5℃に抑える努力を追求する」ことを長期目標とした、各国の目標を紹介する。ただし、各国の目標は、CO_2削減の具体的な方策を示しているわけではない。

CO_2を削減するには、省エネルギーやCO_2を地下に固定化するCCS（Carbon dioxide Capture and Storage、CO_2回収・貯留）だけでは限界がある。CO_2回収と回収したCO_2の有効利用、いわゆるCCU（Carbon dioxide Capture and Utilization）が必要となる。現在、CO_2は工業的に使われているが、その量は発生量に比べれば僅かであり、CO_2削減に寄与する本格的なCCUの導入が求められている。

1.1 大気中のCO_2濃度上昇とその問題

1 大気に排出されるCO_2の要因

18世紀に始まった産業化以降、それ以前から存在する森林伐採などの人間活動に加え、化石燃料を利用することによって、人為由来のCO_2が大量に大気に排出されている。**図 1.1**に示すように、排出された人為由来のCO_2は大気・海・陸をめぐる地球の炭素循環によって、陸域の生態系生産[1]と海洋吸収をあわせて半分強が吸収される。そして、この残りの44%が大気に残ることが、科学的にわかってきた（**図 1.2**）。

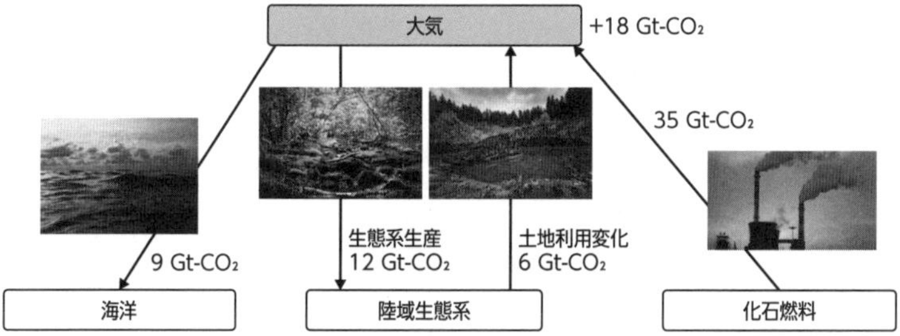

図1.1 地球規模の炭素循環の概要

図 1.1の数値はGt-CO_2／年で、2009年から2018年平均のCO_2の流れを表している。推定値には不確実性が存在し、排出とシンクの総量に1 Gt-CO_2／年程度のインバランスが存在する。

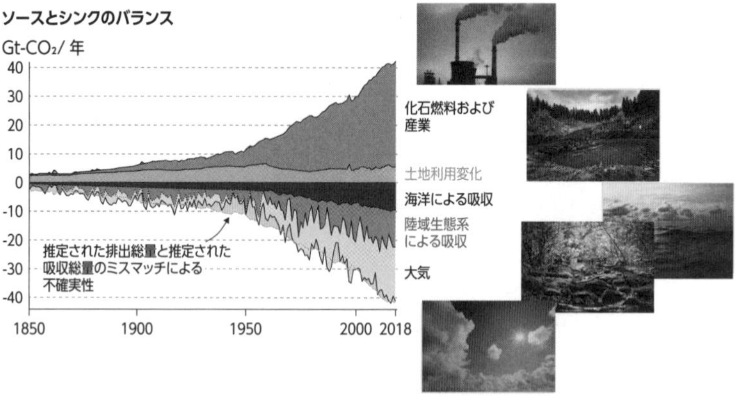

図1.2 人間活動により排出されたCO_2（ソース）とシンクへの分割
出典：Global Carbon Budget 2019[1]をもとに作成

1 **生態系生産** ここでの生態系生産とは、植物の光合成によるCO_2吸収量から、生態系の呼吸と分解などによる排出量や自然な攪乱（山火事など）による排出量を差し引いた値。

2 地球温暖化を加速させる温室効果ガス

CO_2は安定な物質であるため、人為的に排出されたCO_2のうち、大気中に残存する部分は毎年蓄積されていく。そのため、1750年に277 ppmであった大気中のCO_2濃度は、産業化以降の人間活動により上昇し、2020年の1月では世界全体の平均で412.3 ppmとなっている。**図 1.3**に、長年CO_2濃度が継続的に測定されているハワイのマウナ・ロアで観測された大気中のCO_2濃度の月別データを示す。

この観測グラフはキーリング曲線として有名である。CO_2濃度がジグザクになって上昇しているのは、北半球の夏にCO_2が植物に多く吸収されるためである。

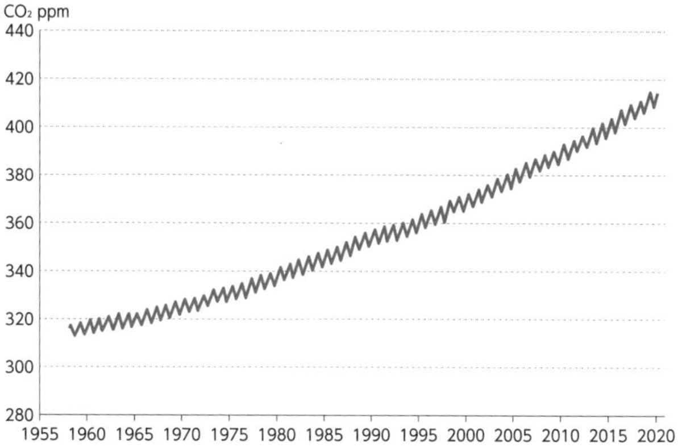

図 1.3 ハワイ マウナ・ロアにおけるCO_2濃度観測値
出典：NOAA Earth System Research Laboratoriesデータ[2]をもとに作成

地球の大気には、CO_2やメタン（CH_4）、一酸化二窒素（N_2O）など、温室効果ガス（GHG: Greenhouse Gas）が微量に含まれるため、地球の地表面の平均気温は太陽光の入射と地球の外向きの長波放射から計算される255K（－18℃）よりも高い。観測された地球の年平均気温はおおよそ15℃であり、人間活動にとって快適な条件となっている。これらの気体は、赤外線を吸収し、再び放出する性質があるため、太陽からの光で暖められた地球の表面からの赤外放射がいったん大気に吸収され、再び放出された赤外線の一部が地球の表面に返ることになる。こういった過程により、地表面及び地表面付近の大気を暖めることを温室効果と呼ぶ。

人間活動によって大気中の人為的なGHGが増え、自然の熱バランスがわずかに変化する（温室効果が強まった）ことによって気温が上昇するのが地球温暖化である。GHGとして寄与が高いものから、水蒸気、二酸化炭素（CO_2）、オゾン、メタン（CH_4）や一酸化二窒素（N_2O）などのその他のガスとなり、雲がない場合の大気において、水蒸気の効果が温室効果の60%、CO_2の効果が26%、オゾンの効果が8%、その他のガスが6%となる[3]。温室効果ガスのうち水蒸気は、蒸発散や降水という形で地球のシステムの中で気温との相互作用を起こすフィードバック要因であり、直接人為的に排出されるものではない。そのため、人間活動による作用としてもっとも直接影響を及ぼすGHGは、人為排出によるCO_2である[4]。

1.2 世界で排出されるCO_2量

1 化石燃料の使用により排出されるCO_2

このように、産業化以降の人間活動によるCO_2排出が大気中のCO_2濃度の上昇をもたらしてきたわけだが、その排出の多くは、石炭、石油、天然ガスといった化石燃料の利用やセメント製造などの産業プロセスによって排出されている。

世界全体での排出量は、最近の10年（2009年から2018年）平均で年間34.7 ± 2 Gt-CO_2（347 ± 20億t-CO_2）となっている。**図1.4**に示すように、半世紀前の1960年代では、その排出量は11.4 Gt-CO_2と現在の1／3程度であったが、世界のエネルギー利用の増加により、CO_2排出量は増加してきた。

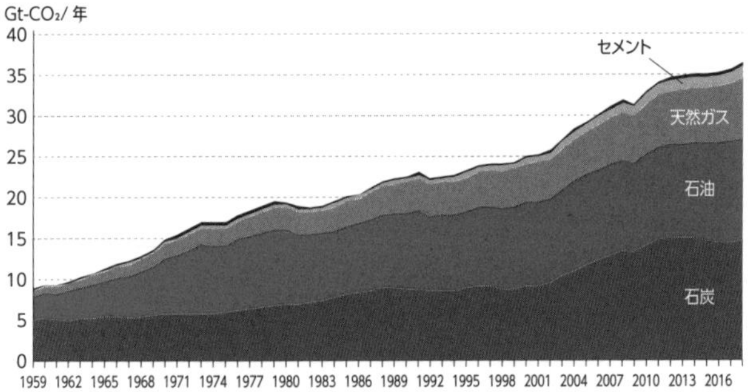

図1.4　化石燃料および産業によるCO_2排出量
出典：Global Carbon Budget 2019[1]をもとに作成

2018年の化石燃料および産業による排出量は36.6 ± 2 Gt-CO_2であったが、その内訳は、石炭40%、石油34%、天然ガス20%、セメント製造が4%となっている。

化石燃料および産業によるCO_2排出に加え、地球規模の炭素循環の概要でみたように、人間活動による土地の利用（農地の拡大や森林伐採などの土地利用変化）によってもCO_2は排出される。その排出量は、2009年から2018年の平均で、5.5 ± 2.7 Gt-CO_2と見積もられており、人為的CO_2排出量全体の約14%を占める。その排出量の時間的な増減は、**図1.5**に示すように、化石燃料および産業による排出量の増加傾向とは異なり、年変動はあるものの比較的一定した排出量となっている。

2 国別で見たCO_2排出量

国別で2018年の化石燃料由来および産業からのCO_2排出量を見てみると、**図1.6**に示すように、排出量の上位10カ国は、中国(28%)、アメリカ(15%)、インド(7.3%)、ロシア(4.7%)、日本(3.2%)、ドイツ(2.1%)、イラン(2.0%)、韓国(1.8%)、サウジアラビア(1.7%)、インドネシア（1.7%）となっている。各国の2017年から2018年への排出量の年増加率は、中国が2%、アメリカが3%、インドが8%、ロシアが4%、日本が－2%、ドイツが－5%、イランが5%、韓国が3%、サウジアラビアが－2%、インドネシアが5%と、日本やドイツなどでは減少しているが、多くの国は増加となっていた。

これら上位排出国について、2018年の排出量を人口一人あたりで見てみると、中国が7.2 t-CO_2、アメリカ16.6 t-CO_2、インド2.0 t-CO_2、ロシア11.8 t-CO_2、日本9.2 t-CO_2、ドイツ9.2 t-CO_2、イラン8.8 t-CO_2、韓国12.8 t-CO_2、サウジアラビア18.4 t-CO_2、インドネシア2.3 t-CO_2であった。世界全体での一人あたり排出量は4.8 t-CO_2であり、各国の状況によって1人あたり排出量には大きな幅があることがわかる。

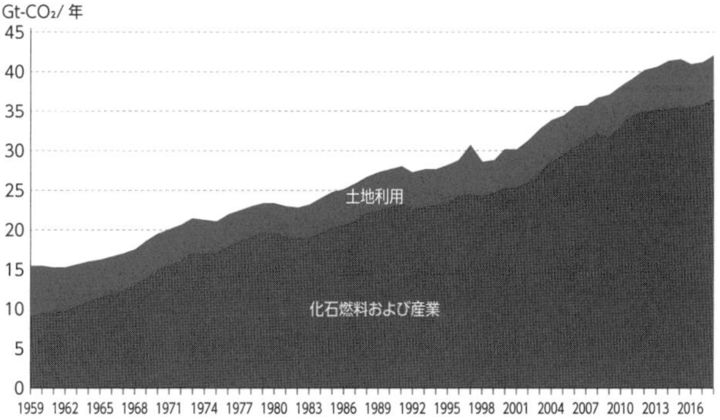

図1.5　土地利用による排出も含む総人為CO_2排出量の推移
出典：Global Carbon Budget 2019[1]をもとに作成

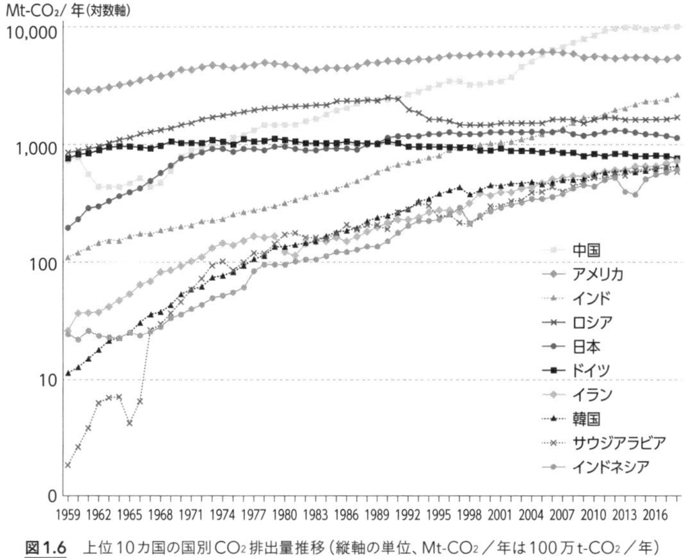

図1.6　上位10カ国の国別CO_2排出量推移（縦軸の単位、Mt-CO_2／年は100万t-CO_2／年）
出典：Global Carbon Budget 2019[1]をもとに作成

1.3 日本のCO_2排出量

1 減少傾向に転じた日本のCO_2排出量

2018年度の日本のCO_2総排出量は、1,139 Mt-CO_2（Mtは百万トン）、(11.39億t-CO_2) で、そのうちの93%（1,060 Mt-CO_2）がエネルギー起源の排出となっている。先ほどみたように、世界全体のCO_2排出量は増加傾向にある一方、**図1.7**に示すように、近年の日本のCO_2排出量は減少しており、この減少傾向は2013年以降5年続いたものとなっている。

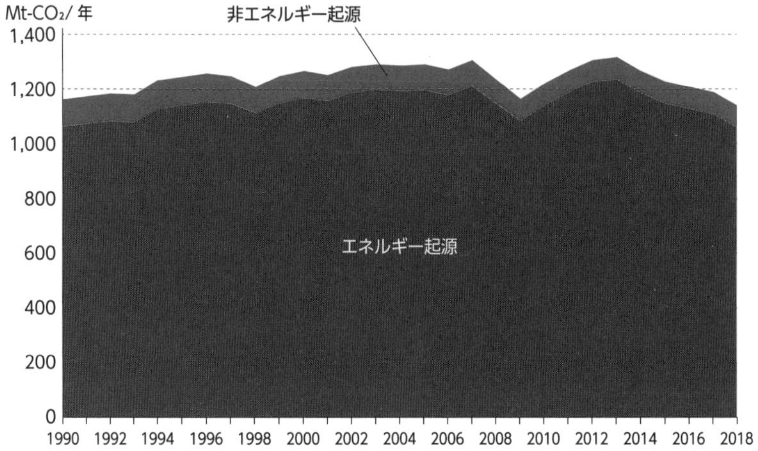

図1.7 日本の人為CO_2排出量
出典：国立環境研究所・温室効果ガスインベントリオフィス「日本の温室効果ガス排出量データ2019年公開版」[5]のデータをもとに作成

2 業種別でも減少傾向にある排出量

この減少傾向は、電力の低炭素化にともなう電力由来のCO_2排出量の減少や、エネルギー消費量の減少（省エネルギー、暖冬等）により、エネルギー起源のCO_2排出量が減少したことによる。また、2005年のCO_2総排出量（1,293 Mt-CO_2）に比べても、2018年では−12%と1割以上の減少となっている。

2018年のデータを部門別（電気・熱配分前の直接排出）でみると、**図1.8**に示すように、発電部門を主とするエネルギー転換部門からの排出が最も多く、エネルギー起源CO_2排出の43%を占める。次に鉄鋼や化学工業など製造業からの排出が主となる産業部門が27%、そして旅客と貨物による運輸部門の排出量が19%と多くを占める。サービス業やオフィスなどの業務部門は6%、家庭部門が5%と、これら民生部門からの直接排出量は相対的に小さい。

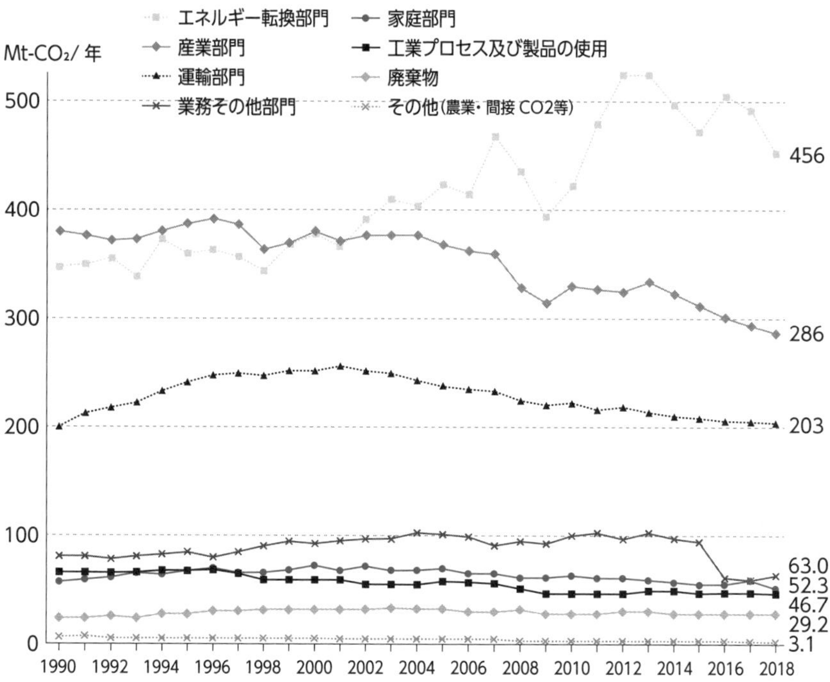

図1.8　日本のCO_2部門別排出量（電気・熱配分前）
出典：国立環境研究所・温室効果ガスインベントリオフィス「日本の温室効果ガス排出量データ2019年公開版」[5]のデータをもとに作成

1.4 現在までと将来予測される気温上昇

1 現在進行中の気温上昇

図 1.9に1880年から2019年までの世界平均気温の変化を示した。産業革命以降の現在までの気温上昇は約1.1℃となり[6]、人為的なGHGが引き続き排出されることにより、このような気候変化が現在進行形で起きている。

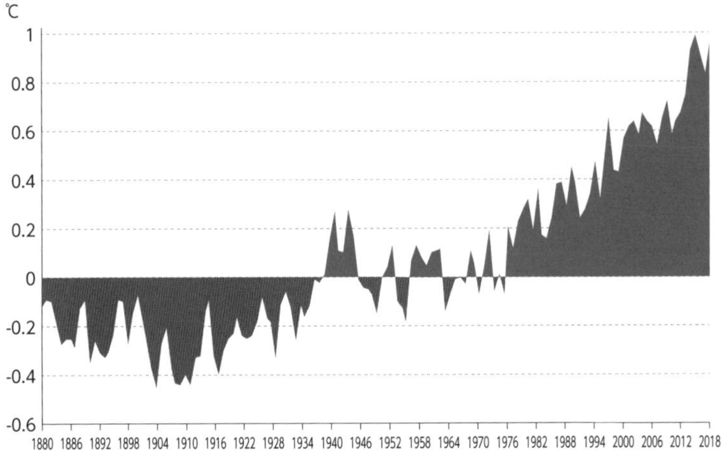

図1.9 世界平均気温の偏差（1901－2000年の平均を基準）
出典：NOAA 2020[6]のデータをもとに作成

2 人為的なCO_2排出量と気候変化の関係

さらなる気温上昇が見込まれる将来の温暖化影響のリスク評価のために、2100年までといった長期的な気候変化予測研究が、気候変動に関する政府間パネル（IPCC）報告書[1]において詳細にまとめられている。

IPCC第5次評価報告書（AR5）において、物理法則に基づく複数の気候モデルを利用した長期の温暖化評価がなされている。これら長期的な気候変化の予測には、前提条件となる将来の人口・GDPの変化といった社会経済のシナリオ[2]の設定が重要となる。IPCC AR5では、4つの代表的な温室効果ガスの濃度変化シナリオ（RCPs：Representative Concentration

1 **IPCC** 世界気象機関（WMO）と国際連合環境計画（UNEP）が共同で1988年に設立した組織。その活動において、気候変化に関する科学的な調査を定期的に行い、将来における気候変化の潜在的なリスク、それに対する適応、そして気候変動を回避する緩和オプションに関する知見を政策決定者に提供している。IPCC自身が研究を行うのではなく、利用可能な科学文献をすべて精査し、筋道立てた評価を行い、政策に関連するが政策を規定しない情報を提供している。

2 **社会経済のシナリオ** 国ごとの人口・GDP予測をベースとして、将来の社会システムや技術進展の方向性を加味した2100年程度までのシナリオ。

Pathways）を社会経済モデル用いて設定し、気候の変化を予測している。

図 1.10 は、RCPsを含む社会経済シナリオによる将来のCO_2排出量シナリオを（**a**）に示し、それに対応する将来の気温変化の対応を（**b**）に示す。

個々の気候モデルの予測には不確実性が存在するため、幅を持った将来の気温変化をもつが、複数の気候モデルを用いた評価により、想定できる社会経済シナリオの範囲内では、人為的なCO_2排出量の累積値と将来の気温変化に直線的な関係があることがわかってきた。

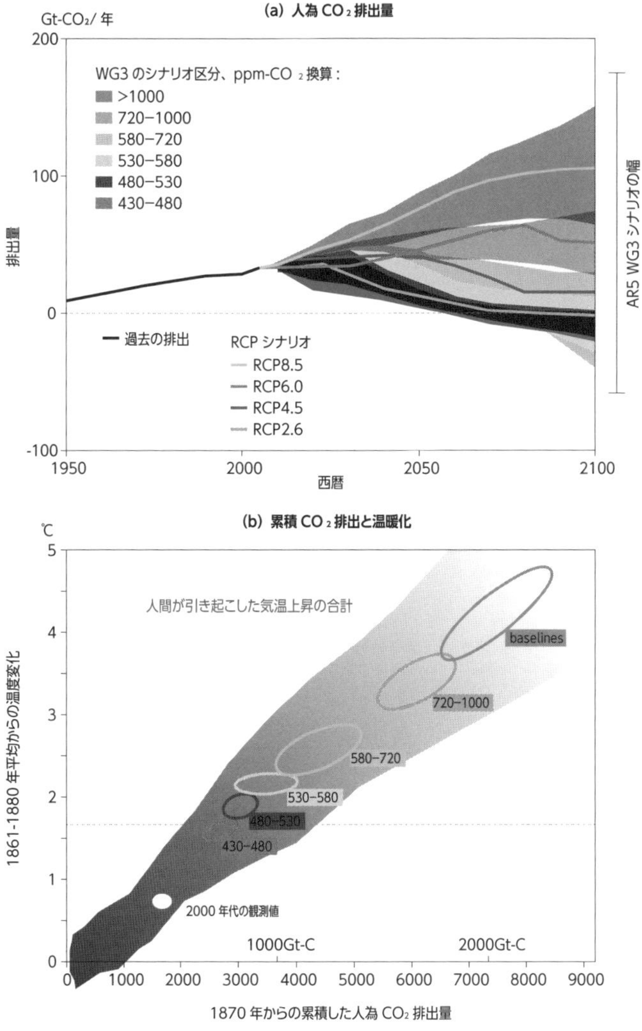

図 1.10　社会経済シナリオにもとづくCO_2排出経路（a）、および、シナリオごとの累積CO_2排出量と気候モデルによって予測される産業化前からの世界平均気温の変化の関係（b）
出典：IPCC AR5 統合レポート SPM[7] Figure 5をもとに作成

3　CO_2削減に向けた国際的な目標

2015年にパリで開催された国連気候変動枠組条約（UNFCCC）の第21回締約国会議（COP21）で採択されたパリ協定[3]では、世界的な平均気温上昇を産業化以前に比べて2℃より十分低く保つとともに、1.5℃に抑える努力を追求することを目標としている（第2条1項a）。また、その達成のためには、排出ピークをできるだけ早期に迎え、今世紀後半に温室効果ガスの人為的な排出と吸収のバランスを達成するよう、最新の科学にしたがって急激に削減することを目標とした（第4条1項）。IPCC AR5で評価されているRCP2.6シナリオは、この「2℃より十分低く保つ」目標に整合したシナリオであるが、その達成のためには、**図1.10a**でみられるように、2075年ごろに人為的なCO_2排出量を実質ゼロにする必要がある。

また、2018年に公表されたIPCC 1.5℃評価報告書[8]では、これまであまり研究されてこなかった世界の平均気温上昇を、産業化前から1.5℃に保つシナリオの分析がなされた。この報告書では、対策がなされず地球温暖化が現在の度合いで続けば、2030年から2052年の間に1.5℃に達する可能性が高いという結論がなされた。一方、気温の大幅なオーバーシュートをせず温暖化を1.5℃に抑えるモデルの排出経路では、世界全体の人為的なCO_2の正味排出量が、2030年までに2010年水準から約45%減少させ、2050年前後に正味ゼロに達する必要があると予測されている（**図1.11**）。このような大転換をともなうCO_2排出経路の達成には、2℃目標よりもさらに革新的なエネルギー環境技術が必要となることは明らかである。

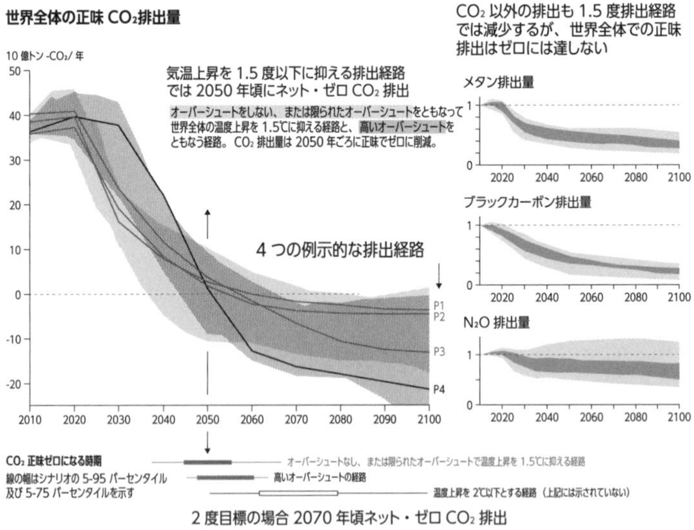

図1.11　1.5℃目標に整合的な代表的な排出経路
出典：IPCC「1.5℃評価報告書 SPM」図3a[8]をもとに作成

3　**パリ協定**　2015年12月12日にパリで開催された第21回国連気候変動枠組条約締約国会議（COP21）にて採択された気候変動抑制に関する多国間の国際的な協定。

1.5 2030年に向けた日本のエネルギー計画

1 日本のエネルギー需給

2015年7月に経済産業省から「長期エネルギー需給見通し」[9]が公表されている。経済産業省が策定した第4次エネルギー基本計画（2015年4月）を踏まえ、3E＋S（Energy Security：エネルギーの安定供給、Economic Efficiency：経済効率性の向上、Environment：環境への適合、Safety：安全性）がエネルギー政策の基本的視点として語られている。その中で、2030年度のエネルギー需給構造が**図1.12**のように示されている。

なお、第5次エネルギー基本計画（2018年7月）が公表され、さらに2050年までに一層の脱炭素化を図る方針が示されている。

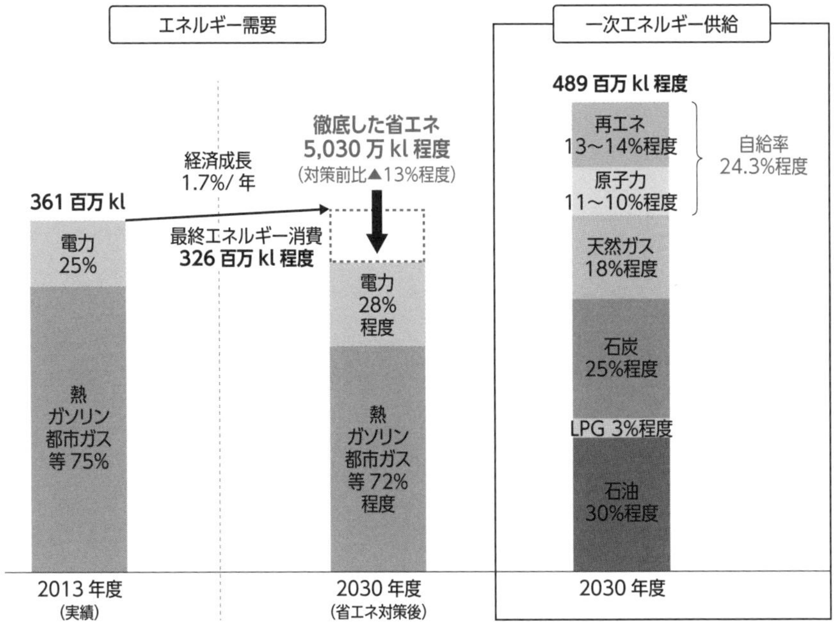

図1.12 日本のエネルギー需給構造

出典：経済産業省・資源エネルギー庁「長期エネルギー需給見通し」(2015)[9]をもとに作成

❶ 一次エネルギーの供給量

日本の一次エネルギー供給量は、2030年度には489百万kL（原油相当、約19,000PJ）と想定している。この内、石油が30%程度、石炭が25%程度、天然ガスが18%程度、原子力、再生可能エネルギー（以降、再エネ）の合計が24.3%程度である。このようにエネルギー源を分散しているのは、輸入中心のエネルギー供給の状況で、3E+Sを意識してのことである。

エネルギーの需要からみると、2013年度には、361百万kLであったのが、経済成長率が年1.7%とし、徹底した省エネルギーを推進することで、2030年に326百万kLと計画している。エネルギー需要は、この間に10%削減を目指している（一次エネルギーの使われ方については、5章1節参照）。

❷ 化石燃料を使わざるを得ない日本のエネルギー構成

2030年を見据えても、化石燃料に頼ったエネルギー構成となっている。化石燃料の中でも**表1.1**に示すように、発熱量当りのCO_2排出量、いわゆる排出係数は、石炭が多く、石油、LPG、天然ガス（LNG）の順に低下する。CO_2の排出量を減らすには、排出係数が少ない燃料の使用が1つの方法である。長期的に考えれば、消費地でのCO_2発生がない水素や、バイオマスやCO_2から製造するメタンなどの収支上CO_2が発生しないCO_2フリー燃料の使用が、CO_2削減につながるところである。

現実には、CO_2の排出量を減らすには、3E+Sを踏まえた方法を組み合わせていくことになる（2章1節参照）。

表1.1　燃料の使用に関する排出係数

種類	t-C／GJ	kg-CO_2／1,000kcal
一般炭	0.0247	0.379
原油	0.0187	0.287
ガソリン	0.0183	0.281
軽油	0.0187	0.287
A重油	0.0189	0.290
液化石油ガス（LPG）	0.0161	0.247
液化天然ガス（LNG）	0.0135	0.207
都市ガス	0.0136	0.209

出典：環境省「算定・報告・公表制度における算定方法・排出係数一覧」[10]をもとに作成

2 日本の電力構成

日本は、2030年度に2013年度比26%減のCO_2排出量削減を「パリ協定」の下、進めている。前述の通り、徹底した省エネルギーで10%程度を削減したとして、残りの16%程度はどこでCO_2削減を目指すのであろうか。それは、電力の供給、すなわち発電部門である。**図1.8**（1章3節）で示したように、2018年度には発電部門、いわゆるエネルギー転換部門からの排出量がエネルギー起源のCO_2排出の43%を占める。

図1.12では、2013年度と2030年度では電力の需要はほぼ同じとしている。人口が減少するものの、エネルギーを電力で賄う、いわゆる電力化が進む結果である。**図1.13**に2013年度と2030年度の電源構成の比較を示す。2030年度には、石油が大幅に減少し、太陽光やバイオマスなどの再エネ由来電力が大きく伸びることを示している。また、原子力発電の比率が2割程度を占めている。

2011年の東京電力福島第一原子力発電所事故以降、原子力発電がすべて停止し、2013年度にもほとんど稼働していない。このような状況で原子力発電に、CO_2削減への貢献を期待している形となっている。したがって、原子力発電が稼働しない限り、2030年度のCO_2排出削減目標は達成できないと危惧される。ましてや、2050年のCO_2排出量80%削減を達成するには、一次エネルギー供給形態を大きく変える必要がある。

ちなみに、2018年度では、化石燃料を燃やしている事業用火力発電が、発電量の84.3%を占めている。石炭が33.9%、LNGが43.4%と2030年度に比べて高く、新エネルギーは4.2%、原子力が6.9%と低い状況にある[11]。

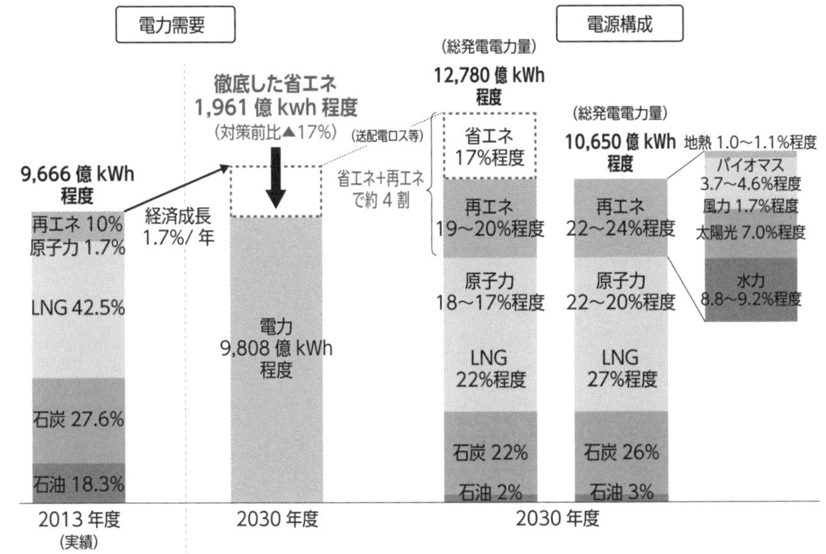

図1.13 日本の電力需要と電源構成
出典：経済産業省・資源エネルギー庁「長期エネルギー需給見通し」(2015)[9]をもとに作成

Column 1 間違えてはいけないkWとkWhの違い

kWは設備の発電出力、kWhは設備の発電電力量を意味し、後者は時間ファクターが入り、発電出力（kW）を何時間（hr）出し続けたかということである。

その指標に「設備利用率」というものがあり、発電設備の年間総発電（可能）電力量に対する実発電電力量の比とで示される。

設備利用率(%)＝[実発電電力量(kWh/年) /(年間時間8,760(hr)×発電出力(kW))]×100

この設備利用率は各発電設備により異なり、通常、太陽光12%、風力20～30%、水力40%、LNG火力50%、石炭火力70%、石油火力10%、原子力70%程度である。昨今、電力広域的運営推進機関（OCCTO）が公表した各設備の発電出力、発電電力量計画を下図に示す。設備利用率が低いと発電出力が大きい割に発電電力量が小さく、電力供給への寄与度が低いことになる。太陽光は、2028年に7,182万kW（設備容量全体の約20%）導入されたとしても、851億kWh（発電電力量全体の10%）しか発電電力量に寄与していない。したがって、設備利用率の低い設備の発電する電気は高くなってしまうのである。

下図の計画を見る限り、2030年の長期エネルギー需給見通し達成の難しさがわかる。

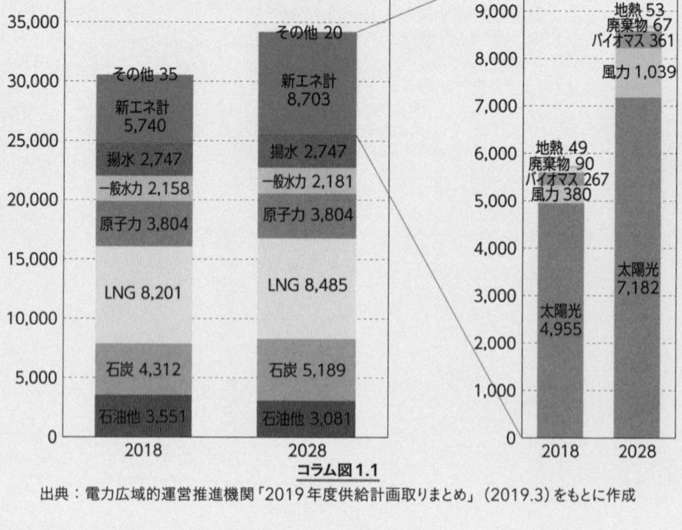

コラム図 1.1

出典：電力広域的運営推進機関「2019年度供給計画取りまとめ」（2019.3）をもとに作成

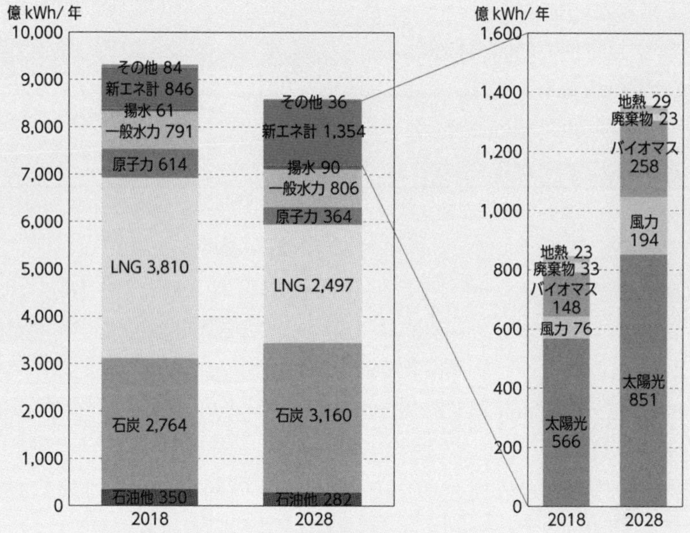

コラム図 1.2

出典：電力広域的運営推進機関「2019年度供給計画取りまとめ」（2019.3）をもとに作成

1.6 省エネルギーによるエネルギー削減の現状

1 省エネルギーだけでは十分ではない

経済産業省から発表された「長期エネルギー需給見通し」[9]（1章5節参照）では、日本の一次エネルギー供給量は、2030年には489百万kL（約19,000PJ）と想定している。これに対する省エネルギー（以降、省エネ）の貢献度は、5,030万kL（約1,900PJ）と見積もられている。

内訳は、産業部門1,042万kL、運輸部門1,607kL、業務部門1,226万kL、家庭部門1,160万kLとなり、日本の一次エネルギー消費量の10%しかない。また、5,030万kLの省エネの目標は、エネルギー効率（＝最終エネルギー消費量／実質GDP）35%の改善に相当する。1970年から1990年の20年間に同35%の改善がなされたので、同等の省エネを今後も行うとの想定であるがハードルは高い。2050年に向けてさらなるCO_2排出量削減を図る上で、省エネの寄与は次第に下がっていくと予想されるので、別の方法を考えていく必要があるだろう。

海外の省エネ状況はどうであろうか。その目安として、各国の一次エネルギー消費量と産業分野の廃熱量とを比較したものを**図1.14**に示す[12]。日本は一次エネルギー消費量約20,000 PJに対し、59 PJ程度の廃熱量となり、他国に比べ非常に無駄なくエネルギーを利用していることがわかる。一方、欧米など先進諸国では、いまだに多くの熱が捨てられているので、日本の優れた熱回収技術を輸出し、CO_2削減に貢献していくことも考えられる。その場合、CO_2取引制度の整備が必要であろう。ただし、産業分野では、製造プロセスの変更には時間を要すことにも注意しておかなければならない。

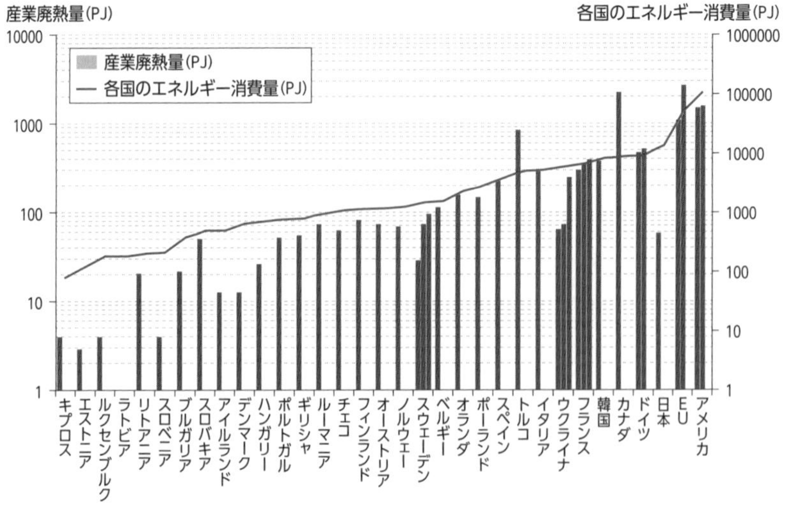

図1.14 各国の一次エネルギー消費量と産業廃熱量

出典：L.Miró et al.,「Mapping and discussing Industrial Waste Heat (IWH) potentials for different countries」(2015)[12]をもとに作成（複数の産業廃熱量が示されているのは、複数のデータソースによる）

2 日本の省エネルギー技術開発

経済産業省と国立研究開発法人新エネルギー・産業技術総合開発機構（NEDO）は、2007年に「省エネルギー技術戦略2007」を策定し、順次、改訂を行い、成果を上げてきた。2019年には、**図1.15**に示す「省エネルギー技術戦略」に定める重要技術を改訂した。省エネ技術には、CO_2分離・回収技術の開発や、水素・酸素分離、低級オレフィン合成などからなる人工光合成技術、膜分離、様々な触媒開発のようなCO_2利用技術（CCU：Carbon dioxide Capture and Utilization）に密接につながる技術開発が含まれている。

エネルギー転換では、廃熱利用や熱システムの低炭素化を促進するために、廃熱を高効率に電力変換する技術や、高効率な電気加熱技術等を「重要技術」[13]に追加している。「排熱の高効率電力変換」、「熱エネルギーの循環利用」、「高効率電気加熱」などである。また、再生可能エネルギーの主力電源化の方針を踏まえ、電力需給の調整力・予備力に関する技術を「重要技術」に追加した。柔軟性を確保した「系統側／業務用・産業用高効率発電」、「電力の需給調整（エネルギー貯蔵：高性能蓄電池）」などである。

これら、省エネ技術の絶え間のない開発が、エネルギーの需要を減らし、CO_2削減に寄与するのである。

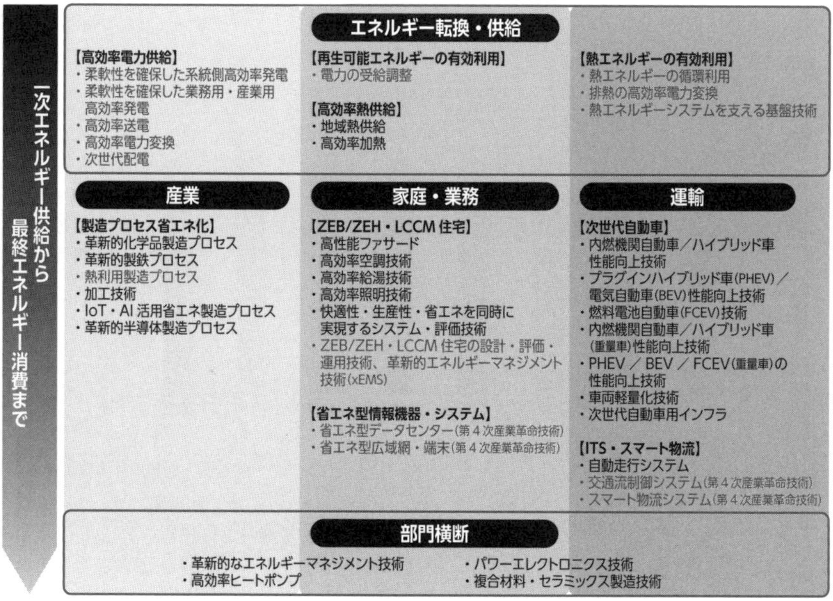

※●色は新規に追加した重要技術。●色は要素技術等を部分的に追加した重要技術。

図1.15

出典：新エネルギー・産業技術総合開発機構（NEDO）『「省エネルギー技術戦略」に定める「重要技術」の改定』をもとに作成[13]

1.7 現在のCO_2の用途

1 日本のCO_2市場

日本で市場に出回っているCO_2は液化炭酸ガスとドライアイスである。一般社団法人日本産業・医療ガス協会によれば、日本の液化炭酸ガスとドライアイスの供給量は、**図1.16**に示すように、年間約100万トンで大きな変化はない。その内、図中の棒グラフ分の年間約75万トンが液化炭酸ガスである。その内の約半分は溶接用として造船所などで利用されている。

飲料用は、２割程度である。また夏季のドライアイスの需要増に備えるために韓国から一定量（年間約10万トン程度）がドライアイスとして常に輸入されている。各用途は、次のようなものである。

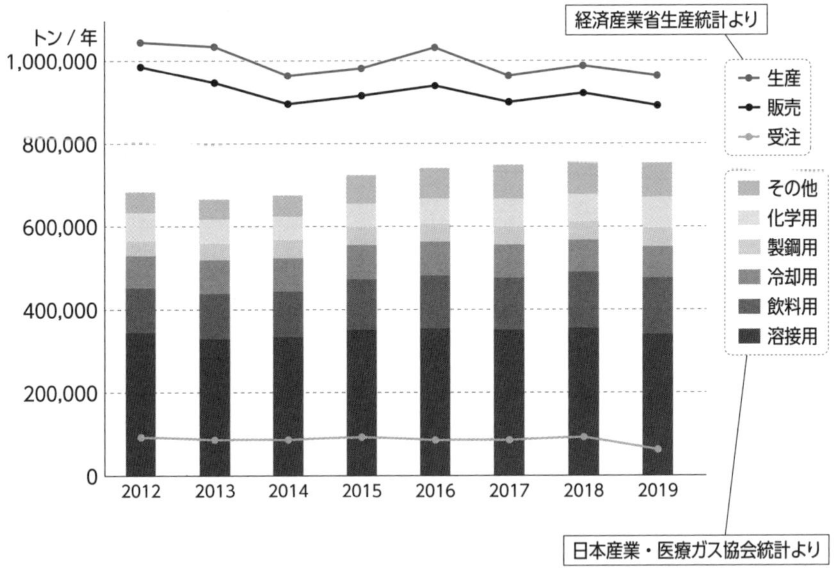

図1.16 国内のCO_2高圧ガスおよび液化炭酸ガスの生産・販売・受入量の推移
出典：経済産業省[14]および日本産業・医療ガス協会[15]の資料をもとに作成

❶ 溶接用

液化炭酸ガスの需要のほぼ半量を占める溶接用は、炭酸ガスシールドアーク溶接[1]に使われる。この方法は、溶接面を空気から遮断しつつアーク溶接を行う方法で、鉄系材料を使用する自動車産業、鉄骨・橋梁や造船の溶接で広く使われている。

❷ 飲料用

２番目に多いのが、飲料用として使われている。なお、飲料用の一部は発酵CO_2で賄われている。

❸ 冷却用

冷却用にはドライアイスが使われている。内訳は生協・宅配向けが半量以上を占めている。梅雨明けからお盆までと、クリスマスからおせちの季節がピークとなる。

❹ 製鋼用

製鋼用は、製鉄所の製鋼工程で、高温の鉄が酸化しないように使われている。

❺ 化学用

化学用は、ポリカーボネートの原料や中和剤などである。中和剤としては、生コンクリート工場、工事現場などからの廃水、清涼飲料メーカーなどの瓶の洗浄による廃水、ボイラーの洗浄廃水などのアルカリ性廃水の中和に使われている。

❻ その他

その他として、植物工場では、CO_2濃度を上げてトマトやレタスの成長を促進させるほか、苗に吹きかけハダニを殺す殺虫剤として使われている。

なお、液化炭酸ガス販売会社によれば、販売の半数は産業用途であっても、製造工程は同じで、すべて飲料に適する高純度製品が供給されている。原料となるCO_2ガスは、飲料に適さないような不純物が含まれる可能性のない原料から製造されたガスを受け入れているとのことである。

取引価格は、出荷形態や配送距離、季節で大きく異なるが、おおよそ、１トン当たり５万円程度といわれている。

1　**ガスシールドアーク溶接**　ガスシールドアーク溶接とは、ガスで溶接面を空気から遮断し、放電現象を利用し金属同士をつなぎ合わせる溶接方法。

2 アメリカの市場

アメリカの炭酸ガス市場は日本と大きく異なる。市場規模は約9,000万トン/年で、その約90%がCO_2－EOR（Enhanced Oil Recovery：石油増進回収）[2]用としてパイプラインにより油田に送られる。ローリーやドライアイスで売買される外販分は、需要全体の約10%で、量としては約1,000万トン／年である。外販分だけでも日本の出荷量の約10倍の量に相当する。

米国のEOR用のCO_2の多くは、天然のガス田から採取されている。純度も、日本の液化炭酸ガスのような高純度は求められていない。なお、EORについては、4章6節で詳細に解説する。

溶接用は、日本に比べると少ない。主に溶接のシールドガスにはアルゴンが使われていることによる。このように、CO_2の用途も、国により大きく変わることに留意する必要がある。

現在の市場は、CO_2の排出量に比べてわずかであるものの、CO_2を利用していくに当たっては、既存のパイプラインやトレーラーなどの輸送方法、圧縮・液化する技術などを活用していくことができる。

2 **EOR** 原油を効率的に回収する方法で、その一つにCO_2を用いる方法がある（4章6節参照）。

1.8　現在のCO_2生産方法

1　液化炭酸ガスの生産

日本でCO_2は緑色の圧力ボンベでガスとして、または液化炭酸ガス（液化CO_2、通称「液炭」）としてローリー車で輸送し、販売されている。アイスクリームの保冷剤などに利用されるドライアイス（固体炭酸ガス）の原料である液化炭酸ガスを生産販売している企業は全国に27社（施設）あり、その所在地を**図1.17**に示す。

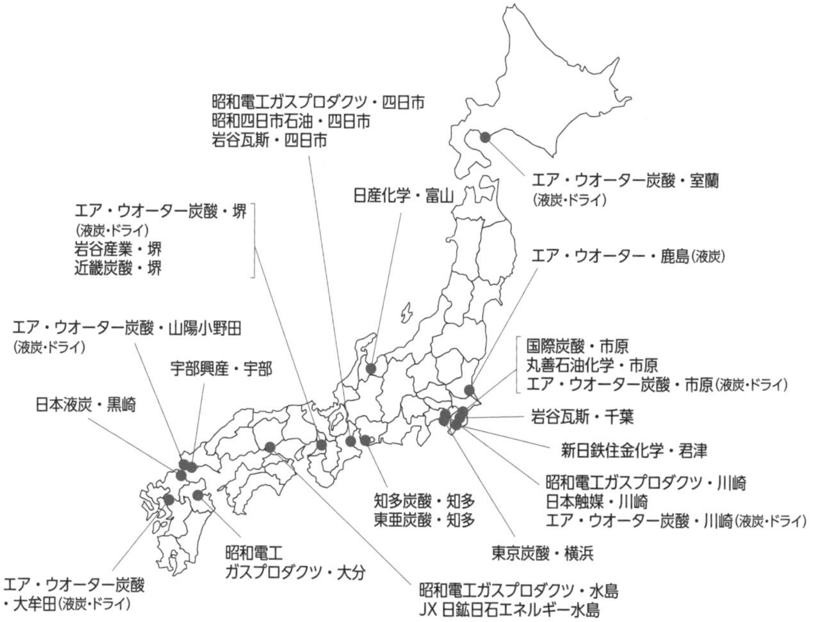

図1.17　日本の液化炭酸ガス販売企業
出典：日本産業・医療ガス協会資料[16]をもとに作成

2 CO_2の供給元

液化炭酸ガスのような高純度CO_2製品の原料となるCO_2の供給元は、ほとんどが水素を大量に製造する産業である。

❶ 水素製造でのCO_2回収

産業用の水素は、式①に示される水蒸気改質と呼ばれる化学反応によって、メタン（CH_4）のような炭化水素と水を原料として製造される。炭化水素（式中は「メタン：CH_4」）は水分子の酸素原子と反応してCO_2および一酸化炭素（CO）が副生する。副生するCOはシフト反応触媒によって水と反応し水素を発生する。

$$2CH_4 + 3H_2O \rightarrow 7H_2 + CO_2 + CO \cdots\cdots ①$$
$$CO + H_2O \rightarrow H_2 + CO_2 \cdots\cdots ②$$

水素を大量に必要とする製造業としては、石油製品中の硫黄分を除去（水素化脱硫）して低硫黄石油製品（灯油、軽油、重油）を供給している石油精製業である。もう1つは、空気中の窒素と大量の水素からアンモニアを生産して化学繊維などの原料としている石油化学工業である。

❷ アンモニア製造でのCO_2回収

アンモニア製造では、水素(H_2)と窒素(N_2)が必要なので、式③に示すように、空気中の酸素（O_2）を分離することなく、空気と炭化水素（メタン）および水蒸気を原料として水素と窒素が製造される。CO_2が副生するので、アンモニアを製造する前にCO_2は分離・回収されている。

$$8N_2 + 2O_2 + 4CH_4 + 4H_2O \rightarrow 8N_2 + 12H_2 + 4CO_2 \cdots\cdots ③$$

石油精製業においては水素のみが必要であるが、式①に示すように化学平衡上は水素とともにCOも生成する。生成したCOはシフト反応と呼ばれる式②によって水素とCO_2に変換される。式②のシフト反応でも残存するごく微量（数ppm濃度）のCOは、COに対してはるかに多く存在する水素を利用したメタネーションと呼ばれる反応によって、メタン（CH_4）に変換することで、毒性のないガスとしている。最終的にCO_2はアミン系や炭酸カリウムの吸収液によって分離され、純度の高い水素が供給されている。なお、CO_2の分離・回収技術は2章3節で解説する。

このように石油精製においてもアンモニアの製造でも、水素の原料は高度に精製された不純物のない炭化水素であり、アミン吸収液などから分離・回収された純度98％以上のCO_2

ガスが液化炭酸ガス製造会社にパイプラインで供給されている。

❸ 排ガスからのCO_2回収と利用の試み

一方で、石油精製業においては、近年石油製品中の硫黄分をさらに下げることが求められている。そのため、これまでCO_2を除去した水素の純度は97~98％で十分であったものが、より高純度の水素を製造する目的で、圧力変動吸着法（PSA法、水素純度99％以上）の水素を製造する設備が多くなった。このため、水素を分離したあとのCO_2は、メタンや未回収の水素などとともに、純度55％程度のオフガスとなり、製油所内の燃料ガスとして利用されるので、この種の装置からは液化炭酸ガス原料としてのCO_2は供給されていない。

高純度CO_2は産業用・飲料の区別なく製造されるため、前述したように原料CO_2ガスの供給元は限られており、これまで石油以外の燃料、ともすれば有毒物質を含むイメージのある石炭を燃焼した排ガスからのCO_2回収は行われていなかった。

石炭を使用した火力発電所のCO_2を利用する国内初の試みとして、新居浜西火力発電所３号機（出力 15万ｋＷ）の排ガスからCO_2を分離・回収して利用するプロジェクトが開始された。2018年7月に設備が完成し、CO_2の供給が開始された。このCO_2は全量、住友化学株式会社の愛媛工場に供給され、2018 年に増強したメチオニン（養鶏飼料）製造設備の副原料として利用されており、食品用ではない。

1.9 世界の地球温暖化への対応

1 世界のCO_2削減に向けた仕組み

2013年にワルシャワで開催された第19回気候変動枠組条約締結会議（COP19）では、2020年以降の削減目標を自国が決定する貢献案（INDC: Intended Nationally Determined Contribution）、通称、約束草案をCOP21に先立ち作成することが決まった。

その後、2015年のパリで開催されたCOP21において、パリ協定が締結され、主要な排出国が参加する公平かつ実効的な枠組みが成立した。そのポイントは次の３点である。

❶ 長期目標

世界の平均気温上昇を産業革命以前に比べて２℃より十分低く保つとともに、1.5℃に抑える努力を追求する。

❷ プレッジ&レビュー

すべての国が自国の国情に合わせて、温室効果ガス削減・抑制目標（NDC: Nationally Determined Contribution）を策定し、５年ごとに気候変動枠組条約（UNFCCC）事務局に提出・更新する。各国は、目標に向けた進捗状況に関する情報を提供し、専門家によるレビューを受ける。

❸ 長期低排出発展戦略

すべての締約国は、長期的な温室効果ガスの低排出型の発展のための戦略を作成し、および通報するよう努力すべき。

発効する要件は、世界の排出量総量の55%以上を占める55カ国以上の締結国が批准することが条件となっており、2016年11月４日にその条件が満たされて発効した。

2 日本のGHG排出削減目標

日本のNDCは、2020年3月に地球温暖化対策推進本部[1]により決定された。そのポイントは次の３点である[17]。2030年度に対して、GHG排出量を2013年度比26%（2005年度比25.4%）削減する目標は、さらなる追求を表明するものの、INDCの内容と同じである。

1 **地球温暖化対策推進本部**　地球温暖化対策を総合的かつ計画的に推進するために、2005年2月、本部長を内閣総理大臣とする内閣に設置された機関。

❶ 地球温暖化対策計画の見直し

現在の中期目標（2030年度26％削減（2013年度比））を確実に達成するとともに、その水準にとどまることなく中長期の両面でさらなる削減努力を追求する。行動を強化する観点から、2016年５月に閣議決定された「地球温暖化対策計画」の見直しに着手し、その見直し後、追加情報を国連気候変動枠組条約事務局へ提出する予定。

❷ 新たな削減目標を立て、実施する

その後の新たな削減目標の検討は、エネルギーミックスと整合的に、温室効果ガス全体に関する対策・施策を積み上げ、さらなる野心的な削減努力を反映した意欲的な数値を目指す。これは次回のパリ協定上の５年ごとの提出期限を待つことなく実施する。

❸ 長期目標を立て、脱炭素社会を目指す

長期目標に関しては、2019年６月に決定した「パリ協定に基づく成長戦略としての長期戦略」にもとづき、2050年にできるだけ近い時期に、脱炭素社会を実現できるよう努力していく。

3 各国の削減目標（NDC）

日本のNDCに対し、世界主要国の目標は**表1.2**に示す通り、欧州などは日本と比較して高い削減目標を掲げている。日本は既に徹底した省エネ・高効率化を図っており、日本に比べて削減の余地が大きい点も見逃してはならない。これらNDCを受けて、国連環境計画[18]は、NDCのシナリオにより2030年までの推定総排出量と2℃に抑制する時の排出量を比較すると、世界で15Gt-CO2e（150億トン）、1.5℃に抑制ケースでは、約32Gt-CO2e（320億トン）多いと評価している。NDCの目標は十分とはいえないながら、このような目標設定は、着実にGHG削減を進めるには重要なことといえる。

表1.2 パリ協定における主要国の国別目標

国／地域	基準年	削減目標
日本	2013年	2030年までに26％削減
EU	1990年	2030年までに国内で少なくとも40％削減
ノルウェー	1990年	2030年までに50％以上、最大で55％削減
アメリカ	2005年	2025年までに26~28％削減、28％に向けて最大限の努力
中国	2005年	2030年までに早くに排出量を減少に転じる。 GDP当たりのCO_2排出量を60~65％削減
ブラジル	2005年	2025年に37％削減、2030年に43％削減を示唆
インド	2005年	2030年にGDP当たり排出量を33~35％削減、 2020年には、GDP当たり20~25％削減

出典：各国発表のNDCをもとにGHG排出量の削減目標を整理

4　2050年に向けた長期戦略

IPCCの「1.5℃評価報告書」[8]では（1章4節参照）、気温の大幅なオーバーシュートをせずに温暖化を1.5℃に抑えるのに必要なCO_2削減率を示している。世界全体の人為的なCO_2の正味排出量が、2030年までに2010年水準から約45％減少し、2050年前後には正味ゼロに達する必要があるとしている。

2019年9月には、国連気候行動サミットがニューヨークで開催された。そこでは、65カ国およびカリフォルニアなど自治体レベルの主要な経済圏が、2050年までに温室効果ガス排出量を正味ゼロにすることを誓った。また、70カ国は、2020年までに自国の行動計画を強化する予定か、すでに強化を開始していることを発表した。

日本、アメリカ、カナダなどは、2050年にGHGを80％削減することを目標としている。また、EUでは、2019年12月に、2050年までに域内で排出されるGHGを実質ゼロにする目標で合意した。ただ、ポーランドは現時点では加わっていない。

具体的には、ドイツ、フランス、イギリス、アメリカなどの先進国では、基本的には、石炭火力発電を段階的に削減し、再エネのような低炭素電源を主電源とすることで一致している。個別には、フランスでは、原子力を維持する一方、ドイツでは2022年までに原子力を廃止すると決めている。

また、イギリスは2024年までに、ドイツは2035年までに石炭火力をフェードアウトし、すべて再生可能エネルギーにすると発表している。アメリカやフランスでは、CCS（Carbon dioxide Capture and Storage）やCCUS（Carbon dioxide Capture, Utilization and Storage）を設置しない石炭火力発電はフェードアウトするなど、国の事情を反映している。

1.10 SDGsへの取り組み

1 SDGsとは

昨今、襟に17色のリング状のバッジを付けている人を見かける。これは、17の目標を掲げるSDGsのバッジで、国連本部で売られている。これを付けているビジネスパースンは、「私の勤めている会社は、SDGsに賛同しています。」というメッセージを発信していることになろうか。

SDGsは「sustainable development goals」の略で、「持続可能な開発目標」と訳されている。2015年9月15日から開かれた第70回国際連合総会で採択された、2030年までの国際目標である。それは、「国際社会全体が、人間活動にともない引き起こされる諸問題を喫緊の課題として認識し、協働して解決に取り組んで行くことを決意した画期的な合意」[20]である。

17の国際目標の下、169のターゲットとその成果を測るための232の指標が示されている。17の国際目標には、**図1.18**のように国際社会が直面している人類共通の普遍的な課題が挙げられている。

図1.18 SDGs 17の国際目標
出典：国連広報センター「持続可能な開発目標」[19]をもとに作成

本書のテーマに直接関係する国際目標としては、目標7に「エネルギー」が挙げられ、「すべての人々の、安価かつ信頼できる持続可能な現代的エネルギーへのアクセスを確保する」[20] とされている。世界では11億人が電気を利用できていない状況の改善と、世界的に再生可能エネルギーの導入を意図している。

また、国際目標9の「インフラ」では、「レジリエントなインフラ構築、包摂的かつ持続可能な産業化の促進及びイノベーションの拡大」[20] と述べられている。国際市場で生産者が競争力を持つ手段として、国際的な情報社会へのアクセスの推進や、世界全体のインフラ需要への資金供給などが該当する。

また、国際目標12の「持続可能な生産・消費」では、「生産と消費の過程全体を通して、天然資源や有害物質の利用及び廃棄物や汚染物質の排出を最小限に抑えることを目指す。」[20] とされ、3R（リデュース、リユース、リサイクル）が念頭に置かれている。

国際目標13の「気候変動」では、「気候変動及びその影響を軽減するための緊急対策を講じる」[20] ものとされている。

2 SDGsにおける気候変動対策

国際目標13については、「国連気候変動枠組条約（UNFCCC）が、気候変動への世界的対応について交渉を行う基本的な国際的、政府間対話の場であると認識している。」[21] と付記されており、前節に記載のように、UNFCCCの下でCOP21においてパリ協定が締結された。日本の気候変動に対する削減目標は、COP21で提出が義務付けられた温室効果ガス削減・抑制目標（NDC）に示されている。

国際目標13のターゲットは、**表1.3**に示す5項目からなり、気候変動対策を政策、戦略や計画からのアプローチだけではなく、教育、啓発などの人的能力や制度をも対象としている。また、開発途上国に向けて、資金の供給や弱者に焦点を当てた能力向上にもおよぶものである。

表1.3 SDGsにおける国際目標13・気候変動のターゲット

目標	ターゲット
13.1	すべての国々において、気候関連災害や自然災害に対する強靱性（レジリエンス）及び適応力を強化する
13.2	気候変動対策を国別の政策、戦略 及び 計画に盛り込む
13.3	気候変動の緩和、適応、影響軽減及び早期警戒に関する教育、啓発 、人的能力及び制度機能を改善する
13.a	重要な緩和行動の実施とその実施における透明性確保に関する開発途上国のニーズに対応するため、2020 年までにあらゆる供給源から年間 1,000 億ドルを共同で動員するという、UNFCCCの先進締約国によるコミットメントを実施し、可能な限り速やかに資本を投入して緑の気候基金を本格始動させる
13.b	後発開発途上国及び小島嶼開発途上国において、女性や青年、地方 及び社会的に疎外されたコミュニティに焦点を当てることを含め、気候変動関連の効果的な計画策定と管理のための能力を向上するメカニズムを推進する

出典：外務省「我々の世界を変革する：持続可能な開発のための2030アジェンダ」(2015)[21] をもとに作成

3 SDGsへの国内の取り組み

国際目標に対して、どのような取り組みがなされているのであろうか。まず、国際機関では、ハイレベル政治フォーラム（HLPF）において、各国は4年を1サイクルとして17目標への取り組みのレビューを行うことになっている。その他、国連の各機関では、持続可能な社会を実現するための活動を行っている。

日本では2016年に、内閣に「持続可能な開発目標（SDGs）推進本部」を設置し、同年、「持続可能な開発目標（SDGs）実施指針」が決定された。この中で、8つの優先課題が示され、気候変動に関しては、「省・再生可能エネルギー、気候変動対策、循環型社会」として、①省・再生可能エネルギーの導入・国際展開の推進、②気候変動対策、③循環型社会の構築、を示している。CO_2排出量削減を目指して、再生可能エネルギーを用いて、循環型社会、いわゆるカーボンリサイクルを推進しようということである。

また、経済産業省は、「SDGs経営ガイド」[22]を作成し、SDGsの概念をできるだけ具体化し、企業の経営者、投資家、社員に普及することに努めている。そこでは、世界全体がSDGsを目指している状況で、各企業にとって、存続基盤を強固とし、将来、挑戦すべき事業成長の機会として捉えることが必要と述べている。また、国連開発計画（UNDP）によれば、SDGsの野心的な目標を達成するには、世界で年間5～7兆ドルの資金が必要と試算されており、市場機会が生まれるといわれている[22]。

各企業では、SDGsで描かれている将来の社会を参照して、中期経営計画に反映するとか、社員の意識を変革するための研修を実施する、社員が事業と関連づけて新しい視点から新規ビジネスを創造するなどが推奨されている。具体的には、**表1.4**のような活動事例が挙げられている[22]。このように、将来を見据えた発想で、現在、なすべきことを進めていくことが重要であることがわかる。

表1.4 SDGsを取り入れた活動事例

(1) 健康経営支援	従業員が心身共に健康で働けることが重要との理念のもと、社内のみならず、他社の健康経営支援や顧客の健康増進・生活習慣改善を促す取り組みを実施
(2) 開発環境の整備	社外との連携を強化することで、オープンイノベーションを推進し、斬新かつ革新的なアイデアやサービスが生まれるような環境整備
(3) 地域経済への貢献	工場の虫除けの網戸の技術をもとに、マラリアに苦しむ人びとに役立つ防虫剤処理の蚊帳を開発。現地に雇用を生み出し、地域経済の発展に寄与
(4) 自然環境の負担軽減	地域全体で環境負荷を低減し、循環型社会を目指す地域冷暖房システムの構築
(5) 管理体制・物流の改善	医薬品物流ネットワークの構築により、コストの削減と品質の確保、さらにはCO_2削減、自社の事業を拡大

出典：経済産業省「SDGs経営ガイド（2019）」[22]をもとに作成

1.11 排出量ゼロを達成するに必要なCO_2利用

1 CO_2削減に必要なCCU

CCU（Carbon dioxide Capture and Utilization：CO_2回収・利用）とは、燃焼排ガスなどから回収したCO_2を原料として燃料や化学品などを製造し、有効に利用することを意味する。回収したCO_2を地中貯留する、いわゆるCCS（Carbon dioxide Capture and Storage：CO_2回収・貯留）では、CO_2は地下に固定化し、利用しない点で大きく異なる。CCSは4章1節で詳説するが、ここでは、CO_2排出量を大幅に削減するために、CCUが必要であることを解説する。

❶ 日本のCO_2排出量の削減目標

日本のCO_2削減目標は、2013年度比で2030年度26％減、現在より2050年度80％減となっている[1]。2050年度も2013年度を起点とすれば、**図1.19**に示す通り、2013年現在から2030年までに約3.1億トン程度、2030年から2050年までにさらに6.5億トン程度のCO_2排出量削減を図らなければならない。

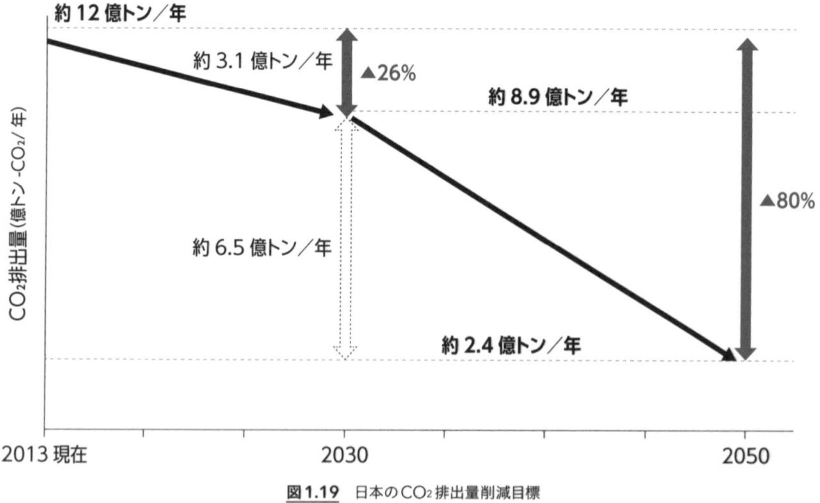

図1.19 日本のCO_2排出量削減目標

現在の発電電力の一次エネルギー燃料の使用割合は、5章の**図5.2**で詳細するが、石炭3,032 PJ、天然ガス2,947 PJである。これらから排出されるCO_2量は、燃料別の二酸化炭素排出

1 **日本のCO_2削減目標**　日本は2019年9月24日に国連の2050年に実質排出ゼロを目指す「カーボンニュートラリティ連合（CNC）」に加盟し、実はカーボン実質100％減を国際公約している（注：政府は2020年10月に、2050年までに温室効果ガス排出量を実質ゼロとすることを発表）。

量換算係数[2]を用いれば、石炭で約2億7,500万トン、天然ガスで約1億4,600万トンとなり、エネルギー転換部門として計算上4.2億トンとなる。仮にこのエネルギー転換部門のCO_2排出量がすべて削減できたとしても、2050年の目標は達成できない。

さらに、CO_2削減量の積み上げとしてCCSを考えてみる。IEA（International Energy Agency）が発行するETP2017では、CCSによるCO_2削減寄与度は2050年で約14%[23]としている。この値は世界基準であり、日本も同等を目指すとすれば、CCSによるCO_2削減効果は計算上約1.3億トン（2013年からの削減量9.6億トンの14%）と設定できる。

❷ 水素燃料を導入した場合のCO_2削減量

さらに、水素の導入を考えるとどうであろうか。水素基本戦略[24]や水素燃料電池戦略ロードマップ[25]によれば、将来、1,000万トン（1,420 PJ相当）の水素供給量を目指すとある。この水素で水素専焼GTCC（Gas Turbine Combined Cycle：ガスタービン複合発電）を導入したらCO_2量はどれくらい減少するであろうか。発電効率55%、設備利用率70%とすれば発電電力量は年間で約1,520億kWh相当で、これは日本の全発電量（約1兆kWh）の15.2%を占めるので、単純計算すれば4.2億トン×15.2%≒0.64億トンとなる。

すなわち、**図1.20**に示すように、2050年時点では原子力によるCO_2削減への期待は困難であり、導入可能量の少なさと地域偏在性の問題はあるが再エネと、省エネで原子力発電分を補うと仮定した場合、CO_2削減量は、1.9億トン〜3.1億トン程度と解される。さらに、CCSや水素専焼GTCCの導入によるCO_2削減量は、それぞれ1.3億トン、0.64億トンであった。これらより、火力からのCO_2排出量4.2億トンは、1.1億トン〜2.3億トン程度に削減されると推定される。すなわち、この量が火力におけるCCU適用量とみなせる。

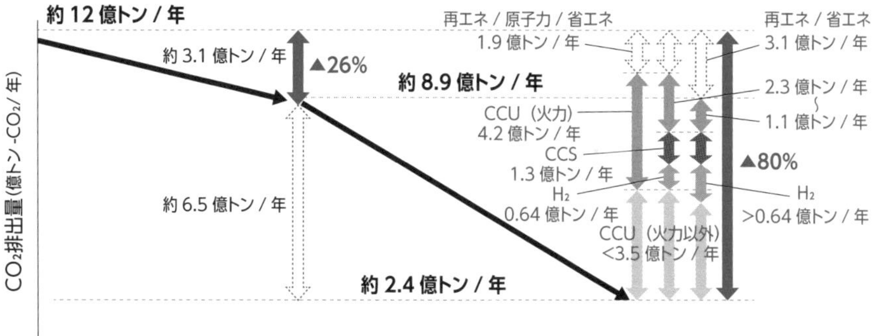

図1.20　日本のCO_2排出量80%削減シナリオ

2　**二酸化炭素排出量換算係数**　一般炭の単位発熱量／CO_2排出量：26.6 GJ/ton／2.409kg-CO_2/kg、天然ガスの単位発熱量／CO_2排出量：54.5GJ/ton／2.698kg-CO_2/kg。

2 CCUの可能性

さらにCO_2排出量80%達成のためには、3.5億トンのCO_2削減を目指す必要があり、これは火力以外の分野、すなわち産業・運輸分野でのCCU適用先となる。図中に示した通り、このCO_2削減分については、CCUのみならず、さらなる水素の導入の積み増しなどにより対処していく必要がある。

このように、CO_2削減策の1つとして、エネルギーシステムの中にカーボンリサイクルの概念を導入したCCUの技術開発に取り組むことこそ、今求められているのではなかろうか。

CCUを適用し、産業部門、運輸部門、エネルギー転換部門も含め、トータルで早期に目標達成するためには、あくまでも既存技術の延長線上でエネルギーシステムを構築することが重要である。その1つの解決策が、後述する再生可能エネルギーを活用したCO_2フリーメタン、CO_2フリーメタノールなどのCO_2フリー燃料の導入である。

1.12 CO_2利用で削減できるポテンシャル

1 CCU技術のCO_2削減効果

本節では、CCU技術がどの程度のCO_2削減効果に結び付くのかという観点で情報を整理する。

CCU技術によるCO_2削減効果を考察する上で重要な視点は、製品中へのCO_2の固定期間である。2013年にECOFYSが用途分野を細分化して整理したもの[26]、と経済産業省と文部科学省がまとめた報告書[27]をもとに、製品のCO_2使用量とCO_2固定期間、および開発状況を整理したものを**表1.5**に示す。

表1.5 世界のCO_2由来の製品のCO_2使用量／CO_2固定期間／開発状況

カテゴリー	技術・用途	年間CO_2使用量	CO_2固定期間	開発段階ステージ			
		Mt-CO_2／年		研究開発	実証	経済性検証	成熟
燃料化	微細藻類	>300	燃料生産時のCO_2固定量には限界あり、燃料燃焼時にはCO_2は大気放出される	○	○		
	メタノール	>300	燃料燃焼時にはCO_2は大気放出される		○	△	
	ギ酸	>300		○	△		
	微生物由来の炭化水素	>300		○			
	光学変換プロセス	NA		○			
	ナノマテリアル触媒を利用したCO_2燃料化技術	NA		○			
増産	尿素増産	5～30	6カ月				○
	メタノール増産	1～5					○
	地熱増産	5～30	CCSとの組み合わせにより長期間の固定が可能	○			
	超臨界CO_2パワーシステム	<1		○			
	EOR（石油増進回収）	30～300	CCSとの組み合わせにより長期間の固定が可能			△	○
	ECBM（コールベッドメタン増進回収）	30～300			○		
	EGR（排気再循環システム）	NA			○		
鉱物化	炭酸塩鉱物化	>300	数十年～数百年	○	○		
	コンクリート養生	30～300			△	○	
	ボーキサイト中和	5～30				○	
	セメント製造	NA		△	○		
化学品	ポリマー	5～30	数十年～数百年	○	△		
	炭酸ナトリウム	<1	半永久的				○
	その他の化学品合成	1～5	プロセス、消費形態による	○	○	△ (algae)	

○：メイン　△：事業例あり

出典：ECOFYS[26]／経済産業省・文部科学省[27]をもとに作成

これらCO_2使用量を単純に合計すると、最大で年間20億トン以上であり、世界の排出量347 ± 20億トン-CO_2（2009～2018年の平均）の１割以下である。CO_2の製品中への固定期間は、消費形態にも因るが、鉱物化製品や化学製品はCO_2固定期間が長く、EORやECBM（コールベッドメタン増進回収）などは注入した内、地中に貯留される割合が鍵となる。

肥料用の尿素は農地に還元後、約6か月後にはアンモニアとCO_2に分解し、大気にCO_2が放出される。燃料は、燃焼すると、CO_2は直ぐに大気に放出される。同表には記していないが、化学製品も燃料と同様に、使用後ただちに廃棄物となれば、焼却処理時にCO_2を放出する。

尿素製造も再生可能エネルギーや天然ガス以外の化石燃料、例えば石炭由来の水素を利用すると、逆にCO_2を排出するプロセスとなってしまう。

2　CCU技術だけでは限界がある

前述に基づけば、各CCU技術が真にCO_2削減に寄与するか否かの判断には、CO_2排出のLCA（Life Cycle Assessment）分析[1]を行うことが重要である。ただし、エネルギーのすべてを再生可能エネルギーなどでまかなうことを前提とすれば、CO_2排出の観点でLCAを行うことよりも、再生可能エネルギーの利用効率の観点からの分析の方が重要と考える。

しかしながら、ここに記載の単純なCO_2用途におけるCCU技術だけでは、総じてCO_2削減効果は小さい。**表1.5**に示すこれら個別技術や用途ごとのCO_2削減効果には限界がある。CO_2を一番大量に排出しているのは、エネルギー転換分野であり、一次エネルギー燃料の観点から見れば石油由来のものなのである。これら状況を踏まえたうえで、エネルギー生産・供給・転換分野において、既存技術を応用し、組み合わせることで新たな技術としてCO_2削減を大幅に図ることが可能なエネルギーシステム、および新たな市場の創出が望まれるところである。カーボンリサイクルが必要な所以である。

1　**LCA**　商品やサービスの原料調達から、廃棄・リサイクルにいたるまでのライフサイクル全体を通しての環境負荷を定量的に算定する手法のこと

第2章

CO_2利用の難しさ

前章では、地球温暖化を防ぐ観点から、CO_2の排出を減らす必要があり、各国は、CO_2削減の目標を定めてきたことを述べた。現在、CO_2が工業的に利用されているとはいえ、その量は発生量に比べればわずかであり、ほとんどは、利用後、大気に放散されていることを理解いただけたであろう。

CO_2は、燃料を燃焼して発生する。CO_2から何か有用なものを製造するには、一般的には、なんらかのエネルギーが必要となる。また、発生したCO_2を回収するにもエネルギーが必要である。CO_2を減らすのに化石燃料を使うのでは本末転倒である。

本章では、エネルギーを極力使わずにCO_2を回収するさまざまな方法を紹介し、実際に世界で行われている実績から、技術的に可能であることを示したい。さらに、回収したCO_2を利用する上で欠かせない、CO_2の輸送方法についても言及する。

2.1 CO_2の排出量を減らすには

1 CO_2の排出量を減らす方法

CO_2の排出の多くは、１章で解説したように、日本では事業用発電や各種産業、自動車を主とした分野からである。自動車は、分散してCO_2を排出するが、それ以外はある程度、集中して排出している。

CO_2の大気への排出量を減らすには、**図2.1**に示す、６種類の方法が考えられる。また、これらの組み合わせ、例えば、①の再生可能エネルギーであるバイオマスと③エネルギー使用の高効率化などがある。

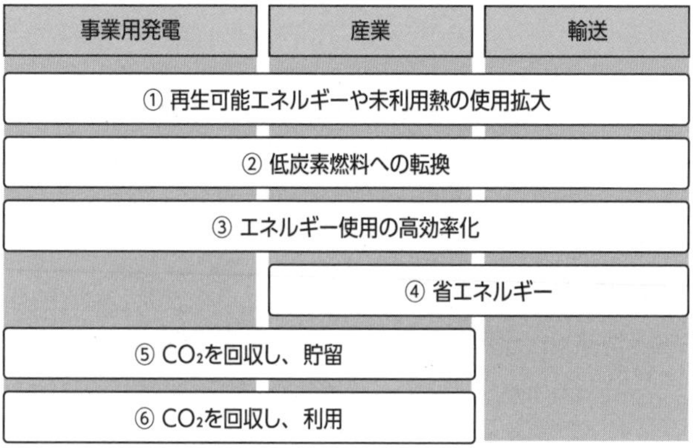

図2.1 分野別のCO_2排出量を減らす方法

❶ 再生可能エネルギーや未利用熱の使用拡大

CO_2を排出しないエネルギーの利用を拡大することである。発電の場合は、太陽電池、風力発電、地熱発電などの比率を増やすことである。CO_2を排出しないという観点からは、原子力発電もこの分類に含まれる。産業分野では、製造工程において熱回収を極限まで実施することなどである。輸送分野では、再生可能電力を利用した電気自動車や再生可能エネルギーで製造した水素を使った燃料電池自動車がこのケースである。

❷ 低炭素燃料への転換

発熱量当たりの発生するCO_2の低い燃料に転換することである。**表1.1**に環境省が規定している排出係数を示したが、ここでは、より詳しく説明する。石炭は、発熱量が6,000～7,000kcal／kg（25～29MJ／kg）であり、1kgの石炭には、0.64～0.8kg程度のCを含有し、燃焼するとCO_2としては2.3～2.9kg程度を発生することになる。すなわち、発熱量1,000kcal当り、0.34～0.42kg（81～100kg-CO_2／GJ）のCO_2の発生となる。一方、石油の場合は、原油としては、発熱量が約9,100kcal／kg（38MJ／kg）であり、発熱量当たりのCO_2発生量は0.28～0.32kg／1,000kcal（67～76kg-CO_2／GJ）、天然ガスでは、発熱量が13,000kcal／kg（54MJ／kg）であり、CO_2発生量は0.21kg／1,000kcal（50kg-CO_2／GJ）程度と、石炭の半分程度である。

❸ エネルギー使用の高効率化

発生した熱を有効に使用することである。**図2.2**に経済産業省が策定した「次世代火力発電に係る技術ロードマップ」[1]を示す。図中、「現在」は2016年であり、その当時に想定した、2030年頃までの石炭とLNG火力発電における発電効率の上がり方を示している。石炭を発電に用いた場合、最新の火力発電所、いわゆる超々臨界圧発電（USC：Ultra Super Critical）では、石炭の発熱量に対して40%程度の電力が得られる。さらに、最新技術である石炭ガス化複合発電（IGCC）では、ガスタービンの運転温度が高くなることと、相対的に復水器での熱損失が減少し、発電効率が向上する。燃焼ガスのガスタービンに入る温度が1700℃級のガスタービンを採用すると、発電効率が50%程度に向上する。一方、天然ガスを用いたLNG火力では、現状52%が、近い将来、57%程度に上がり、長期的には63%程度が期待されている。

❹ 省エネルギー

ある社会的・経済的効果をより少ないエネルギー需要量で達成するようにすることである。産業分野では、各製造プロセスにおいて、高効率空調、産業用ヒートポンプ、産業用の高効率照明、産業用高効率モータ、高性能ボイラー、コージェネレーションなどの省エネルギー機器の導入により燃料の使用量を大幅に削減してきた。

❺ CO_2を回収し、貯留

火力発電などからの燃焼排ガスに含まれるCO_2を、後処理装置を設置して回収し、輸送し地下に貯留するものである。火力発電所からのCO_2排出量は、発電容量50万kWの最新の石炭火力では、発電量当たり約820g／kWhのCO_2を排出し、その90%を回収すると、年間330日の運転として、年間で290万トンとなる。CO_2削減を目的として、このように多量のCO_2を回収し、大気中に放散することがないように固定することが求められている。現状、CO_2回収・貯留（CCS：Carbon dioxide Capture and Storage）が実証試験として世界で実施されている。

❻ CO_2を回収し、利用

排ガスなどから回収したCO_2を積極的に利用することで、CCU（Carbon dioxide Capture and Utilization）と呼ばれる。現在は、製油所に設置されている水素製造装置では（1章8節参照）、水素とCO_2からなるガスからCO_2を分離、回収し利用しているが、その量は日本の

CO_2排出量の0.1%程度である。利用したCO_2のほとんどが、最終的に大気に放散されており、実質、CO_2削減にはなっていない。CO_2削減に寄与するには、多量のCO_2を固定化する、もしくは、回収したCO_2から新たな有価物を製造して利用することが肝要である。例えば、CO_2からメタン（CH_4）やメタノール（CH_3OH）などの燃料ともなる化学品を、CO_2を排出することなく製造することである。

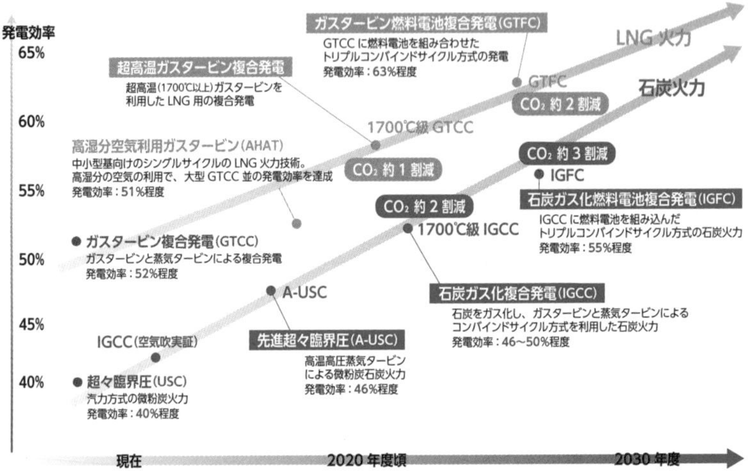

図2.2　次世代火力発電技術の高効率化、低炭素化の見通し
出典：経済産業省　次世代火力次世代火力発電の早期実現に向けた協議会
「次世代火力発電に係る技術ロードマップ　技術参考資料集」[1]をもとに作成

2　CO_2は持っているエネルギーが低い

❶ CO_2はほかの物質より取り出せるエネルギーが少ない

CO_2は石油や天然ガスなどの化石燃料を燃焼した際に発生する。同時に熱を発生する。CO_2を利用し、もとの化石燃料などの化合物に戻す、いわゆるCCUでは、その分の熱が必要になる。この現象を鉱物化など、一般化して説明するには、標準生成ギブスエネルギー（G）[1]が使われる。

図2.3に各種炭素化合物の、炭素（C）の酸化数に対する標準生成ギブスエネルギー（G）を示す。炭素の酸化数とは、炭素が酸化している程度を表す指標で、CO_2は酸素2原子が炭素Cと結合しており、酸素1原子を2と数えるので、2に2を掛けて4である。縦軸の、標準生成ギブスエネルギー（G）は、25℃における等温等圧条件下で、その物質から取り出し

1　**標準生成ギブスエネルギー**　ある物質が、等温等圧条件の下で膨張することなく、仕事として取り出し可能なエネルギーを表す。ここでは、1 mol当たりの熱量を示す。Gが減少する方向であると、化学反応が自発的に進むと考えられる。

可能な電気エネルギーを示し、数値が大きいほどエネルギーを取り出せる。CやCを含む化合物であるメタン（CH_4）、一酸化炭素（CO）などに比べて、CO_2は燃焼のような酸素との結合でエネルギーを放出したあとなので、取り出せるエネルギーが少なくなっている。

CO_2よりGが低い物質としては炭酸カルシウム（$CaCO_3$）いわゆる石灰石が挙げられる。CO_2から$CaCO_3$を製造するのは鉱物化の1つであり、エネルギーを必要としないことがわかる。

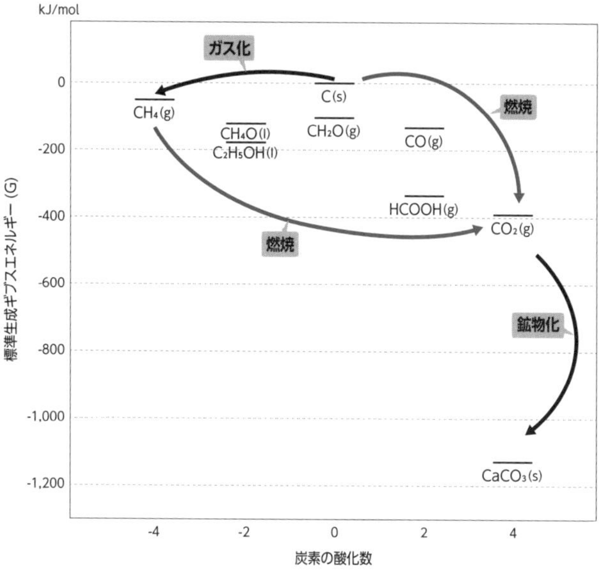

図2.3　炭素化合物における炭素の酸化数と標準生成ギブスエネルギーの関係
Shu-Yuan Pan, et al「An innovative approach to integrated carbon mineralization and waste utilization: A review」[2] をもとに作成

❷ CO_2を燃料として使用するには

CO_2を用いてなんらかの化学品や燃料を製造することは、CO_2よりGを大きくすることであり、燃焼の際に発生したエネルギー以上のエネルギー量を加える必要がある。加えるエネルギーは、化石燃料から得られたものではCO_2削減にはならない。再生可能エネルギーや原子力のようなCO_2を発生しないエネルギー、もしくは、廃棄していたエネルギーを回収したものでなければならない。

また、CO_2は、極めて安定した化合物である。温和な条件では、金属マグネシウムのような特殊な物質がCO_2と反応する。マグネシウムは自然界にはなく、酸化物や炭酸塩を精錬して製造するので、そのためのエネルギーが必要となり、CO_2回収に使うには適さない。$CaCO_3$のようにエネルギー準位が低い物質にもなりやすい。高温では、COと酸素に分解する、あるいは、水素と反応してCOと水になる。一般的には、触媒を用いて反応性の低いCO_2を活性化して反応を進める。CO_2を利用するCCUでは、これらの反応をうまく利用することになる。

2.2 CO_2の回収方法

1 CO_2回収技術の現状

❶ 実証段階のCO_2回収技術

CO_2の分離・回収は、地球環境面からではなく、工業生産に必要な技術として発展してきた。1章8節で解説したように、製油所において水素を製造する装置の中で、水素純度を上げるために、含まれているCO_2の除去が行われてきた。また、天然ガスをガス田で生産する際に、天然ガス中に数%から数十%含むCO_2の除去が行われてきた。近年、地球環境の面からCO_2排出量を削減する目的として、大規模な分離・回収が求められている。特に火力発電所、セメントや鉄鋼などの大規模な排出施設で、排ガスからCO_2を分離・回収するのに適切な技術の開発が行われてきた。

ここでは、地球環境面からCO_2排出量の削減を目的として開発され、実証段階から商用化レベルに達している技術を紹介する。工業生産で用いられてきた技術の延長であるものの、より経済性を追求したものとなっている。

CO_2回収をともなう燃焼方法は、**図2.4**に示すように大きくは3種類からなる。まず、燃料をボイラーで燃焼した常圧の燃焼排ガスからの回収であるポストコンバッション（燃焼後処理：Post-Combustion）がもっとも一般的である。

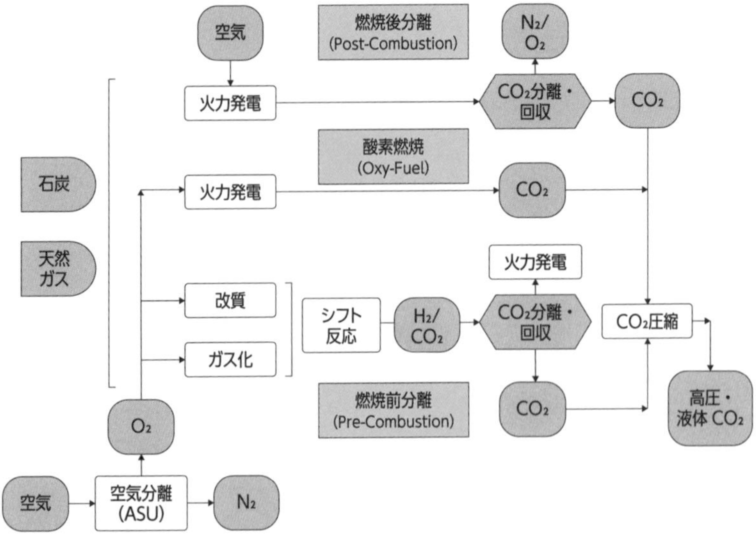

図2.4 CO_2分離・回収技術の分類

次に、燃料を加圧下で改質もしくはガス化し、そのガス中のCOを水と反応させCO_2を生成する（シフト反応）。そのCO_2を元からあるCO_2とともに回収するプレコンバッション（燃焼前処理：Pre-Combustion）がある。さらに、空気に替わり酸素とリサイクルしている排ガスとで燃焼して直接CO_2を生成する酸素燃焼法（Oxy-Fuel）がある。このほかに、化学ループ燃焼法（Chemical Looping Combustion）という、金属酸化物を酸素の媒体として燃料を燃焼し、CO_2だけの排ガスを発生させる方法がある。

❷ CO_2分離・回収技術

排ガスからのCO_2回収技術には、化学吸収法、物理吸収法、吸着分離法、膜分離法、深冷分離法がある。排ガス中のCO_2を吸収液に化学反応をともなって吸収させる化学吸収法と、吸収液に溶解させる物理吸収法が代表的な方法である。**表2.1**に、これらを比較し、特徴を示す。微粉炭火力などの燃焼排ガスは、常圧で15%程度のCO_2を含んでいる。このような排ガスからCO_2を大量に回収するのは、ポストコンバッションであり、化学吸収法が適しており、商用規模の実績がある。一方、IGCC（石炭ガス化複合発電）のような高圧のガスからCO_2を回収するプレコンバッションでは、物理吸収法のメリットが生かせる。

吸着分離法は、固体吸着剤を用いてCO_2を吸着して分離するもので、圧力差を利用するPSA（Pressure Swing Adsorption）と温度差を利用するTSA（Temperature Swing Adsorption）がある。膜分離法は、もとの圧力が必要のため、高圧の排ガスには適している。膜を透過したガスのCO_2濃度が上がるものの、1段で高純度とするのは難しく、今後の技術開発が期待されている。深冷分離法は、空気からの酸素製造分野では多数の実績があり、高純度のCO_2

表2.1　CO_2分離・回収技術の比較

手法		原理	起因力	長所	短所
化学吸収法		化学反応	温度差	・低分圧ガス向き ・炭化水素への親和力が低い ・大容量向き	・吸収液が高価 ・腐食、浸食、泡立ちがある ・適用範囲が限定的
物理吸収法		物理吸収	分圧差（濃度差）	・高分圧ガス向き ・適用範囲が広い ・腐食、浸食、泡立ちが少ない ・再生熱源を必要としない	・吸収液が高価 ・重炭化水素への親和力が高い
吸着分離法	PSA	吸着	分圧差（濃度差）	・高純度精製が可能 ・装置が比較的簡易 ・適用範囲が広い	・再生ガスが必要 ・水分の親和性が強い
	TSA	吸着	温度差	・高純度精製が可能 ・適用範囲が広い	・吸着材量が多く、装置が大型化する ・吸着材費用が掛かる ・再生用熱源が必要
膜分離法		透過	分圧差（濃度差）	・簡便 ・安価 ・小容量向き	・回収したCO_2が低純度 ・運転費が高い ・大容量に不向き ・油脂分含有ガスに弱い
深冷分離法		液化・精留	相変化	・高純度精製が可能 ・大容量向き	・装置が複雑 ・建設費が高価 ・運転費が高い
酸素燃焼法		空気分離	温度差	・高純度精製が可能	・空気分離設備が大型化 ・空気分離装置に動力が必要
化学ループ燃焼法		酸化・還元反応	酸素濃度差	・低消費エネルギー	・装置の耐久性に課題

出典：環境省委託事業「平成25年度シャトルシップによるCCSを活用した2国間クレジット制度実現可能性調査委託事業」（2014）[3]をもとに作成

製造に適している。これらの中で、化学吸収法および物理吸収法は、商用装置が稼働している。

2 CO_2回収技術のそれぞれの手法

1 で解説したCO_2回収技術の各技術の詳細については、以下に示す。

❶ 化学吸収法

化学吸収法と物理吸収法では、排ガスを下から導入して吸収液と接触させてCO_2を吸収する吸収塔と、CO_2を吸収した吸収液に熱を加えてCO_2を分離する再生塔からなる（**図2.5**）。

化学吸収法では、アミン系の水溶液に添加剤を加えたさまざまな吸収液が工業的に使用され、プロセスライセンサーがMDEA、OASE、Adip法などの名称を付けて販売している。高純度のCO_2を回収でき、天然ガスの精製や水素製造装置で多く使われている。また、古くは熱炭酸カリウムを吸収液に用いたBenfield法、Catacarb法が多数、実績がある。実証装置では、冷却したアンモニアを吸収液に用いる方法も開発された。

アミン系水溶液を用いる場合、再生塔では、120℃程度に加熱するために、リボイラー[1]で熱を供給する。その熱量は、従来、4GJ／t-CO_2程度であったのが、現在は2.0～2.5GJ／t-CO_2まで低減し、さらに、1.5GJ／t-CO_2を目指している。その分、経済性が向上している。国が支援しているプロジェクトであるCOURSE50（革新的製鉄プロセス技術開発）で開発されたESCAP法（Energy Saving CO_2 Absorption Process）では、再生塔の温度も100℃以下に下がっている。**図2.6**に示す日本製鉄株式会社室蘭製鉄所構内に建設されたESCAP法CO_2回収装置は、1日に120トンのCO_2を回収するものである。

さらに、加熱に要するエネルギーを減らす方法として、水溶液に替えて固体吸収材を用いる川崎重工業株式会社のKCC法（２章５節参照）などの技術開発が行われている。

❷ 物理吸収法

物理吸収法では、低温のメタノールを用いたレクチゾール法（Rectisol法）や、ポリエチレングリコールのジメチルエーテル溶液を用いたセレクソール法（Selexol法）が普及している。レクチゾール法は、世界で100基以上の実績がある。メタノールの溶液が揮発して損失するのを防ぐため、吸収液は－40～－60℃の低温で運転することが特徴である。H_2SやCOSを0.1ppm以下まで除去できる。

セレクソール法は、50基以上の実績がある。化学的・熱的に安定な吸収液を用いており、蒸気圧が低いので処理ガスへの随伴による吸収液の損失が小さい。吸収塔の操作温度は通常、常温であるが、より低濃度までH_2S を除去する場合には吸収塔の温度を－5℃程度まで低くする場合がある。H_2SのCO_2に対する選択性はレクチゾールより大きい。

1　**リボイラー**　蒸留塔や再生塔の塔底部にあって、塔底の液を水蒸気や熱媒体で加熱する熱交換器。

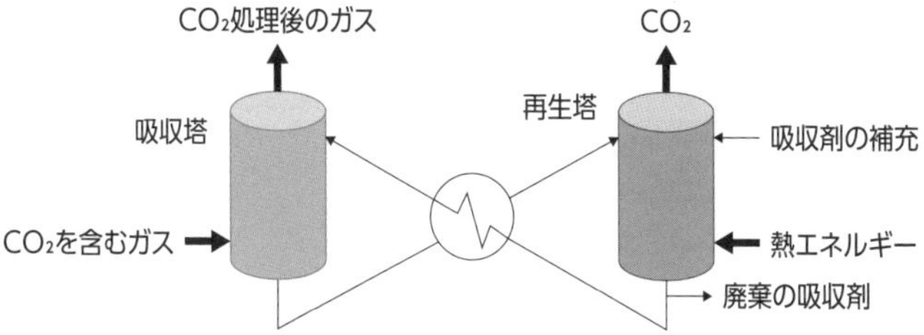

図2.5　化学吸収・物理吸収法の模式図

図2.6　日本製鉄株式会社室蘭製鉄所構内のCO_2回収装置
資料提供：日鉄エンジニアリング株式会社

❸ 吸着分離法

吸着分離法は、ゼオライトなどの固体吸着剤を用い、圧力差あるいは温度差を利用して吸着と脱着を繰り返す方式である（**図2.7**）。圧力を変化させるPSAは、水素製造装置の水素純度を上げるのに多数使用されている。高圧のガスを処理する場合は、常圧に戻して脱着するが、常圧のガスでは、真空にして脱着することもある。いずれの場合も、複数の吸着塔を切り替えて使用する。吸着しない側のガスである水素の純度は極めて高いが、吸着されたCO_2側のガスの純度は低いので、高濃度CO_2を得るには適当ではない。温度を変化させるTSA（Thermal Swing Adsorption）および、両者を併用したPTSA（Pressure and Temperature Swing Adsorption）法がある。

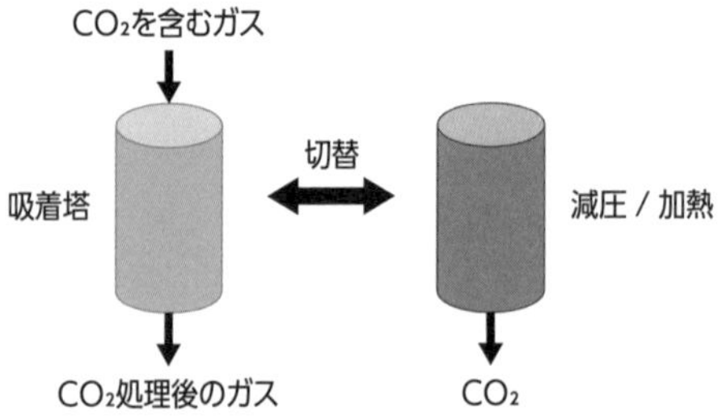

図2.7　吸着分離法の模式図

❹ 膜分離法

膜分離法は、化学吸収法、物理吸収法、吸着法と異なり、再生に要するエネルギーが不要である（**図2.8**）。膜に導入するガスが高圧である場合は、圧力を上げる必要がないので、有利である。しかし、CO_2の高い透過速度とCO_2／H_2を高い選択性で分離できる材料を見い出すのに苦労してきた。日本ではRITEが先導的研究を進め、分子ゲート膜[2]（2章5節参照）を開発した。信頼性の高い膜モジュール[3]を低コストで製造することが課題である。

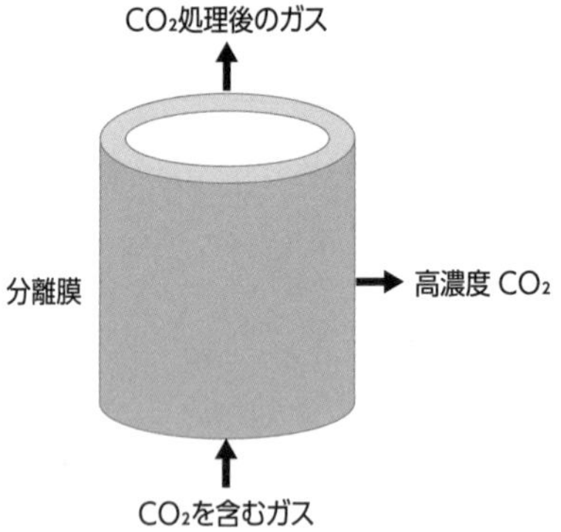

図2.8　膜分離法の模式図

2　**分子ゲート膜**　CO_2分子がほかの分子が透過するのを阻害する機能を有することで、CO_2を選択的に透過する膜。

3　**膜モジュール**　膜とその支持体および流路材などの部材を一体化したものを容器に収めたもの。

❺ 深冷分離法

深冷分離法は、空気から酸素を製造する、あるいは天然ガス中のヘリウムの分離などに広く使われている（**図2.9**）。CO_2の分離に関しては、低温で液化し、蒸留し分離する方法であるが、商用化には至ってはいない。

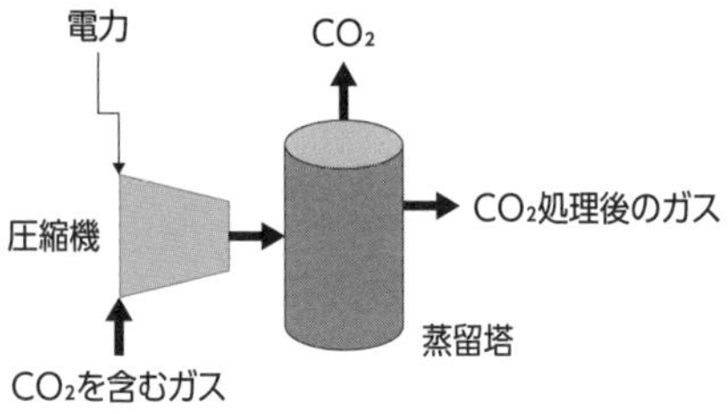

図2.9　深冷分離法の模式図

❻ その他の分離法

図2.10には、排ガスが高濃度CO_2となる酸素燃焼法および化学ループ燃焼法の概略図を示した。両法ともCO_2を分離・回収する必要がないのが最大のメリットである。酸素燃焼法は、日本・オーストラリアの民間6社がオーストラリアで30MWのボイラーを改造して実証試験を実施した。一方、化学ループ燃焼法は、欧米で盛んに研究が行われ、国内では、NEDOプロジェクトとしてベンチ規模での試験が行われた。CO_2側のガスには、酸素燃焼法では酸素や窒素が、化学ループ燃焼法では、未燃のガスが含まれるのが課題である。

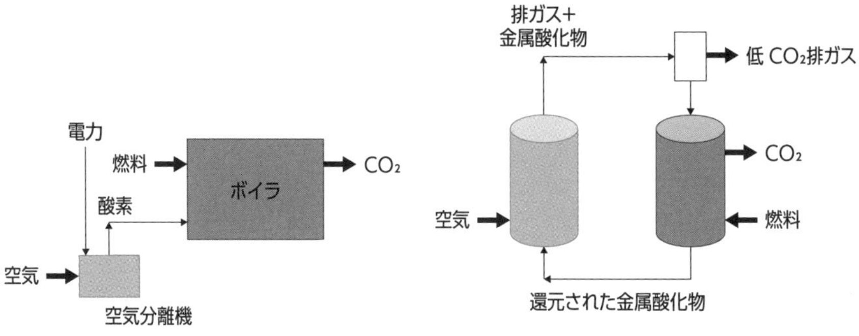

図2.10　酸素燃焼法（左）・化学ループ燃焼法（右）の模式図

3　CO_2の分離・回収コスト

CO_2分離・回収のコストは、回収したCO_2の重量当たりのコストとして表記され、「次世代火力発電に係る技術ロードマップ」[1]によれば、現在、4,000円程度／t-CO_2である。2020年頃には、高圧のガスを物理吸収で処理する場合や固体吸収材を用いた化学吸収法で2,000円台／t-CO_2に、さらに、将来、膜分離法で1,000円台／t-CO_2を目指すとしている。

2.3 CO_2回収の実績

1 世界のCCS／CO_2-EORプロジェクト

CO_2分離・回収は、工業の世界で大規模に実施されている。回収したCO_2を地中貯留する、いわゆるCCSと、CO_2によるEOR（石油増進回収：Enhanced Oil Recovery）に使用しているプロジェクトの中で、かつ、CO_2の回収量が年間100万トン規模以上のものを**表2.2**に示す。このほかに、CO_2を回収しているが、大気放散している天然ガス精製プラントや、水素製造装置などでCO_2を回収して利用しているが規模が小さいものが多数ある。このようなCO_2の生産方法は、1章8節で解説している。

表2.2　世界の大規模CCS／CO_2-EORプロジェクト（CO_2回収量、年間100万トン以上）

プロジェクト	国	万トン／年	運転開始	排出源	目的	ガス中硫黄分	分離方法	分離回収プロセス
Sleipner CO_2 Injection	ノルウェー	100	1996	天然ガス精製	CCS	微量	化学吸収法（アミン）	MDEA
In Salah CO_2 Storage ※1	アルジェリア	100	2004	天然ガス精製				OASE
Gorgon CO_2 Injection	オーストラリア	340～400	2016	LNG製造				OASE
Quest CCS	カナダ	108	2015	水素製造				Adip-X
Shute Creek Gas Processing Facility	アメリカ	700	1986	天然ガス精製	EOR	H_2S	物理吸収法	Selexol
Century Plant	アメリカ	840	2010	天然ガス精製				Selexol
Coffeyville Gasification Plant	アメリカ	100	2013	アンモニア・肥料製造				Selexol
Kemper County Energy Facility ※2	アメリカ	300	2017	石炭ガス化複合発電				Selexol
Great Plains Synfuel Plant and Weyburn-Middle CO_2-EOR	アメリカ／カナダ	300	2000	代替天然ガス製造				Rectisol
"ACTL" ※3 with North West Sturgeon Refinery CO_2 Stream	カナダ	120	2020	水素製造				Rectisol
Air Products Steam Methane Reformer EOR Project	アメリカ	100	2013	水素製造	EOR	微量	物理吸着法	PSA (Vacuum)
Illinois Industrial Carbon Capture and Storage	アメリカ	100	2017	エタノール製造	CCS		エタノール発酵からの高濃度CO_2を直接利用	
Boundary Dam Integrated CCS Demonstration	カナダ	100	2014	石炭火力発電	EOR	SO_2	化学吸収法（アミン）	Cansolv
Petra Nova Carbon Capture, WA Parish Power Station	アメリカ	140	2017	石炭火力発電				KM-CDR
Petrobras Santos Basin Pre-salt Oil Field CCS ※4	ブラジル	300	2013	天然ガス精製		微量	膜分離など	不明

※1：2011から注入停止
※2：石炭ガス化工程不具合により天然ガスにて運転のためCO_2を回収せず
※3：Alberta Carbon Trunk Lineの略、2020年運開予定
※4：詳細不明、当初70万トン／年

出典：「国内外CCSプロジェクトの分離回収プロセス　表1」[4]および「Global Status of CCS 2019」[5]のデータをもとに作成

2 エネルギー製造過程でのCO_2回収

表2.2に示すような大規模プロジェクトでは、水素製造、アンモニア製造、人工的にメタンを製造する代替天然ガス製造や天然ガス精製／LNG製造のように、ほとんどが工業的に製品を製造する工程上、CO_2を除去する必要があり、その過程でCO_2を回収しているケー

スである。

そうではない、石炭火力発電所の常圧の排ガスからCO_2を回収しているものは、Boundary DamやPetra Novaプロジェクト、天然ガス火力では計画中の英国Peterhead-Goldeneyeプロジェクトに限られる。また、電力会社の最新石炭火力発電所の発電設備容量は、50万～100万kW規模であり、この場合のCO_2回収量は、年間290～580万トン程度となる。今後、EOR以外に火力発電所からのCO_2回収を検討する際には、いかに大規模となるかを把握しておいていただきたい。

3 実績のあるCO_2分離・回収技術への期待

また、天然ガス精製や水素製造では、3～10MPaの高圧条件でガス精製が行われる。H_2Sを含まないガスでは化学吸収法が、H_2Sを含むガスには、H_2Sも除去できる物理吸収法が主流となっている。

このほかに、ブラジルのPetrobras Santos Basinのプロジェクト（CO_2回収量、年間70万トン）では、FPSO[1]（浮体式生産貯蔵積出設備：Floating Production, Storage and Offloading System）内で天然ガスを精製するのに高分子膜が使用されている例がある。

このように、CO_2分離・回収技術や、CCSやEORのためのCO_2長距離輸送の技術には、十分な実績がある。さらなる低コスト化が求められるものの、これらを基盤に回収したCO_2を利用していくことが期待されている。

1 **FPSO** 海洋上で天然ガスや石油を生産、貯蔵、積出を行う浮体式の施設で、船の形状をしているものが多い。

2.4 CO_2の輸送

1 CO_2の状態

CO_2の輸送の形態は、圧縮した気体か、液体なのか、ドライアイスと呼ばれる固体か、さらには超臨界状態[1]のどの状態が適当であるかに密接に関係している。そのためには、まず、**図2.11**に示すCO_2の状態図を説明しておきたい。この状態図では、横軸が温度、縦軸が圧力を示している。圧力を上げると気体のCO_2が液体になる。温度を下げると、液体となる圧力が急激に下がる。さらに温度を下げ、−56.6℃になると、固体、いわゆるドライアイスとなる。気体、液体、固体の3相の境界の点を三重点と呼ぶ。また、圧力が7.38MPa以上では、臨界点を超え、超臨界の状態となり、液体に比べて粘度が下がるなど、物性が大きく変化する。トラック輸送、鉄道輸送、パイプラインによる輸送、船輸送で、それぞれの条件に合った状態を選定している。

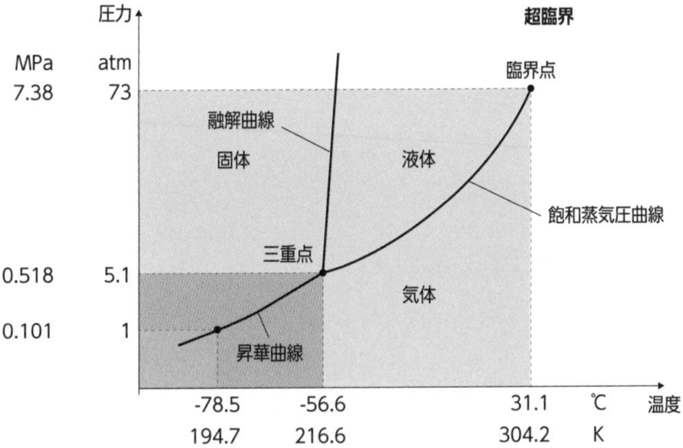

図2.11 CO_2の状態図

2 輸送の方法

❶ トラック・鉄道での輸送

国内で一般的な輸送方法は、液化したCO_2、いわゆる液化炭酸ガス専用のトラック輸送である。これは、圧縮した気体に比べて、単位体積当たりの運搬量が大きいからである。**図2.12**に国内の液体CO_2の流通に使用されているタンクローリーおよびトレーラーを示す。

---

1 **超臨界** 臨界点以上の温度、圧力の条件で、気体と液体の区別がつかない状態。超臨界流体は、低い粘性、高い拡散性、高い熱容量や熱伝導性など、気体や液体とは異なった物性を有している。

液体CO_2を貯蔵するタンクを載せており、また、ポンプも車載して、送り先に荷下ろしすることができる。タンクローリーは1台当たり8～10.5トン、トレーラーでは11～13トンを輸送できる。鉄道の場合、日本では高圧ガス保安法の規定から困難であるが、海外では、液体CO_2を18トン輸送できる20フィートISO規格のコンテナが普及している[7]。これらの方法では、1日の輸送量は多く、数百トンである。

図2.12　CO_2タンクローリーとトレーラー
資料提供：日本液炭株式会社[6]

❷ パイプラインでの輸送

近い距離の場合は、圧縮したガスをパイプラインで輸送する。国内では、石油の製油所などで生産したCO_2を、近隣のCO_2を利用している工場、特に、液化炭酸ガスやドライアイス製造の工場に送るのに使われている。

世界的に見ると、アメリカでは、CO_2パイプラインが全米に敷設されており、CO_2は石油増進回収であるEORなどに利用されている。EORの詳細は4章6節、石油増進回収（EOR）に記載している。主要パイプラインの口径は16インチ（約400mm）から太いものでは30インチ（760mm）に及び、年間で数百万から2,500万トンを輸送している。1日当り、数千から7万トンにも及ぶ。長距離パイプラインでは、7.38MPa以上に圧縮して超臨界状態として輸送することで、パイプ内での圧力の損失を少なくしている。実際には、パイプライン内での圧力損失を考慮して10～20MPa程度に圧縮している。

パイプラインはほかの手段と比べて輸送量が大きいが、1度敷設するとほかの場所への変更がほぼ不可能になるため、柔軟性に欠けるデメリットもある。また、CO_2は水分を含むと酸として配管の腐食の要因となるため、分離・回収されたCO_2の性状（特に水分含量）には厳しい制約が設けられており、CO_2の分離・回収コストには考慮することが必要となる。また、CO_2は空気などの環境中にありふれた物質で、その有毒性が問題となることはない。しかし、空気中のCO_2濃度が高くなると、人間にとって危険であるとされ、濃度が3～4％を超えると頭痛・めまい・吐き気などを催し、7％を超えると数分で意識を失い、この状態が継続すると死に至るとされている。

パイプラインからCO_2が漏洩した場合、空気より非常に重く、かつ冷気であるCO_2ガスが低地（窪地や地下室など）に滞留した場合には非常に危険であり、パイプラインの保守点検は危険物並みの配慮が必要である。

❸ 船舶での輸送

CO_2を船で輸送するにはCO_2を液体とするのが適当である。船で大量に輸送するには、その扱いの容易さから固体を避け、圧力が余り高くなく、密度を高く維持できる三重点より少し液体側の条件を選ぶのが適当である。そこで、船のCO_2タンクの設計条件は、圧力が1.0MPaG、温度が－50℃程度となる。タンク用鋼材には低温用鋼材およびニッケル鋼が使われる[9]。商用船として普及しているLPGの輸送船が、圧力が0.028MPaG、温度が－46℃であることから、CO_2輸送船がLPG輸送を兼務することも可能である。ただし、LPGの比重は液体CO_2の約半分なので、貨物重量は大きく異なることに注意を要する。日本では、数千トンから5万トンクラスまでの船の試設計が行われており、その一例として、海外輸送用CO_2輸送船（50,000t型）の外形図を**図2.13**に示す[7]。何隻かを運用することで、1日当り、数千トン以上のCO_2を長距離輸送することが可能である。LNG輸送では、20万m^3以上の船が普及しているが、タンクは、ほぼ常圧で温度が－160℃で設計されており、液体CO_2とは条件が大きく異なることに注意を要する。

液体CO_2の輸送船は、ノルウェーのYara社が1,800トンクラスの船を3隻所有している。ノルウェー、デンマーク、オランダ、英国の間のCO_2輸送に使われており、小型船については技術的な問題はない。

なお、近年、製油所の統合などでCO_2の生産量が減少し、その結果、国内の需要を満たすために、韓国から年間、2～3万トンのCO_2をドライアイスとして輸入している。ドライアイスは固体での輸入であるが、これは同じCO_2であっても、液体で輸入する場合は、日本の法律上、陸揚げ後は関連する設備が高圧ガス保安法適用の扱いとなり、各種の申請・届出、保安検査、試験が必要となることも一因である。

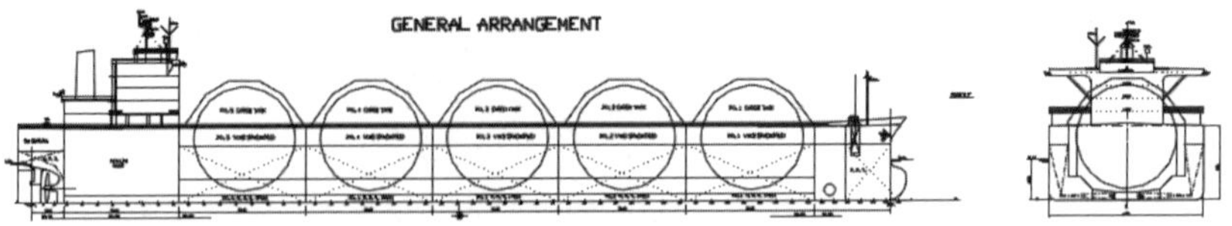

図2.13　海外輸送用CO_2輸送船（50,000t型の試設計）
出典：新エネルギー・産業技術総合開発機構（NEDO）
「『革新的ゼロミッション石炭ガス化発電プロジェクト』成果報告書（要約1）」（2013.4）[7]

3 輸送の経済性

トラックやトレーラでの輸送は、少量、近距離に限定され、個別に検討する必要があるので、ここでは省略する。

パイプラインでCO_2を輸送するのは、日本では国内輸送に限られる。気体で輸送する場合は、設計圧力が3.5MPaG程度となり、輸送量が液体の1／4程度と少ないので、近距離に限られる。液体もしくは超臨界状態の場合は、国内でのパイプラインの建設コストは、河川横断等特殊部を含まない平地では、18,560千円／インチ／km前後と推定されている[9]。パイプラインの口径をインチの単位（1インチは25.4mm）で表し、1kmの距離当たりの建設費を示している。これは、パイプのコストが、ほぼ太さに比例することから用いられる指標となっている。アメリカの平地では、3,410千円／インチ／km、アメリカ都市部の6,820千円／インチ／km、に比べて、日本の建設コストは3～5倍と報告されている[9]。日本で1日に5,280トンのCO_2を30km離れた場所に輸送する場合、パイプラインの建設費は約67億円程度となり、10年償却では、CO_2輸送コストは約390円／t-CO_2になる[9]。このほかに、回収したCO_2をパイプライン輸送の圧力に上げるコストとして、別途、2,000円／t-CO_2程度かかる。さらに、状況に応じて、一旦、CO_2を陸上で貯留するコスト、パイプラインや付属機器の管理、修繕費などが加わる[9]。

海外への長距離輸送は船になる。船で液体CO_2を輸送するケースについては、日本からインドネシアおよびオーストラリアに輸送する検討例がある[8]。48,000トンの外洋船を用いた場合、**表2.3**に示すように、CO_2トン当りの費用は、インドネシアで2,700円／t-CO_2、オーストラリアで4,000円／t-CO_2であった。

表2.3 日本から海外へのCO_2の輸送費

項目	単位	インドネシア	オーストラリア
距離	マイル※1	2,400	4,900
隻数	隻	3	4
片道運航時間	時間	164	329
燃料費	百万円/年・隻	256	334
減価償却		834	834
その他		335	399
合計		1,425	1,567
CO_2輸送費用	円／t-CO2	2,700	4,000

※1：1マイル（海里）は1,852 m

出典：新エネルギー・産業技術総合開発機構（NEDO）
平成20年度～平成24年度成果報告書「革新的ゼロエミッション石炭ガス化発電プロジェクト
発電からCO2貯留までのトータルシステムのフィジビリティー・スタディー」（2013.4）[8]をもとに作成

2.5 CO_2の回収技術の研究

CO_2の分離・回収コストの大幅な低減を目指す、新しいCO_2の回収技術の研究は、次の方法で進められている。

1 既存の吸収液方式の改良
2 新たな膜分離法の確立
3 その他の新しい方式の開発

1 吸収液方式の改良

現在実用化されているCO_2の分離・回収プロセスは、2章2節の**表2.1**（p.55参照）で解説した。

特に企業化実績の多い化学吸収法、物理吸収法は、**図2.5**（p.57参照）に示したように、CO_2吸収塔からの吸収液を再生塔に送り、CO_2をガスとして回収するプロセスである。この場合、もっとも多くのプラントが建設されている化学吸収法では、吸収液であるアミン水溶液を再生するために加温するのに多くの熱エネルギーが必要とされている。CO_2の分離・回収コストの低減を目指す研究は、このCO_2吸収液の再生に必要なエネルギーの減少を目的として行われている。

大きくは、次の２分野の方法に分かれて、開発が行われている。

①CO_2の化学吸収液を、再生に必要なエネルギーの小さい溶液に変更する
②溶液を用いないで固体の吸収材を用いる

❶ CO_2化学吸収液を比熱の小さい溶液に変更する方法

①の方法としては、RTI International社が、Linde社およびノルウェーの欧州を代表する独立系の研究所であるSINTEFと開発しているRTI' s Non-Aqueous Solvents（NASs）[10]がある。比熱の大きい水溶液の代わりに、比熱の小さい有機化合物系の吸収液の開発を、2009年以来継続している。2014～2016年には、アメリカの国立エネルギー研究所であるDOE NETL（US Department of Energy, National Energy Technology Laboratory）のプロジェクト（予算総額：約300万US$）としてRTI社、Linde社、SINTEFが共同開発を行っている。

有機化合物系の吸収液として、疎水性（hydrophobic）で立体障害[1]が大きく（Sterically hindered）、CO_2とアミン化合物から生成するカルバミン酸（R_1R_2-NCOOH）形成能力の高

1 **立体障害** アミンの窒素原子に結合する化合物グループの炭素数が大きいグループは、外部からの物質が近づくことを妨げる障害となる。

いアミンを用いることを特徴としている。石炭火力発電所に応用した場合、排ガスからのCO_2を吸収した吸収液の再生にエネルギーが使われるので、その分、発電効率が低下するが、その低下率を40%ほど改善する効果があるとされている。

次に、同じく吸収液の再生に必要なエネルギーの削減をするために、酵素液を用いるプロセスが開発されている。生物の呼吸作用において血液などの水溶液からCO_2を分離する働きをしている炭酸脱水酵素（Carbonic anhydrase）を利用した吸収液が開発されている[11]。酵素の作用によって、水溶液であっても吸収液からのCO_2の分離に必要なエネルギーを大幅に低減することが可能となるとして、アメリカのCO_2 Solutions Inc社とCO_2 Solutions Technologies Inc社で精力的に開発が行われている。

2016年6月に開かれたAnnual CCUS Conferenceにおける同社のプレゼン資料[12]によれば、2015年夏から秋にかけてモントリオール郊外で行われたCO_2回収量10トン／日の実証プラント試験において、2,500時間を超える運転実績が報告されている。

この技術は、酵素を用いることから硫黄分が多く含まれる石炭より、排ガスがクリーンな天然ガスを燃料とするボイラーを対象としている。現在、カナダの実証プラントより大規模な実証プロジェクトが計画されている。

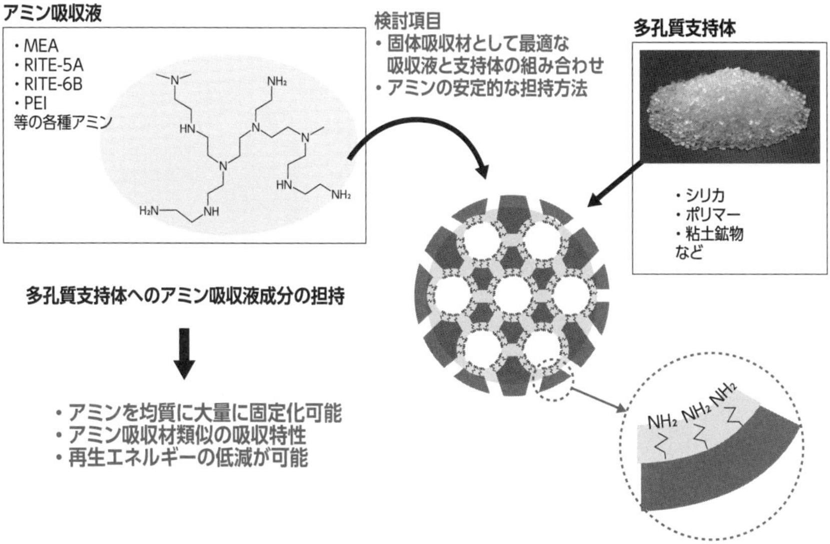

図2.14　RITEの固体吸収材のイメージ
出典：RITE「開発テーマ：固体吸収材」[13]をもとに作成

❷ 溶液を用いない固体の吸収材を利用

②の方法としては、溶液を用いない固体吸収法と呼ばれる方法が開発されている。具体的には**図2.14**に示すように、CO_2の吸収能力を持つアミン系化合物を多孔質支持体に担持させた固体吸収材を用いる技術である。

この方式の特徴は、固体吸収材の方が加熱・冷却に要する熱量が少ないことから、CO_2吸収材からのCO_2の分離エネルギーを大幅に低減することが可能となる点である。

現在、公益財団法人地球環境産業技術研究機構（RITE）が開発した高性能のアミン系化合物を支持体に吸着させた固体吸収材によるプロセス開発を、川崎重工業株式会社が精力的に行っている。**図2.15**にKCC移動層システムの概念図を示す。ベンチ試験を経て、NEDO事業として石炭燃焼排ガスから1日数十トンのCO_2回収を行う実証設備を建設し、実証試験を実施する予定である。

そのほかの固体ソルベント法としては、韓国エネルギー研究所（KIER）が、K_2CO_3の100μm以下の粒子を用いて、韓国南部発電株式会社（KOSPO）で10MW規模のパイロットプラント試験が行われた。

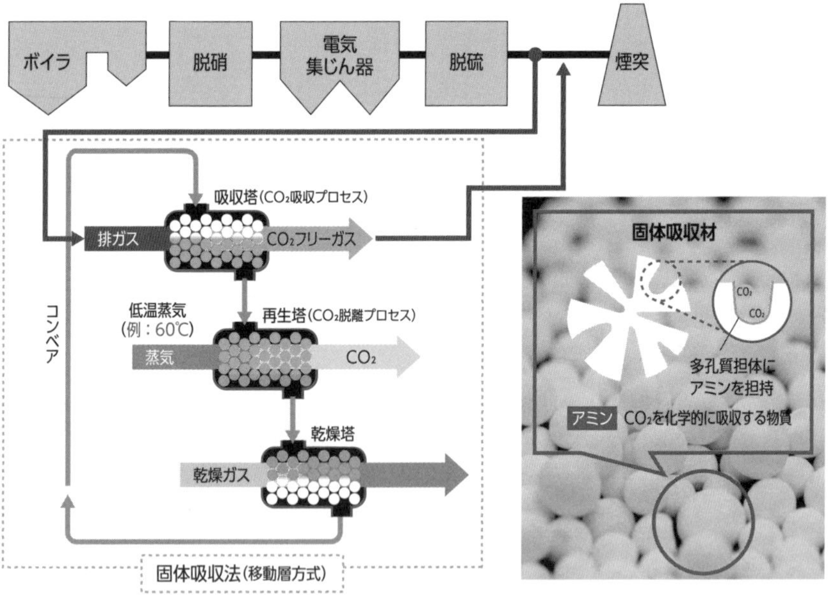

図2.15 連続式KCC移動層システムの概念図
資料提供：川崎重工業株式会社[14]

2　新たなCO_2回収方式の「膜分離法」

液体、固体にかかわらず、吸収剤によるCO_2回収方式では、吸収剤の再生（CO_2の分離・回収）に必要なエネルギーの削減に限界があると考えられている。一方、CO_2分離膜を用いる方法は、圧力の高いガス中からCO_2を分離する際には、効率が非常に高いプロセスとして期待されている。

RITEでは、次世代の高効率石炭火力発電技術として期待されている石炭ガス化複合発電（IGCC）において、水素を含むガスからCO_2を分離することを目的とした、CO_2分子ゲート膜の開発が行われている。

従来の分離膜では、CO_2より分子の小さい水素のような気体がうまく分離できなかった。CO_2分子ゲート膜では**図2.16**に示すように、膜の中の細孔[2]に取り込まれたCO_2が膜の材料との間で橋のような構造をとることで、ほかの気体が通ることを邪魔するコンセプトで開発されている。このような構造により、既存の高分子膜に比べて、CO_2だけを回収することが可能となっており、CO_2の分離・回収コストを大幅に下げることができるものと期待されている。

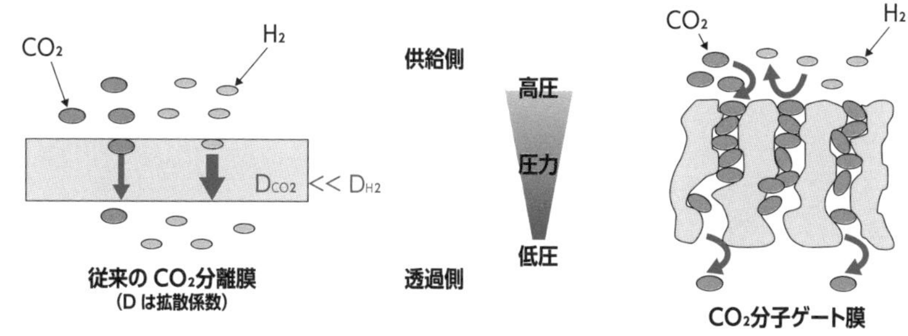

図2.16　CO_2分子ゲート膜の概念図
出典：RITE「開発テーマ：分離膜」[15]をもとに作成

現在は、**図2.17**のロードマップに示されているように、2030年ごろの実用化を目指して、連続成膜[3]による大量生産技術や膜モジュールの開発など実用化を目指した開発を行っている。それとともに、アメリカのケンタッキー大学、Center for Applied Energy Research（UK-CAER）の協力で、石炭ガス化炉からの実際のガスを用いて、膜素材が硫化水素による腐食を受けないか、試験が行われている。

図2.17　CO_2分子ゲート膜のロードマップ
出典：RITE「開発テーマ：分離膜」[15]をもとに作成

2　**細孔**　ここではCO_2分子がちょうど収まるように周囲の化合物によって形成される孔状の分子構造。

3　**連続成膜**　コピー機のように1枚ずつ膜を成型する平膜製造は、状態の良い膜を精密に製造可能であるが、製造コストが高い。輪転機による新聞の連続印刷のように、長尺の離型紙の上に連続的に製膜することで製造コストを大幅に削減することが可能となる。

3　新しい方式の確立が急務

天然ガスが豊富に産出するアメリカでは、天然ガスに必ず随伴するCO_2を選択的に分離する新たな材料として、金属有機構造体（Metal-Organic Framework：MOF）の研究が盛んに行われている[16]。MOFは、金属元素と様々な有機化合物とを組み合わせ作成される新規な有機金属錯体である。中心金属と配位子である架橋化合物[4]の組み合わせによって、気体分子が吸着される細孔の大きさをさまざまに変えることができる。

産出した天然ガスには、産地によって、かなりの量のCO_2が含まれている。メタン分子とCO_2の大きさの差によって吸着の程度が変わる細孔を設計し、天然ガス中に数%程度存在するCO_2を、メタン（CH_4）分子からほぼ100%分離できることが報告されている。

新しい分離・吸収材料としては、大幅な製造コストの削減により大量に合成することや、細孔に吸着されたCO_2を効率的に脱離するプロセスの開発など、今後の大きな技術的飛躍が必要である。

4　**架橋化合物**　分子内にある環状グループ同士を橋掛けする炭素鎖構造を持つ化合物。

第 3 章

カーボンリサイクルの仕組み

カーボンリサイクルのカーボンとは「炭素」のことであり、リサイクルするとは、すなわち「炭素」を有す二酸化炭素（CO_2）を再利用するということを意味する。CO_2をリサイクルすることで、今以上に大気中のCO_2は増えもせず、減りもしないということを意味し、CO_2の循環バランスがとれた、いわゆるカーボンニュートラル（Carbon Neutral）な状態を実現することが可能となる。

古来、人類は植物の光合成により、地球上のCO_2濃度を一定に保ってきたわけだが、人類の産業革命以降、化石燃料の燃焼による急激、かつ多量のCO_2発生量の増加により、そのバランスが崩れ地球上のCO_2濃度は急激に増大しつつある。それが地球温暖化に直接結びつくか否かは、未だ科学者の間で議論されているところではあるが、少なくとも大気中の濃度バランスがこのまま未来永劫崩れ続けていくことは避けるべき事象であろう。従来の自然の光合成に頼るカーボンリサイクルでは間に合わない。人為的に崩したものは人為的に戻す処置を施さなければ、元に戻ることはあり得ない。すなわち、人為的操作に基づくカーボンリサイクル（Anthropogenic Carbon Cycle、Anthropogenic Carbon Recycle）である。

3.1 カーボンリサイクルのイメージ

1 カーボンリサイクル構想

❶ 石油代替エネルギーの検討

今からさかのぼること30年前の1990年に、NEDO事業「石油代替エネルギー等の輸送技術に関する調査」が実施された。そこでは、日本において「エネルギー源の多様化による安定供給構造の構築」、および「地球環境問題への最大限の対応」という2つの目標のもとで、海外クリーンエネルギー輸送という構想が検討された。当時、再生可能エネルギーの1つである水力資源は、太陽光、太陽熱、風力などに比べ、エネルギー密度、技術完成度、経済性の面において、もっとも現実的な石油代替エネルギー源と位置付けられていた。

そこで、海外、特にカナダの安い水力発電による電力をもとにしたエネルギーを輸入することが検討された。これは、現在、NEDO事業として実証事業が進んでいるオーストラリアの豊富な褐炭からCO_2を排出せずに水素（炭素フリー燃料）を製造するという将来のエネルギーシステム構想に先立つ、先進的なアプローチであった。

❷ 海外の再生可能エネルギーを輸入する試み

実は、この中にカーボンリサイクルの構想がすでに検討されているのである。その構想図を**図3.1**に示す。ポイントは、メタノールを介して海外の再生可能エネルギーを輸入することである。現在ではカーボンニュートラルメタノール、あるいはCO_2フリーメタノール（本書ではこちらを呼称とする）とも呼ばれている。そのほかの輸送媒体としては、液体水素、アンモニア、シクロヘキサンなども検討されたが、当時の最終結論として、環境問題や将来における利用手段の多様化を考えると、水素がもっとも適したエネルギー媒体であると結論付けられた。ただし、経済性の面からはメタノールが良いとも言及されている。

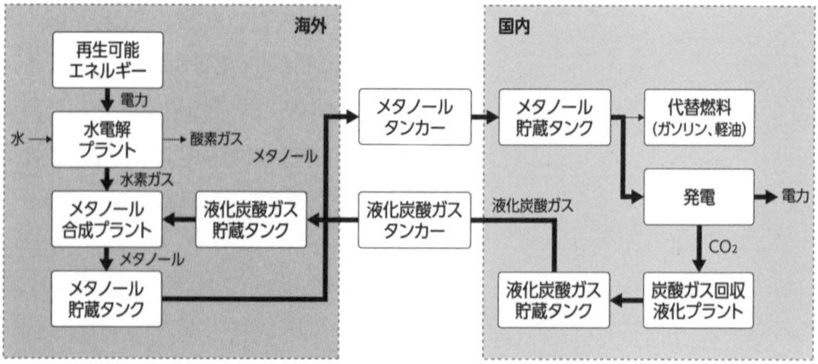

図3.1 メタノールによるカーボンリサイクル構想

❸ エネルギーとしてのカーボンリサイクルの検討

当時のシナリオとして、2015年には水素価格が30円／m^3N、海外再生可能エネルギー電力が5円／kWh以下となっていた。先に述べた未利用褐炭から水素を製造する場合も、2030年に水素価格は30円／m^3Nが目標となっている。

CO_2排出量削減策として、水素に加えて、2010年の「CO_2固定化・有効利用分野の技術マップ（経済産業省）」[1]に基づき、新たにCCS（Carbon dioxide Capture and Storage：CO_2回収・貯留）が加わり、これら技術を中心に昨今まで開発が進められてきた（**図3.2**）。

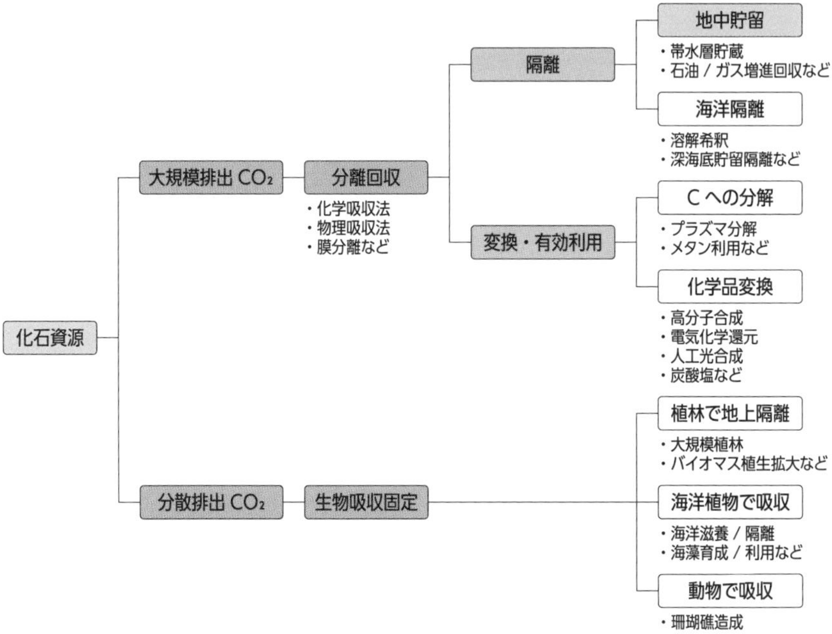

図3.2　CO_2固定化・有効利用分野の技術マップ
出典：経済産業省「CO_2固定化・有効利用分野の技術マップ」[1]をもとに作成

その後、2019年2月に経済産業省資源エネルギー庁にカーボンリサイクル室が設置された。これを契機に、同年6月には「カーボンリサイクル技術ロードマップ」[2]がG20大阪サミットのエネルギー大臣会合（軽井沢）の場で公表され、日本はCO_2有効利用技術（CCU）に本格的に取り組んでいくことになったのである。

2 カーボンリサイクルの研究

❶ 人為的化学カーボンリサイクル

これに先立つ2018年10月に、一般財団法人エネルギー総合工学研究所では、再生可能エネルギーと化石燃料エネルギーを協調させたCO_2 to Fuelを、日本独自のカーボンリサイクルエネルギーシステムとして取り入れられないか検討するACC（Anthropogenic Carbon Cycle）技術研究会を立ち上げた。CO_2を大量に処理可能なエネルギーシステムの1つの解決策として、1994年ノーベル化学賞を受賞したジョージ・アンドリュー・オラー氏の唱えた「人為的化学カーボンサイクル（Anthropogenic Chemical Carbon Cycle）」に着目してのことである[3]。オラー博士と後継者であるG・K・スーリヤ・プラカシュ博士らは、メタノールを基幹物質としたカーボンサイクルを推進すべく「Beyond Oil and Gas：The Methanol Economy」[4]を2006年に著している。ちなみに、プラカシュ博士とは、ACC技術研究会を通じ筆者らとも親交がある。日本語訳は、「メタノールエコノミー：CO_2をエネルギーに変える逆転の発想」のタイトルで出版されている。

基本的構想は前述の**図3.1**と同じであり、メタノールは、化成品の基幹物質や、ガスタービン、燃料電池の燃料としても利用可能な有用な物質である。近年、世界の太陽光や風力発電の発電単価は格段に安くなってきており、水力発電に代わる現実味を帯びた再生可能エネルギー源とみている。

❷ カーボンリサイクルの利用構想

前述の博士らの論文に掲載されたカーボンサイクルが**図3.3**である。大気などからCO_2を分離・回収し、再生可能エネルギーを利用してメタノールやDME（ジメチルエーテル：Dimethyl Ether）などを合成し、燃料として利用する構想である。日本の実情を考えると、国内で排気ガスからCO_2を分離・回収し、再生可能エネルギーの豊かな国にCO_2を輸送して、そこでメタノールなどを合成する。その後、**図3.4**に示すように、メタノールを国内に輸送して利用するプロセスとなっていくであろう。

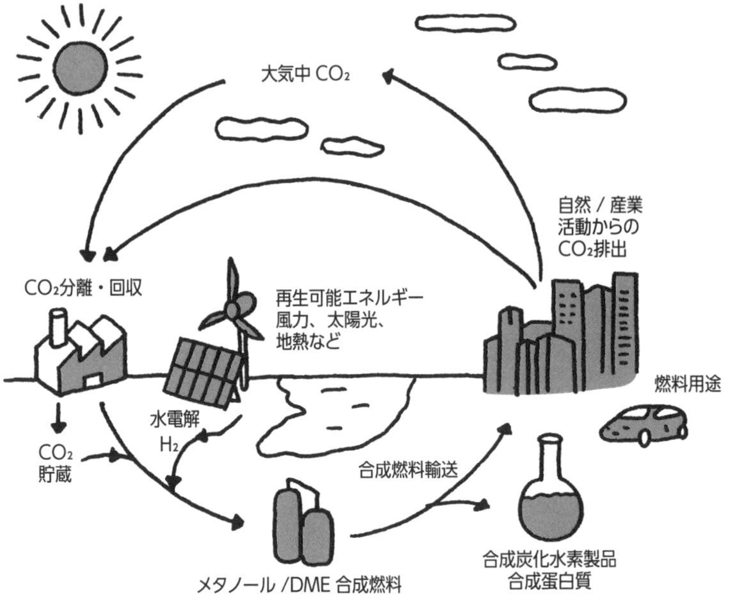

図3.3　人為的化学カーボンサイクル
出典：George A. Olah, et al.「Anthropogenic chemical carbon cycle for a Sustainable Future」[3]をもとに作成

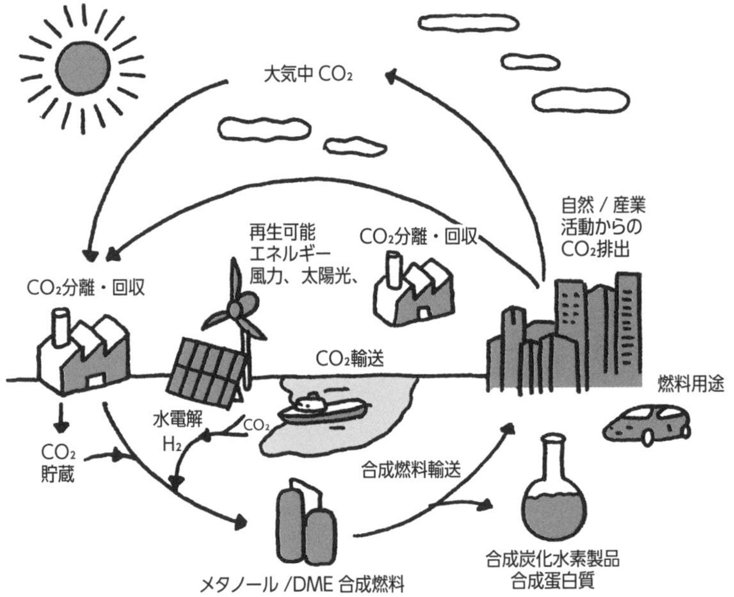

図3.4　日本版の人為的化学カーボンサイクル
出典：George A. Olah, et al.「Anthropogenic chemical carbon cycle for a Sustainable Future」」[3]をもとに日本版として作成

3.2 エネルギーシステムと構成する技術

1 カーボンリサイクルにおけるエネルギーキャリア

海外から再生可能エネルギーを輸入する場合、昨今まで水素を液体水素、もしくは運搬しやすい化学エネルギー媒体（エネルギーキャリア）であるアンモニア、メチルシクロヘキサン[1]に変換する手法が検討されてきた。カーボンリサイクルを考える場合は、媒体はメタンやメタノールなどに絞られるであろう。これら各種エネルギーキャリアの液体状態での物性を**表3.1**に示す。水素に関連する媒体については、7章で詳解するが、ここではメタン、メタノールに絞り解説する。

表3.1 各種エネルギーキャリアの液体状態での物性

物質 物性	液体水素 (LH_2)	アンモニア (NH_3)	メチルシクロヘキサン (C_7H_{14})	メタン (CH_4)	メタノール (CH_4O)
分子量	2	17	98	16	32
沸点（℃）	−253	−33.4	101	−161.5	64.7
発熱量HHV （MJ／kg）	141.8	22.5	8.7 （脱H_2ベース）	55.5	22.7
発熱量HHV （MJ／m^3）	10,054	15,165	6,734 （脱H_2ベース）	23,421	17,978
液体密度 （kg／m^3）	70.9	674	774	422	792

2 メタンによるエネルギーシステム

メタンの場合は、**図3.5**に示すエネルギーシステムとなる。海外の再生可能エネルギー電力を利用して水電解装置にて生成した水素と、国内で火力発電プラントなどの排ガスから分離・回収して液化したCO_2を、タンカーで海上輸送する。水素を製造した場所で、水素とCO_2とをメタン合成プラントで反応（発熱反応）させてメタンを製造する。メタンはLNGとしてLNGタンカーで海上輸送し、国内の既存の火力発電プラントなどで燃料として再利用する。

メタンの最大の長所は、**図3.6**に示す日本の沿岸に広く行き渡り立地しているLNG基地と、都市ガス会社やエネルギー企業が保有する主要導管網の既存インフラが使えることである。課題は、5章3節で詳述するが、メタン合成のメタネーション反応（サバティエ反応）が、大きな発熱量をともなうため反応器設計に工夫が必要な点である。ただし、現状COとH_2を成分とする合成ガス（Syngas、Synthesis gas）からのメタン製造プロセスは既往の工業プロセスであり、技術的ハードルは高くない。

1 **メチルシクロヘキサン** MCHと略され、トルエンに水素を添加して製造される。消費地でトルエンと水素に分解して水素を得ることができる。トルエンは、MCHを製造する地に戻される。

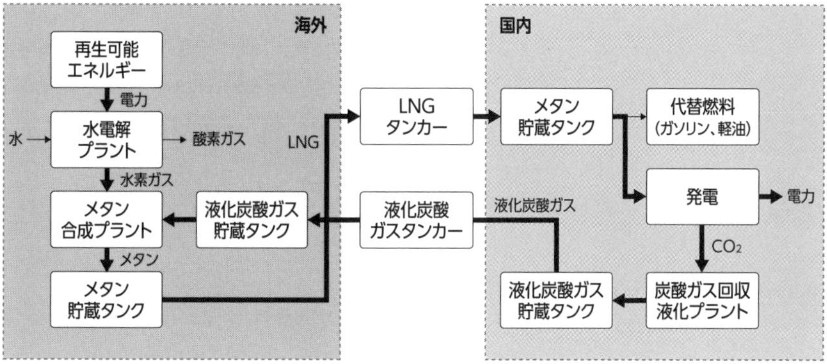

図 3.5　エネルギーシステム（メタン）

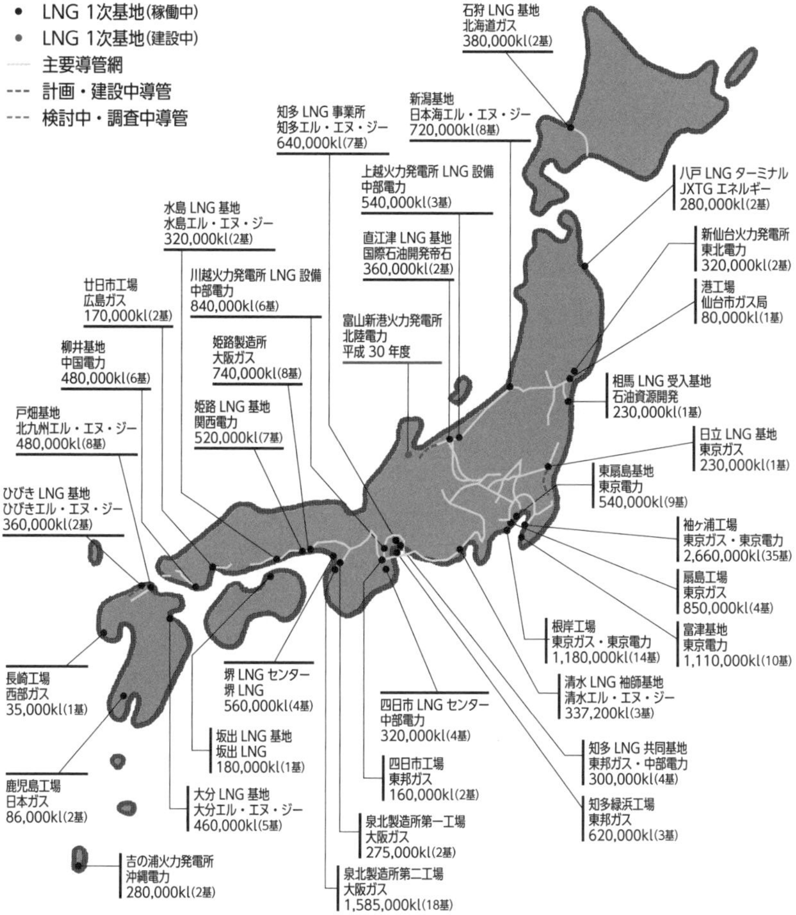

図 3.6　日本の LNG 基地と主要導管網

出典：一般社団法人日本ガス協会「都市ガスが届くまで」[5] をもとに作成

液化炭酸ガスタンカーについても、LNG船の低温特性と、LPG船の加圧特性をあわせ持つような仕様の温度や圧力のため、実用化へのハードルは高くはない（2章4節参照）。事実、小規模ながらも、すでに欧州では専用船が航海している。また、炭酸ガス回収装置（CO_2分離・回収装置）は、アメリカなどですでに大規模な装置が商用で運転されている（2章3節参照）。

3　メタノールによるエネルギーシステム

❶ メタノールの製造から輸送、利用のプロセス

メタノールの場合は、**図3.7**に示すシステムとなる。再生可能エネルギー電力を利用して水電解装置にて水素を製造する。国内で火力発電プラントなどの排ガスからCO_2を分離・回収し、液化炭酸ガスタンカーで海上輸送してきたCO_2と水素をメタノール合成プラントで反応（発熱反応）させてメタノールを製造する。それをメタノールタンカーで海上輸送して、国内の既存の火力発電プラントなどで燃料として再利用するエネルギーシステムとなる。

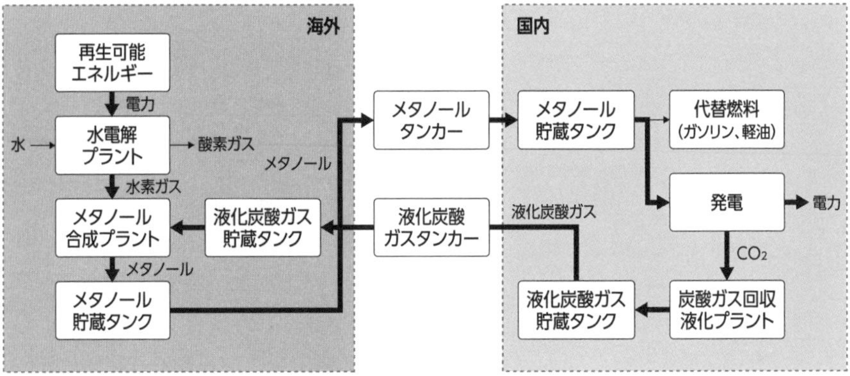

図3.7　エネルギーシステム（メタノール）

❷ メタノールの利点

メタノールの最大の長所は、常温、常圧で扱えることから貯蔵が容易であること、また、若干の改修により既存の燃料インフラが使えるということである。また、海上輸送にも、原油などと同様の巨大なタンカーを利用できる。GTCC[2]（ガスタービン・コンバインドサイクル発電：Gas Turbine Combined Cycle）の燃料や、石炭火力の石炭代替用燃料としての利用も期待できる。ただし、現状の日本市場は、ほぼ全量輸入による化成品用約200万トン／年しかなく、新たに燃料用としての市場創出が必要である。

現輸入量の約40%を取り扱うMGCターミナル株式会社の受け入れ場所と貯蔵施設容量を

2　**GTCC**　天然ガスを燃料として、ガスタービンと蒸気タービンとを組み合わせ、高効率で発電するプラントで、国内では普及している。

図3.8に示す。現状日本のメタノール受け入れ基地はLNG基地に比べれば少ないが、既存発電所の原油タンクや石炭ヤードなどを置き換えて容易に建設できると考えられる。

メタノールプラントは、すでに商業化されており、また、液化炭酸ガスタンカーや、炭酸ガス回収装置（CO_2分離・回収装置）については、メタンの場合と同様、実用化への大きな課題にはならないであろう。

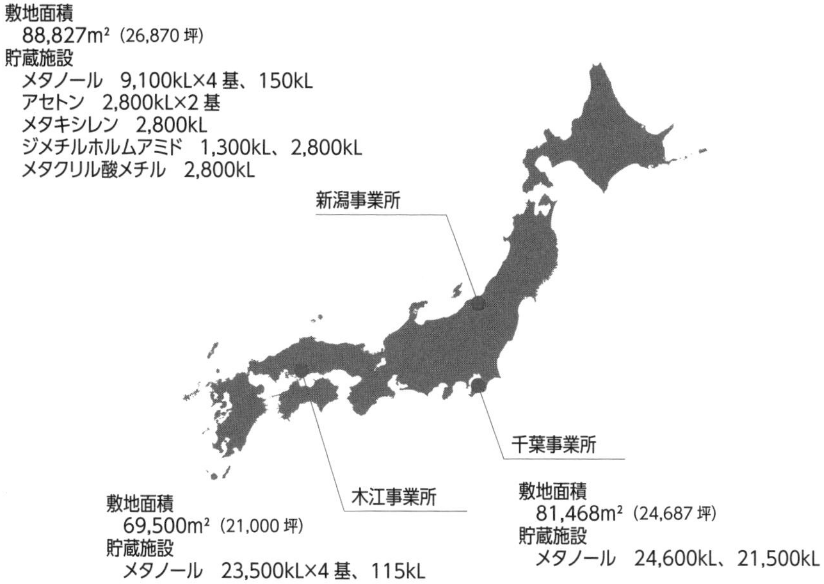

図3.8　日本のメタノール受け入れ基地
出典：MGCターミナル株式会社「施設紹介」[6]をもとに作成

4　エネルギーシステム構築上の課題

これら媒体をエネルギーキャリアとし、エネルギーシステムを構成する際には、メタン、メタノールに限らず液体水素、アンモニア、メチルシクロヘキサンの全ての媒体に共通する設備が、再生可能エネルギー電力設備と水電解装置であり、いかに安い水素を製造できるかにかかっている。

輸送しやすいメタンやメタノールをキャリアーとし、カーボンリサイクルするエネルギーシステムの構築は、既存インフラを活用しながら、既存技術の延長線で比較的早期に対応可能と考えられる。

また、船舶輸送について、これらエネルギーキャリア毎に、1回の船の航行で運べる載貨エネルギー量をまとめると**表3.2**の通りとなる。液体水素は、その体積エネルギー密度の小ささから船1隻で輸送可能なエネルギー量が小さいことがわかる。

アンモニアは、LPG船と類似の船型となるが、発熱量が小さく輸送可能エネルギー量がもっとも小さくなった。メチルシクロヘキサンは、水素を取り出す反応に必要な熱（吸熱反応）の調達が課題となるであろう。エネルギーキャリアを何にするかは、これら特性も考慮し、選定する必要がある。

表3.2　エネルギーキャリア毎の船1隻の輸送エネルギー量

物質＼仕様	載貨重量 （トン）	載貨エネルギー量 （PJ）	タンク設計	輸送可能容量
メタン（CH_4）	83,400	4.6	常圧 －162℃	LNG船ベース
メタノール （CH_3OH）	300,000	6.8	常圧 常温	30万トン級タンカーベース
液体水素（LH_2）	10,000	1.4	常圧 －253℃	30万トン級タンカー大きさベース
アンモニア（NH_3）	54,500	1.2	0.55MPaG　1.75MPaG －42℃　45℃	LPG船ベース
メチルシクロヘキサン （C_7H_{14}）	300,000	2.6（2.0）※1	常圧・常温	30万トン級タンカーベース

※1　括弧内の数値は水素（H_2）脱離時の吸熱を考慮

3.3 CO_2利用技術

1 CO_2の利用用途

CO_2は、われわれの社会活動や、燃焼という工業プロセスなどから排出される、いわゆる廃棄物である。日本のCO_2排出量は、2013年[1]では、おおよそ12億トン／年であり、そのうち事業用発電分野が約35%、産業分野が約29%、運輸分野が約16%を占め、これらだけで日本の総CO_2排出量の約80%を占める。逆に、2050年には、これらをほとんどゼロにすることを日本は目標にしているのである。

この大量のCO_2に対し、どのような利用先が考えられるのか。それをまとめたものが**図3.9**である。CO_2の用途には大きく分けて図中の左側の直接利用分野と、右側の化成品原料や燃料としての利用法がある。直接利用分野は1章、燃料分野は5章、化成品分野は6章で詳説している。ここでは主に規模の大きい再燃料化を中心に解説する。

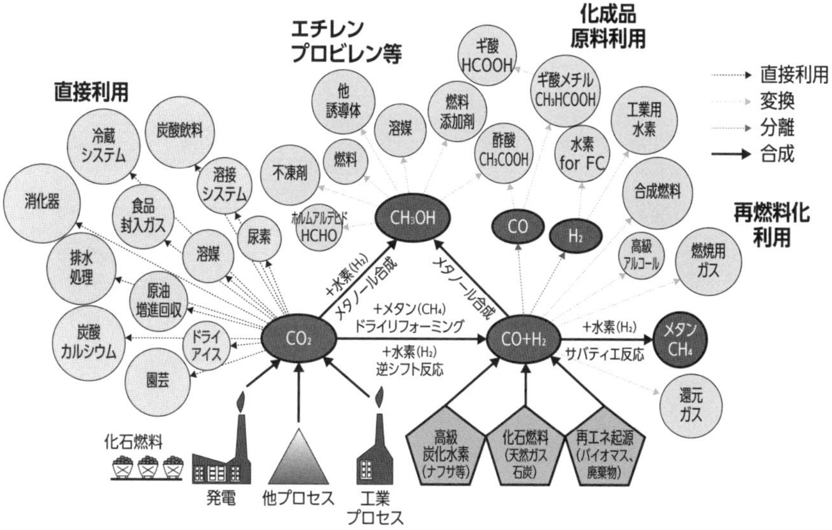

図3.9 CO_2の用途

出典：D. Milani et al.「A model-based analysis of CO_2 utilization in methanol synthesis plant」[7]をもとに作成

1 **日本のCO_2排出量2013年** 日本の削減目標を示すNDCの基準年である2013年基準とした。

2 化学品原料と燃料としての利用

化成品原料、燃料として利用する分野においては、何をカーボンリサイクルするかが重要である。CO_2を化成品原料として利用できる可能性の高いものを**表3.3**に示すが、これら化成品の世界中のCO_2利用量は推定約2億トン／年の規模でしかなく、多量のCO_2利用は望めない。また、尿素の製造は、商用的に行われているが、アンモニア製造時に発生するCO_2が使われていることと、尿素を肥料として利用すると畑で分解されCO_2が発生するので、CO_2削減には結びつかない。高分子合成については、多様な製品が考えられるので6章で別途詳説する。CO_2を化成品原料とするよりも燃料の原料とする方が、より多量のCO_2利用が期待される。

これら化成品原料や燃料にCO_2を転換する技術の一覧を**表3.4**に示す。転換技術については、①熱化学反応（還元、レドックス）、②電気化学反応、③光電気化学反応、④無機炭酸塩などと大きく4つに分けることができる。電気化学や光電気化学分野は、まだ基礎研究段階である。現在、パイロット試験や実証試験が実施可能な分野は、熱化学反応と無機炭酸塩分野であろう。もちろん、この分野でもより高いエネルギー転換効率を求めるための基礎研究は行われている。現在国内外で実証試験が行われているのは、メタネーションとメタノール合成反応などが中心である。

表3.3　CO_2を利用した場合の各種化成品のCO_2必要量（2016年予想値）

化成品種	世界需要 （万トン／年）	必要CO_2量 （万トン／年）
尿素	18,000	13,200
メタノール	6,000	1,000
無機炭酸塩	25,000	7,000
ポリウレタン	1,000	50
ポリカーボネート	500	100
ホルムアルデヒド	2,500	500
ジメチルエーテル	>2,000	>500
ギ酸	100	90
食品	800	800

出典：M. Aresta et al.「The changing paradigm in CO_2 utilization」（2005）[8]をもとに作成

表3.4　CO_2の転換再利用技術

技術分類	目的	技術	概要
① 熱化学反応 ・還元 ・レドックス	カーボン担体の生成	プラズマ分解法	CO_2にプラズマ照射してカーボンとCOに分解
		金属との反応	マグネタイト、MgなどをCO_2と接触させて固体カーボンを生成
		メタン利用	金属酸化物上でCO_2とCH_4を反応させて固体カーボンと水を生成
	化成品への変換	高分子合成	CO_2とほかのモノマー体との共重合などにより、高分子を合成
		尿素の製造	アンモニア製造時に発生するCO_2とアンモニアを原料に製造
		超臨界CO_2利用	超臨界CO_2の反応性を利用し、炭酸エステルやポリカーボネートなどを合成
			炭酸カリウム下で炭酸ジエチルの合成　など
		金属酸化物利用	太陽熱等を利用し、Fe_3O_4／FeO、CeO_2／Ce_2O_3のレドックス反応でCO製造
		接触水素化	CO_2と水素の接触反応によりメタノール、DME（Dimethyl ether）などを合成
		メタンなどでCO_2改質	金属などの触媒下でCO_2とCH_4から合成ガス（CO、水素）を製造
②電気化学反応	化成品への変換	電気化学還元	CO_2を電解還元し、メタノール／エタノールなどを製造
③光電気化学反応		光化学還元	CO_2を光触媒還元し、メタノールなどを生成
④無機炭酸塩など	化成品への変換	炭酸塩固定	アルカリ土類金属を利用しCO_2を炭酸塩として固定
		コンクリート養生	セメント 水和物とCO_2の反応を利用し、コンクリート強度の維持向上
	その他	ボーキサイト残渣の処理	Alの電気製錬で排出される高アルカリ性スラリー（red mud）をCO_2で中和

出典：RITE「平成22年度温暖化対策基盤整備関連調査（二酸化炭素固定化・有効利用技術等調査）」(2011) [9] ／
M. Behrens, FHI-AC「Utilization of CO_2」[10] をもとに作成

3　再生可能エネルギーを活用した水素製造でのカーボンリサイクル

CO_2は、エネルギー準位の低い物質である。したがって多量に燃料や化成品原料に転換するためには、必ず多量の再生可能エネルギーが必要となる。これに対しては、**図3.10**に示すようなスキームが考えられる。すなわち、技術的にはほぼ完成している再生可能エネルギー電力を利用して水素を製造し、その水素を用いてCO_2を還元し、化成品原料や燃料を始めとする有用物質に転換していく。あるいは、太陽の光エネルギーを利用し、光触媒を通して電気化学的にCO_2を有用物質に直接変換することなどである。

ただし、水を電気分解して水素を造るだけではなく、このような炭化水素系燃料を合成するには、CO_2と水と太陽熱を利用し、合成ガスを造る方法もある。

この技術は、現在、新潟大学、エネルギー総合工学研究所が、オーストラリア連邦科学産業研究機構（CSIRO：Commonwealth Scientific and Industrial Research Organization）と太陽熱を利用したメタノール合成についての技術を検討中である。

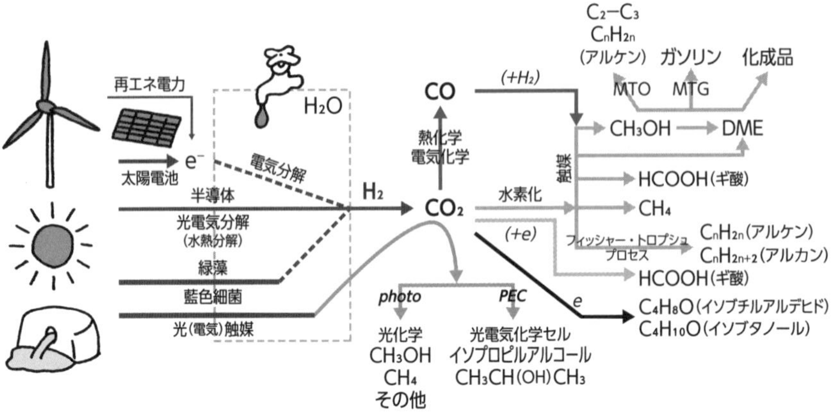

図3.10　再生可能エネルギーを活用したCO_2転換技術
出典：G. Centi and S. Perathoner,「CO_2 - based energy vectors for the storage of solar energy」[11]をもとに作成

第 4 章

CO_2を固定する技術

燃焼して発生したCO_2を大気中に排出する量を減らすためには、どこかに隔離するか、大気中に出て行かない形のものに変化させる方法がある。

本章では、CO_2の固定化の観点から、前半ではCO_2を地中に閉じ込める、いわゆるCCS（Carbon dioxide Capture and Storage）について、後半ではCO_2を変換して固体とする方法を紹介する。CO_2の変換では、鉱物やセメントへ固定、もしくは炭素材のように炭素に変換しようとする試みがあり、いわゆるCCU（Carbon dioxide Capture and Utilization）に該当する。

また、CO_2を用いて原油を回収するCO_2－EORは、この両者をあわせ持つかたち、つまり投入したCO_2の一部が地中に固定化されるのでCCUS（Carbon dioxide Capture, Utilization and Storage）の1つである。現状、CO_2の利用量としては最も多いが、残念ながら、天然の井戸から生産されるCO_2を使用していることが多い。今後、発電所の排ガスなどから回収したCO_2を利用するプロジェクトが増えるであろう。

4.1 CO_2の地中貯留

1 CO_2の固定化

火力発電所などで化石燃料の燃焼によって発生する排ガスのほとんどは、大気放出されている。有効利用される量は、排出CO_2全体の量からみれば、限られており、また、利用後はほとんどが大気中に拡散されるので、化合物などとして固定化されている量は非常に少ない。

分離・回収されたCO_2は、炭素源として利用する（CCU：Carbon dioxide Capture and Utilization）ことが望ましいが、CO_2は非常に安定な化合物であるため、再び化学的に利用するためには、大きなエネルギーが必要となり、利用可能な量も現状では限られている。このため、分離・回収されたCO_2を再び大気中に拡散しないための方法として、隔離・貯留が有望な解決策として挙げられ、さまざまな方法が検討されている。

● CO_2の貯留方法

貯留方法としては、地中の帯水層[1]への封入、地中の油田・ガス田などへの封入、河川や海洋への溶解、深海底で水との結合体（ガスハイドレート[2]）として沈着させるなどの方法が考えられている。

これらの方法のうち、油田への封入は、結果として石油の増産につながることから石油の増進回収（EOR：Enhanced Oil Recovery）として北米で盛んに行われている。EORについては、４章6節で解説する。また、ガス田から産出する天然ガスにはCO_2が随伴されているため、かつては、分離したCO_2を大気中に放出していたが、最近は回収したCO_2を自社のガス田に戻して封入するようになりつつある。一部の天然ガス生産会社では、全量をガス田に戻している（４章２節参照）。そのほかにも、地下の石炭層にCO_2を圧入すると、石炭にCO_2が吸着され、もともと石炭層に存在していたメタンガス（Coalbed methane）が産出される方法も取られているが、その量は限られたものである。

これら石油・天然ガスなどの化石燃料の生産を伴う方法は、生産される化石燃料の販売によってCO_2貯留にかかるコストを回収することができるので、実用化されている。

---

1 **帯水層**　地下水によって飽和状態にある地層のこと。水が地層を満たしていない場合は不飽和帯と呼ばれる。

2 **ガスハイドレート**　水素結合による水分子の籠状の構造の中にガスの分子が入り込んだもの。CO_2の場合はCO_2ハイドレート、メタンの場合はメタンハイドレートと呼ばれ、日本近海の海底下に賦存していることが知られている。

2　帯水層への貯留

CO_2を固定化する方法として、現在、大気中へのCO_2放散の可能性が小さく、もっとも実現性が高いとされているのが、地中の帯水層に圧入して貯留する方法である。**図4.1**に、大規模排出源において、分離・回収されたCO_2を地中の帯水層に圧入するまでのイメージを示す。

分離・回収されたCO_2は、地中に圧入する場所まで輸送することが必要である。CO_2を輸送するために使われている手段は、主にパイプライン、タンクローリー、船舶、鉄道である（2章4節参照）。

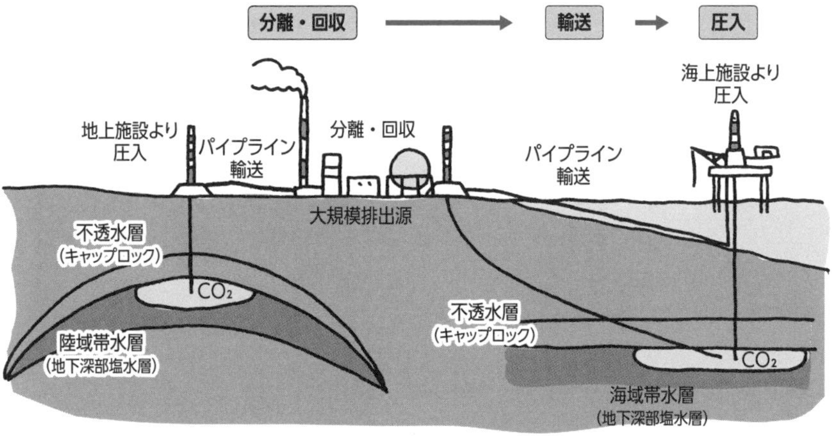

図4.1　CO_2地中貯留のイメージ
出典：経済産業省　産業技術環境局「CCS2020我が国における二酸化炭素の分離回収・地中貯留技術研究開発の動向」（2007）[1]をもとに作成

CO_2を貯留する帯水層は、砂や礫（れき）からなる多孔質の浸透性の地層があり、地下水に満たされている。**図4.2**に示したように、地中では帯水層にCO_2が溶け込む。いったん貯留されたCO_2が再び拡散して大気中に放出されないためには、**図4.1**で示したような不透水層（キャップロック）構造[3]が必要である。ガス田や油田は、このようなキャップロック構造によって地下に化石燃料が蓄積された場所であるため、産油国や天然ガス産出国では、天然ガスが産出しなくなった枯渇ガス田などを利用したCO_2貯留を行うことができる。日本の場合、大規模なガス田や油田がないことから、それ以外でこのようなキャップロック構造を持ち、CO_2貯留に適した帯水層を探索することが求められている。

3　**キャップロック**　油田やガス田において、ガスや油の層の上部にあって石油・ガスが上方に移動するのを防いでいる不透性の地層。帽岩ともいう。

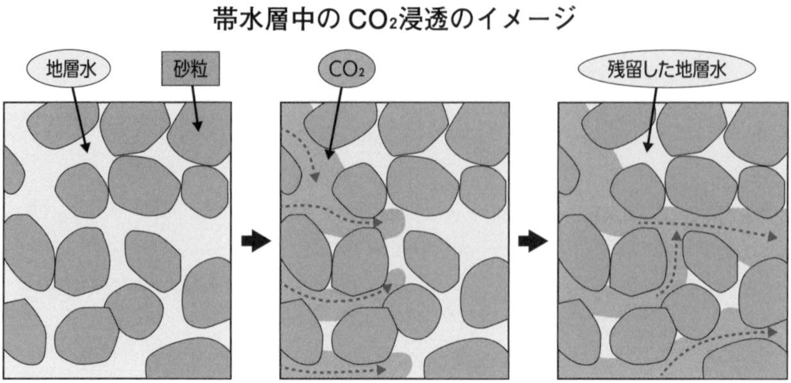

図4.2　帯水層のイメージ図
出典：RITE「CO_2地中貯留プロジェクト（平成12～22年度）　CO_2地中貯留の概要」[2]をもとに作成

4.2 CO_2貯留の実態と課題

1 海外のCCSプロジェクト

❶ 北米でのCCSプロジェクト

2015年以前における大量（100万トン／年以上）のCO_2の貯留プロジェクトは、すべて北米における石油の三次回収（EOR）によるものである（2章3節　**表2.2**参照）。また、化石燃料である炭化水素（石油・天然ガス）の生産や水素製造装置から発生するCO_2の分離・回収プロジェクトは、プロセス上、CO_2分離・回収の必要性から生じた副生物としての高純度CO_2の利用が主であった（1章8節参照）。化石燃料の燃焼によって生成するCO_2を分離・回収して貯留するプロジェクト、特に石炭火力の燃焼排ガスからのCO_2回収・貯留には、2014年に開始されたカナダのバウンダリーダム（Boundary Dam Integrated CCS Demonstration）、その後、2017年に開始されたアメリカでのペトラノヴァプロジェクト（Petra Nova Carbon Capture Project）がある。

北米ではEORという産業としての用途があり、各種のプロジェクトが計画されてきた。北米以外では、分離・回収されたCO_2は地下に貯留する、いわゆるCCSという方法を選択することになる。

❷ ノルウェーのCCSプロジェクト

ノルウェーでは1991年に世界に先駆けて炭素税が導入された。同国で活動している最大のエネルギー企業であるエクイノール社（Equinor）、当時、スタットオイル社（Statoil）は、それまで同社の生産する天然ガスに随伴して分離・回収されていたCO_2の大気放出をやめることを宣言した。1996年から北海のノルウェー沖約240kmにある自社のガス田であるスライプナー（Sleipner）の海底の帯水層に、年間約100万トンの圧入貯留を開始した。同社は、2008年に増産を開始したハンメルフェスト沖のスノービット（Snøhvit）天然ガス田においても、新たな天然ガスの生産井を掘削するとともに、CO_2の圧入井も準備し、海底下の帯水層への貯留を行っている。

天然ガスに随伴するCO_2の貯留プロジェクトとしては、先のエクイノール社に続き、アルジェリアでも天然ガスを生産している石油メジャーのBP社（旧ブリティッシュ・ペトロリアム社：British Petroleum）が、年間100万トンのCO_2の陸上地下貯留を2004年から2011年まで実施していた。

❷ オーストラリアのCCSプロジェクト

オーストラリア西海岸でLNGを生産するシェブロン社を中心としたゴーゴン（Gorgon）LNGプロジェクトでは、産出する天然ガスにCO_2が14%程度含まれている。この天然ガスからCO_2を分離・回収し、地下貯留するプロジェクトが、オーストラリア政府の援助を受けて、2009年から開始された。2019年8月に同地区でのCO_2貯留が開始されたとの報道があり、予定では年間340万〜400万トンのCO_2を貯留する計画である。この量は同LNGプロジェクトが排出するCO_2の40%程度と報告されている。

2 日本のCCSプロジェクト

❶ CO_2貯留実験の開始

日本においては、2003年よりRITEがCO_2の地下貯留実験を新潟県長岡市の枯渇ガス田を用いて行った。この実験では、CO_2は市販の液化炭酸ガスを調達して行われたので、地下に封入したCO_2量もわずか1万トンであった。

その後、地球温暖化対策としてのCCSを推進するという、国の方針が出された。それを受けて、電力、石油精製、石油開発、プラントエンジニアリングなど、CCS各分野の専門技術を有する大手民間会社が結集して、世界初の民間CCS（Carbon dioxide Capture and Storage）技術統合会社として「日本CCS調査株式会社」が2008年に設立された。同社は、日本各地の地質調査により、CO_2の地中貯留の可能性調査を行い、2012年から、国の委託を受けて苫小牧においてCO_2の分離・回収から地中貯留までの一貫したCCS技術の実証を開始した。

❷ 海底へのCO_2貯留プロジェクト

2012年度から2015年度の4年間で、出光興産株式会社北海道製油所の水素製造装置から発生するCO_2を含むガスから、高純度CO_2を分離・回収する設備と、それを地下へ圧入する設備を設計・建設するとともに、海底下約1,000mと約2,400mに圧入ができる2坑のCO_2圧入井を掘削した。

このプロジェクトにおいては、単にCO_2を地下貯留することだけではなく、水素製造装置のPSA装置からのオフガス（1章8節参照）の供給を受け、50%濃度程度のオフガス中のCO_2を海洋汚染防止法に規定されている99%以上に濃縮するプロセスの実証も含まれている。

環境省は、「1972年の廃棄物そのほかの物の投棄による海洋汚染の防止に関する条約の1996年の議定書」（通称「ロンドン条約96年議定書」）の実施に伴って平成19年（2007）年3月に閣議決定された「海洋汚染等及び海上災害の防止に関する法律の一部を改正する法律案」に準じて、CCSのためには99%以上の純度を求めている。濃縮されたCO_2は、この基準に合うよう監理され、海底下の地中に圧入された。

2016年4月より苫小牧沖海底下へのCO_2の圧入が開始され、2019年11月22日に、CO_2圧入目標量30万トンを達成して圧入を停止した。その後は環境各種のモニタリングにより、貯留層内でのCO_2の挙動を観測し、貯留されたCO_2の漏洩や自然への影響がないことなどについて、圧入前に取得した基礎データと比較を行うなど、監視が継続して行われている。また、この場所では、CO_2を利用したメタノール製造の実証も検討されている。

日本の沿岸には、1,460億トンのCO_2を貯留できるポテンシャルがあるとの報告がある[4]。日本の沿岸地域には、1カ所で数十億トン級の貯留層があると考えられており、現状では、貯留可能量の予測には幅があるため、CO_2貯留適地の調査が進められている。

図4.3　苫小牧CCS実証試験センター
資料提供：日本CCS調査株式会社[3]

4.3 CO_2の鉱物への固定

1 CO_2の鉱物化とは

CO_2は非常に安定な化合物なので、CO_2から別の化合物を製造するには大きなエネルギーが必要となることは2章1節で解説したとおりである。しかし、CO_2をカルシウム、マグネシウム、鉄などの金属酸化物と化学的に反応させて炭酸塩を形成し、金属炭酸塩としてCO_2を固定する方法がある。一般的には炭酸塩固定化、鉱物化、英語ではミネラリゼーションなどと呼んでいる。この方法であれば、CO_2よりも標準生成ギブスエネルギー（G）が小さい反応プロセスであって、外部からのエネルギーを必要としない（2章1節　**図2.3**参照）。しかも合成のために水素などの供給も必要がないため、合成プロセスが簡素化でき、早期に大量のCO_2を固定できる可能性を秘めている。ただし、カルシウムやマグネシウムなどの金属酸化物資源の確保と供給体制、CO_2の供給方法、製造した金属炭酸塩の市場などのバランスなどをしっかりと見極める必要がある。

2 CO_2鉱物固定のメカニズム

代表的な鉱物であるカンラン石、蛇紋岩、輝石、長石、珪灰石とCO_2との反応式を下式に示す。

カンラン石	$Mg_2SiO_4 + 2CO_2 + 2H_2O \rightarrow 2MgCO_3 + H_4SiO_4$
蛇紋岩	$Mg_3Si_2O_5(OH)_4 + 3CO_2 + 2H_2O \rightarrow 3MgCO_3 + 2H_4SiO_4$
輝石	$FeSiO_3 + CO_2 + 2H_2O \rightarrow FeCO_3 + H_4SiO_4$
長石	$CaAl_2Si_2O_8 + CO_2 + 2H_2O \rightarrow CaCO_3 + Al_2Si_2O_5(OH)_4$
珪灰石	$CaSiO_3 + CO_2 + 2H_2O \rightarrow CaCO_3 + H_4SiO_4$

これらの反応は、まず、岩石中に含まれるケイ酸塩鉱物が、水に溶けたCO_2、いわゆる炭酸水に溶解し、カルシウムイオン、マグネシウムイオン、鉄イオンが溶出したあと、溶存する炭酸イオン（CO_3^{2-}）や重炭酸イオン（HCO_3^-）と結合して、炭酸塩鉱物が成長する。自然界では、火成岩の一種、玄武岩地層帯でよく見られる反応である。玄武岩はケイ酸含有量が40～50％あり、カンラン石や輝石、長石などを多く含むため、CO_2を含む弱酸性の雨水や海水が岩層帯に染み込むことで、上の反応式から炭酸塩鉱物を形成する。**図4.4**に石灰石から製造した炭酸カルシウムの微粉末（通称「タンカル」）を示す。

図 4.4　重質炭酸カルシウム（左）と軽質炭酸カルシウム（右）[1]
資料提供：石灰石鉱業協会「石灰石の主な用途」[5]

3　自然界での鉱物化

2 で解説した地層内で形成されている炭酸塩化も自然界で進行する鉱物化であるが、加えて、有孔虫、介形虫、サンゴ、二枚貝、巻貝などに代表される生物による鉱物化も自然界では起こっている。主に炭酸カルシウムを利用してCO_2を吸収・固定しながら多種多様な鉱物を作り出している生物である。この鉱物化プロセスをバイオミネラリゼーションと呼ぶ。こうした生物は、光合成によってCO_2と水から有機物を作り出し、石灰化によってカルシウムと炭酸水から炭酸カルシウムの結晶を作り出している。石灰化のみではCO_2が発生してしまうため、光合成とのバランスによってCO_2を固定することになる。光合成と石灰化を化学式で表すと下式のようになる。

光合成　$CO_2 + H_2O \rightarrow CH_2O + O_2$
石灰化　$Ca^{2+} + 2HCO^{3-} \rightarrow CaCO_3 + CO_2 + H_2O$

石灰化の式より、2molの重炭酸イオンを吸収し、1molのCO_2が発生することから、定性的には海水中に溶けているCO_2の半分が固定される。海水中のCO_2濃度が増せばCO_2固定量が増すように見えるが、そう単純な話にはならない。光合成とのバランスがその効果を左右するからである。光合成にはCO_2と水以外にも生物の生育に必要な窒素やリンなどの栄養が必要な上、その生物が生育するのに最適な海水温とpHの範囲に満たされている必要がある。

1　**重質炭酸カルシウム・軽質炭酸カルシウム**　石灰石を粉砕・分級したものを重質、化学反応で微細結晶を液中析出させたものを軽質と呼ぶ。

例えばサンゴ礁の適温は25～28℃といわれているが、その適温よりも海水温が上がると、海水中のCO_2が増えたとしても、**図4.5**のようなサンゴ礁の白化[2]が起こってしまう。近年、世界遺産に認定されているオーストラリアのグレートバリアリーフを含む多くのサンゴ礁生息地域でこの白化が発生しており、大きな社会問題となっている。

セメントに使用されている石灰石は、こうした生物が作り出した石灰質の殻が、今から2～3億年前に海底に堆積してできたものである[3]。日本で採掘される石灰石は、この堆積物がプレート移動によって陸地と一体化して形成されたもので、海洋由来ゆえに土砂の混じりが少なく、純度が非常に高い特徴を持つ。

図4.5　白化したサンゴ礁の様子
出典：国立研究開発法人国立環境研究所[6]
資料提供：波利井 佐紀氏（琉球大学熱帯生物圏研究センター准教授）

4　人工的な鉱物化

自然界でのCO_2の炭酸塩固定化、すなわち鉱物化の反応は、数十年～数百年、数千年という非常に長い時間をかけて進行している。これを人為的に早めることで、大量のCO_2固定、すなわち大幅なCO_2排出量の削減への貢献を目指したプロジェクトがアイスランドで実施されている。アイスランド大学、レイキャビクエネルギー、コロンビア大学（アメリカ）、フランス国立科学研究センターの4者が共同で、ヘトリスヘイジ地熱発電所を舞台に、地熱蒸気中のCO_2を分離し、玄武岩層に圧入し、炭酸塩に変えて地下に貯留するプロジェクト、通称、CarbFixプロジェクトが2012年から開始された[4]。その構想を**図4.6**に示す。

2　**サンゴ礁の白化**　サンゴと共生する褐虫藻が減少し、サンゴの白い骨格が透けて見える現象。長期間白化状態が続くとサンゴは死滅する。

3　**石灰石の起源**　鍾乳洞も起源は同じ。CO_2を含んだ弱酸性の雨水が石灰岩の割れ目に沿って流れることで水路ができ、その大きくなった洞穴が鍾乳洞。高濃度の炭酸カルシウムとCO_2を含む水滴からCO_2が脱離し、鍾乳石が形成される。

4　**CarbFixプロジェクト**　レイキャビクエナジー主導のCarbFixプロジェクトは現在、EUのHorizon 2020の「CarbFix2」プロジェクトに引き継がれている。

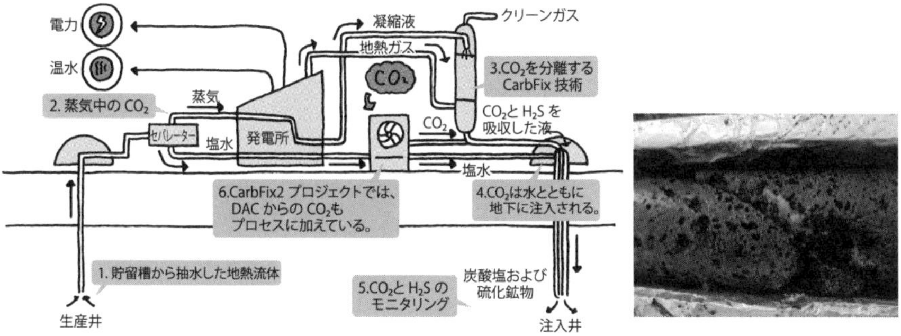

図 4.6　CarbFixプロジェクト構想図（左）とCO_2固定した鉱物（右）
出典：CarbFix「What is CarbFix?」（2020）[7]をもとに作成

2012〜2013年のパイロットプラント試験の結果では、約250トンのCO_2を深さ400〜800mの玄武岩層に注入して経過観察したところ、数か月で大半のCO_2が炭酸塩鉱物に変化し、注入したCO_2の約95%が2年以内に鉱物化したと報告されている。圧入の際には、25気圧（2.5MPa）、25℃の条件で1トンのCO_2に対して約25トンの水（井水）を使ってCO_2を水に溶解させてから玄武岩層に圧入し、2018年の終わりには同発電所において6万6,000トンのCO_2を地中貯蔵したという。ヘトリスヘイジ発電所の付近には玄武岩層や水が潤沢にあり、1トンのCO_2を処理するにあたり、24.8ドル程度と比較的低コストで鉱物化することができたという。この技術を、例えばCO_2の排出量が多い火力発電所などに適用した場合、大量の水、排気ガスからのCO_2を分離・回収、そして圧縮や運搬など、さらに多くの費用が掛かると予想される。

2017年からは、CarbFixプロジェクトにクライムワークス（Climeworks）社が参画し、大気中のCO_2を直接回収する小型のDAC（8章3節参照）装置を設置し、大気中から回収したCO_2を玄武岩層に送り込む試験を開始した。

CO_2を地中に貯留（固定）する方法として、帯水層貯留のように地層の構造を利用したCO_2トラップ法と、本節で紹介したように鉱物化して貯留（固定）する方法がある。いずれにしても本技術は、CCUSの技術分類の中では「S（貯留）」に属する。ただし、鉱物化した物が製品として市場流通すれば「U（利用）」に分類されることになる。

4.4 CO_2を炭酸塩化する

1 セメントとコンクリートに吸収させる

CO_2をセメントやコンクリートに吸収させてCO_2削減を図ろうとする試みがある。これは、鉱物化における無機化学プロセス（炭酸塩化）と同じ考え方である（4章3節参照）。日本において古くから壁材に利用されてきた漆喰も、実は成分中の$Ca(OH)_2$が大気中のCO_2と反応して固化したものである。今のプレハブ家屋とは違い、漆喰を利用した家屋は100年程度もつことは立証済みであり、建設材料としては魅力的なものである。

2 セメントへの固定

❶ セメントの国内需要

セメントは、コンクリートを作るための材料の1つで、灰色の粉末である。1トンの製造には、おおよそ石灰石（$CaCO_3$）1,100kg、粘土200kg、そのほかの原料100～200kgが必要である。その主成分は、CaO、Al_2O_3、SiO_2、Fe_2O_3であり、これら成分を含む製鉄所の高炉スラグ、石炭火力の石炭灰、各種の廃棄物も原料として利用されている。**図4.7**に日本のセメントの生産量とそこに使われる廃棄物・副産物の使用量を、**表4.1**に粘土、各種廃棄物の組成を示す。

日本のセメントの生産量は約6,000万トン／年で、そのうちほぼ半分に廃棄物・副産物が活用されていることがわかる。

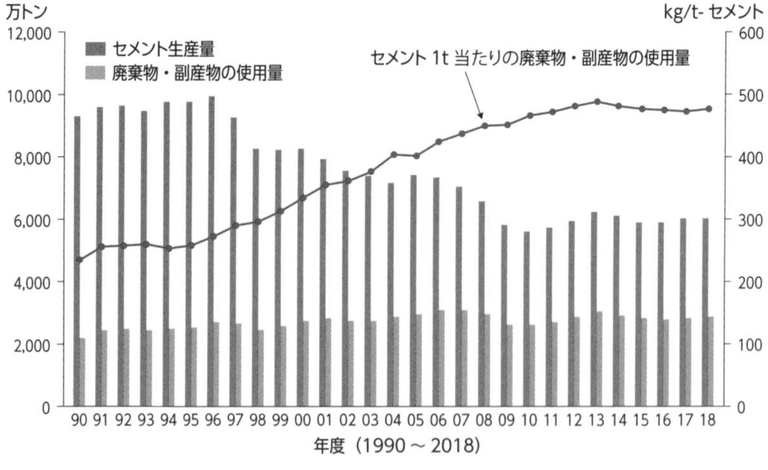

図4.7 日本のセメント生産量と廃棄物・副産物の使用量
出典：一般社団法人セメント協会「廃棄物・副産物の有効利用」[8]をもとに作成

表4.1　粘土および各種廃棄物の組成

由来	品目	成分			
		酸化カルシウム（CaO）	二酸化けい素（SiO_2）	酸化アルミニウム（Al_2O_3）	酸化鉄（Fe_2O_3）
天然原料	粘土	～5%	40～80%	10～30%	3～10%
廃棄物	石炭灰	5～20%	40～65%	10～30%	3～10%
	焼却灰	20～30%	20～30%	10～20%	～10%
	下水汚泥	5～30%	20～30%	20～50%	5～10%

出典：一般社団法人セメント協会「廃棄物・副産物の有効利用」[8]をもとに作成

❷ セメントの製造方法

セメントの製造過程では、まず、クリンカを製造する。これは、石灰石（$CaCO_3$）、粘土、そのほか原料を1,450℃の高温で焼成し脱炭化（$CaCO_3 \rightarrow CaO + CO_2$）した塊で、これを粉砕して最終的に粉末状のセメントにする。両者の写真を**図4.8**に示す。

図4.8　セメントクリンカ（左）とセメント（右）
資料提供：一般社団法人セメント協会[9]

セメントの種類には、**図4.9**に示すように、「ポルトランドセメント（Portland cement）」、「混合セメント」、「特殊セメント」の3種類がある。日本で販売されるセメントの約70%（約4,200万トン）は「普通ポルトランドセメント」[1]であり、次いで約20%（約1,200万トン）が「高炉セメント」[2]となっている。ポルトランドセメントに比べ、高炉セメントなど廃棄物を利用した混合セメントは、**表4.2**に示すように、もともと廃棄物中にCaO、Al_2O_3、SiO_2、Fe_2O_3が含まれているため、製造時のCO_2排出量が少ない。なお、セメントのほとんどはコンクリートとして使用される。

1　**普通ポルトランドセメント**　ポルトランドセメントには、普通、早強、中庸熱ポルトランドセメントの3種類があり、用途により使い分けがなされる。普通ポルトランドセメントは、一般的な工事・構造物に使用される。

2　**高炉セメント**　高炉セメントは混合セメントの1種。そのほかにフライアッシュセメント、シリカセメントがある。

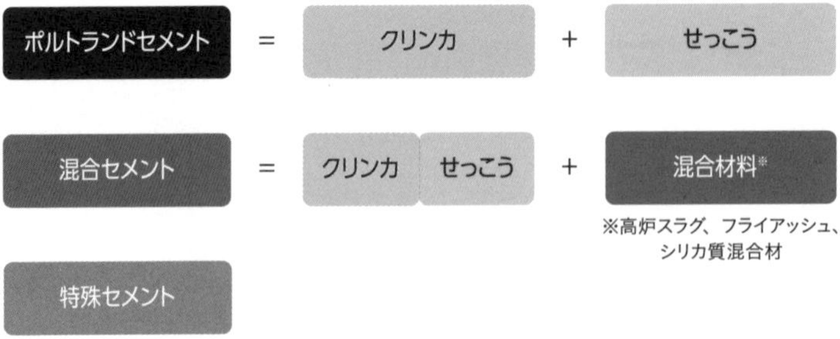

図4.9　セメントの種類
出典：一般社団法人セメント協会[10]をもとに作成

表4.2　セメント1トン当たりの製造時CO_2排出量

CO_2排出源	ポルトランドセメント	高炉セメント
石灰石	469	275
電力・エネルギー	300	185
計	769	460

出典：鐵鋼スラグ協会「温暖化対策と高炉セメント」をもとに作成[11]

3　コンクリートへの固定

❶ コンクリートの構成

コンクリートは、**図4.10**に示すように、セメント、水、細骨材、粗骨材[3]、混和材料[4]から構成される。そのうち1番多いのが骨材であり、次いでセメント、水、混和材料の順となる。

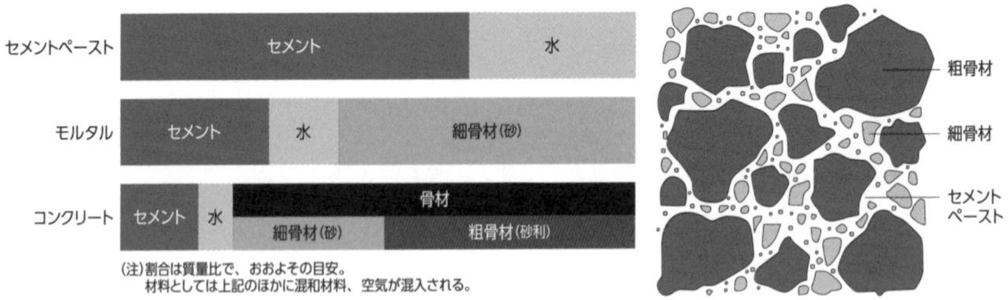

図4.10　コンクリートの構成
出典：一般社団法人セメント協会ホームページ[12]

3　**粗骨材**　コンクリートに用いられる材料の砂利や砂などのこと
4　**混和材料**　セメント、水、骨材以外の材料で、強度・耐久性向上や凝結速度の調整などのために、セメントペースト、コンクリートに加える材料のこと。混和材と混和剤がある。

❷ コンクリートにCO_2を固定化する

セメントの主成分はCaOなどであるが、実際には、Ca_2O_4Siなどのようなケイ酸カルシウム化合物でもよく、これが水と激しく（発熱）反応して下記に示す反応式のようにケイ酸カルシウム水和物（セメント水和物）を作る。反応は複雑なので反応式は一例である。

このセメント水和物はコンクリートの中で、骨材を結びつける接着剤のような働きを持ち強固性を保っている。また、この時同時に生成される水酸化カルシウムは強アルカリ性で、硬化セメントをpH12.5程度に保ち鉄筋の腐食保護をしている。

$$2CaO \cdot SiO_2 + 2.8H_2O \rightarrow 1.7CaO \cdot SiO_2 \cdot 2.5H_2O + 0.3Ca(OH)_2$$

このコンクリートの高アルカリ性が､大気中のCO_2と反応し､失われていくのが中性化（炭酸化）と呼ばれ、次の反応式で示される。

$$Ca(OH)_2 + CO_2 \rightarrow CaCO_3 + H_2O$$

この中性化がコンクリート内部にまで侵攻していくとアルカリ性が失われ、pH10程度で鉄筋腐食が始まるといわれている。その様子を示したものが**図4.11**である｡実は､コンクリート構造物の劣化とは、コンクリート自身の強度劣化ではなく、この鉄筋腐食のことを意味する。逆に、コンクリート自身の強度は、炭酸化により向上することがわかっている。すなわち、鉄筋を含まないコンクリートにとっては炭酸化により品質向上になり得るということである。

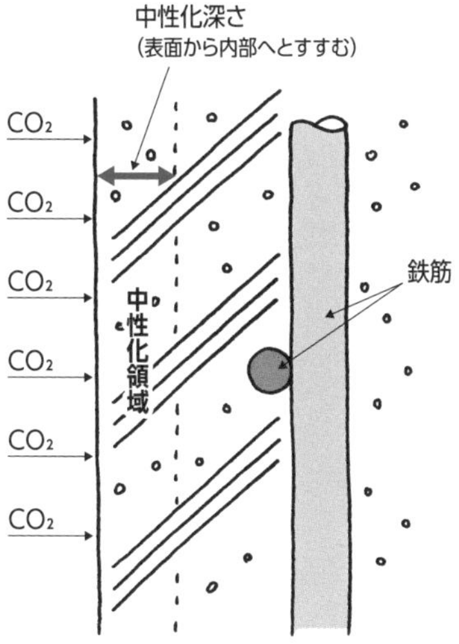

図4.11　コンクリートへの中性化（炭酸化）の進展状況
出典：和泉 意登志（他）「コンクリートの劣化と補修がわかる本update」（コンクリート新聞社出版）[13]

セメント水和物は、大気中のCO_2を吸収して化学的に安定な$CaCO_3$として固定しているわけであり、コンクリートを積極的に炭酸化させてコンクリート内部にまでCO_2と反応させてしまえば、大量のCO_2を固定でき、大幅なCO_2排出量削減につながる可能性がある。

❸ コンクリートのCO_2を固定する能力

この性質を利用して、日本では、デンカ株式会社、鹿島建設株式会社、中国電力株式会社、ランデス株式会社が、製造する際に発生するCO_2排出量を上回るCO_2を吸収しながら硬化するコンクリート（CO_2－SUICOM）を開発、実用化している（4章7節参照）。

このように、使用中のコンクリート構造物にはCO_2を固定する能力があるわけで、その吸収量を調査した結果を**図4.12**に示す。竣工から26～50年経過した壁部材のCO_2固定量は、おおよそ5kg-CO_2／m^2程度あると報告されている。

また、コンクリート構造物を再資源化するものにもCO_2を固定する能力がある。そのCO_2固定量は、**表4.3**に示すようにコンクリート1トン当たり、10～30kg-CO_2／トン程度あると報告されている[14]。

習鳳鳴（Fengming Xi）、スティーブン・デイビス博士ら[15]は、ネイチャー ジオサイエンスでも同様のことを発表している。その研究によると、ビルが建設されると（解体されたあとも）、モルタルやコンクリート、瓦礫が空気や水と化学反応し、ある程度のCO_2を吸収する。この現象は「炭酸スポンジ効果」と呼ばれ、そのCO_2吸収量は、製造工程で排出されるCO_2の43％にも及ぶことが報告されている[15]。

このようにセメントの材料は、製造時排出したCO_2のおおよそ半分近くまでを再吸収するということであるが、それでもトータルとしてのCO_2排出量は多く、セメントが地球温暖化の要因の1つであることに変わりはない。

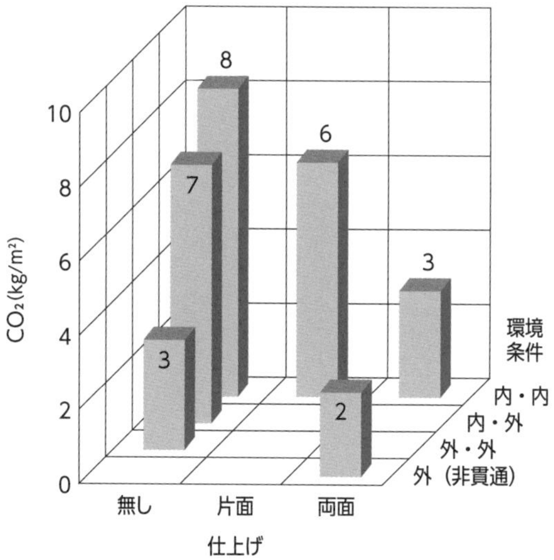

図4.12　供用中コンクリート構造物のCO_2吸収量（壁部材）
出典：長濵 庸介「コンクリート構造物のCO_2吸収効果の把握
（SATテクノロジー・ショーケース　2015）」[14]をもとに作成

表4.3　再資源化時のコンクリート構造物１トン当たりのCO_2吸収量

製品	固定量（kg-CO_2／ton）
再生骨材H（機械的方法）	30.0
再生骨材H（熱的方法）	24.7
再生骨材M	26.1
再生骨材L	15.2
RC40※	10.0

※RC40とは路盤材、コンクリート再生骨材H、M、LはJIS規格で規定されている

出典：長濵 庸介「コンクリート構造物のCO_2吸収効果の把握
（SATテクノロジー・ショーケース　2015）」[14]をもとに作成

4.5 炭素材料

1 炭素材料とは

炭素材料とは、炭素原子で構成されるさまざまな材料を指し、炭素繊維、電極用炭素材(製鋼、精錬、電池負極材など)、半導体向けなどの特殊加工品、カーボンブラック、活性炭、さらには、ナノ炭素材料[1]であるカーボンナノチューブやグラフェンなどの新規材料が含まれる。多様な構造によりさまざまな電気特性、熱伝導特性、機械的特性などの優れた機能を有している。すべてに共通しているのは、軽く、さびない点である。

CO_2を利用した技術は実用化されていないが、ここでは、今後、さまざまな産業に応用が期待されている炭素繊維を中心に、電極用材料、カーボンブラックと新しい材料であるナノカーボンについて説明する。

2 炭素繊維

❶ 炭素繊維の国内生産状況

炭素繊維の最近の主要な市場としては、2000年以降の石油価格の高騰によって、航空機の軽量化による燃料費の低減が図られた結果、最新の航空機では炭素繊維複合材料の使用率が50%程度まで高くなっている[16]。**表4.4**に示すように、炭素繊維の生産では、日本の企業が圧倒的なシェアを誇っている。

表4.4 炭素繊維生産の世界ランキングと世界シェア(2018年)

順位	企業名	国名	世界シェア
第1位	東レ	日本	42.0%
第2位	東邦テナックス	日本	14.4%
第3位	三菱ケミカル	日本	13.6%
第4位	SGLカーボン	ドイツ	9.3%
第5位	台湾塑膠工業	台湾	9.1%
第6位	その他	−	11.6%

※総出荷量:6万9,000トン

出典:BiZVOiCES「炭素繊維 GLOBAL REPORT 2018」[17]をもとに作成

これらの高強度複合材料に用いられる炭素繊維は、PAN系と呼ばれ、ポリアクリロニトリル(PAN:Polyacrylonitrile)の繊維を黒鉛化して製造される。

1 **ナノ炭素材料** ナノサイズ(10億分の1m)のカーボン材料の総称。特殊な分子構造を持つものは、従来の材料にはない特別な特性を有している。

炭素繊維にはPAN系のほかにピッチ[2]系がある。ピッチ系は、アモルファスピッチ[3]を紡糸し、不溶化、黒鉛化を経て炭素繊維とする。このようなピッチ系炭素繊維は、重質油やコールタールなど、以前は燃料として利用されてCO_2の排出源になるしかなかった炭素化合物を、重質ピッチ[4]の原料として、石油会社や製鉄会社を中心として精力的に技術開発がなされた。

重質ピッチは原料が安価なので、合成繊維であるポリアクリロニトリルを経由するPAN系に比較して、CO_2の排出を抑制し、低価格の炭素繊維が製造可能であるとして期待された。しかし、世界的には多くの会社が強度と歩留まりの点から撤退している。

現在では、高強度炭素繊維としては、PAN系のみが使用され、日本でのみ生産されているピッチ系炭素繊維は、特殊な高弾性率が必要な分野および超低弾性分野に利用は限られている。

❷ 炭素繊維の市場規模と可能性

先に述べた航空機への炭素繊維の利用率の増加は、燃料価格の上昇による燃料コストの削減を図るための機体の軽量化が大きな要因である。

自動車業界の環境規制を含む燃費の向上から、2015年ごろまでは炭素繊維の利用による車体の軽量化が図られ、かつては2030年には2015年対比で4倍の市場に成長するとの予想もされていた。しかし、その後の二次電池技術[5]の進展によって電気自動車の普及などによる自動車からのCO_2の発生量の低減から、現在は高価な炭素繊維の利用は進んでいない。

唯一、自動車分野では、燃料電池自動車用の水素ボンベに、炭素繊維を巻き付けた（フィラメントワインディング）ボンベが使われている。従来から炭素繊維が利用されていた呼吸器疾患患者用の携帯酸素ボンベ製造技術が応用されたものである。

また、今後の再生可能エネルギーの普及にともなう風力発電の拡大は、炭素繊維の新たな市場になる可能性が大きいと期待されている。現在、風力発電用の風車の羽根（ブレード）はガラス繊維を用いた複合材料で製造されているが、これはコスト的な要因が大きい。今後、より大きな風車が必要となれば、その大きなブレードの製造が可能な複合材料として、炭素繊維を用いたCFRP（炭素繊維強化プラスチック）の使用率が増加すると期待される。CFRPの製造価格は市場の拡大動向次第であると考えられる。

上記のように今後、炭素繊維が自動車の車体の材料として使われるかわからないが、電気自動車の重要な部材である二次電池の普及初期に、ピッチ系炭素繊維の短繊維が電極材として用いられていたことがあった。

---

2 **ピッチ**　石油とか石炭などの有機物を乾留により得られるタールを、さらに蒸留した残り。

3 **アモルファスピッチ**　ピッチに含まれる化合部分子の構造が規則性を持たない非晶質（アモルファス）なピッチで超低弾性な特殊炭素繊維の原料となる。

4 **重質ピッチ**　コールタールピッチや重質油ピッチなどピッチ内に配向により晶質性を持つアスファルテン分子を多く含む。

5 **二次電池**　化学反応により電気を供給するマンガン乾電池などの一次電池に対して、充電と放電により繰り返し使用が可能なリチウムイオン電池などを二次電池と呼ぶ。

3 電極用材料

炭素電極は製鉄業において、電炉で鉄を精製する際の陰極をはじめとして、アルミ精錬の電解炉の電極などに使われる。これらは、石炭から得られるコールタールから製造するピッチコークスや石油系コークスを原料として製造する。

近年、リチウムイオン二次電池の普及により、正極材のコバルト酸リチウムに対して、負極材としての黒鉛の需要が伸びている。黒鉛は、天然黒鉛を処理したものと、コールタールピッチなどを高温で処理して製造する人造黒鉛がある。人造黒鉛は嵩密度が高いので、電極密度を上げることができ、サイクル特性に優れているが、製造にコストがかかる。

CO_2の利用の観点からは、細孔を有する炭素の電極に触媒を担持させた触媒電極を用いて、CO_2を気体のままCOに変換する研究など、炭素電極を使う研究が進められている。

4 カーボンブラック

カーボンブラックの身近なものは、炭素を含む物質を不完全燃焼した時に発生する「すす」であり、古来より人類が利用してきた。工業的には直径3～500 nm（ナノメートル、10億分の1メートル）程度の単体炭素の微粒子である。国内生産量は年間で68万トンと、炭素材料の中では大きい。最大の用途はタイヤなどのゴムへの配合であり、そのほか、黒色顔料として樹脂などへの配合、静電コピー機のトナー、導電性を活かして電池や電子分野など、用途が幅広い。

ここで、CO_2からカーボンブラックを製造するスキームを紹介したい。メタンは、600℃程度以上の温度で熱分解が起こり、次式のように水素とカーボンブラックになる。水素は、CO_2の還元に使われ、メタネーション反応によりメタンを生成する。一方、メタネーションで副生する水は、再生可能電力などを利用して、CO_2を排出することなく水素を回収することができる。その結果、水素を消費することなくCO_2を炭素に変換するサイクルができあがる。

メタンの熱分解に必要な熱は、高温ガス炉[6]や太陽光の集熱など、CO_2を発生しない熱源である必要がある。日本では太陽の日射量が低いので、日本国内よりは、再生可能電力も調達できる海外の適地で実用化をすることが期待される。

このほかにも、再生可能エネルギーを用いて、CO_2を炭素と酸素に分解、あるいはCOと酸素に転換する研究が行われている。

---

6 **高温ガス炉**　セラミックスで被覆した燃料とヘリウムガスを冷却材として使用することで、900° Cの高温の熱エネルギーを取り出すことが可能な原子炉。

このように、カーボンブラックは市場が大きく、保管も容易であることから、CO_2のサイクルに組み込むには適当である。

$$CO_2 + 4H_2 \rightarrow CH_4 + 2H_2O$$
$$CH_4 \rightarrow 2H_2 + C$$
$$2H_2O \rightarrow 2H_2 + O_2$$

5 ナノカーボン

① ナノカーボンの研究・開発

一方、最近、新たな炭素材料として、ナノカーボンが高導電性、高熱伝導性、高強度などの優れた特性を持っているので、注目されている。

ナノカーボンの中でもカーボンナノチューブやグラフェンの研究が活発になりつつある。カーボンナノチューブは**図4.13**のような構造を持つ直径が0.4～50nm（ナノメートル、10億分の1メートル）の微細な筒構造を持つ炭素材料である。細くて軽い新しい炭素素材として、非常に高い導電性、熱伝導性・耐熱性などの特性を生かした用途開発が盛んに行われている。

日本では、日本ゼオン株式会社が国立研究開発法人産業技術総合研究所との共同研究の成果として化学気相成長法（CVD）[7]を応用した大量製造法を確立しているが[18]、電極還元を利用した製造法の研究も行われており、CO_2を原料とする報告もある[20]。

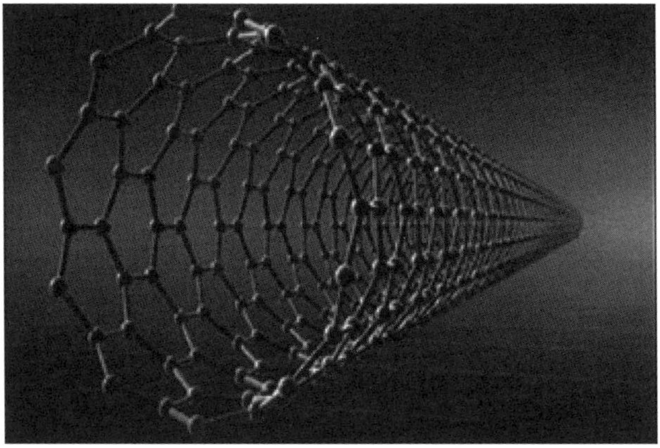

図4.13　単層カーボンナノチューブの分子構造
資料提供：国立研究開発法人産業技術総合研究所、新エネルギー・産業技術総合開発機構（NEDO）
実用化ドキュメント「驚異の新素材、単層カーボンナノチューブ世界初の量産工場が稼働」[19]より

7　**化学気相成長法**　化学蒸着（CVD：chemical vapor deposition）とも呼ばれ、物質の薄膜を形成する蒸着法の1つ。反応管内で加熱した基板物質上に、目的とする薄膜成分を含む原料ガスを供給し、気相での化学反応により膜を堆積する方法。

❷ 新素材グラフェン

グラフェンは、単層カーボンナノチューブをシート状に開いたような構造を持つ新規素材である。**図4.14**のような構造で、炭素間結合距離が約0.142mmであり、炭素同志の結合が強く、ダイアモンドのようにもっとも引っ張り強度の高い炭素材料と考えられている。用途開発は今後の課題であるが、カーボンナノチューブと同様に、電極反応を利用してCO_2を原料にする製造の研究も行われている[21]。

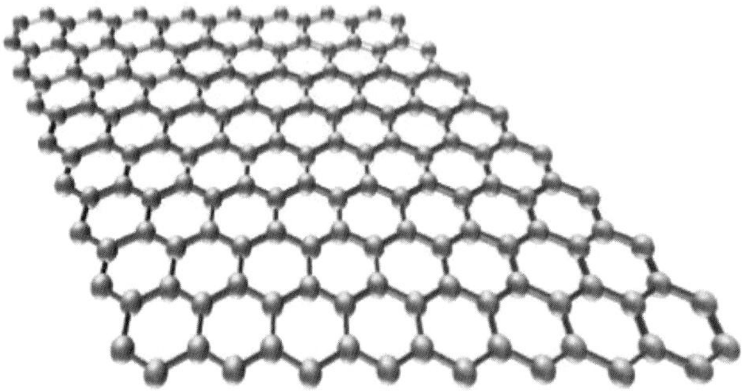

図4.14　グラフェンの構造
資料提供：徳島大学　永瀬・大野研究室ホームページ[22]より

4.6 石油増進回収（EOR）

1 石油の生産

図4.15は、1901年1月10日に世界で最初に石油の商業生産に成功したとされるアメリカテキサス州ボーモント市郊外のスピンドルトップの当時の写真である。

図4.15 アメリカテキサス州ボーモント市郊外のスピンドルトップのルカス１号油井
出典：Wikipedia「スピンドルトップ」より転載

写真にあるように、地下にある石油は当初、地中圧による自噴によって生産されていた。自噴量は次第に減少して行くので、地下水と同様、井戸によってくみ上げることで生産が継続されるが、このような一次生産で回収される量は**図4.16**に示されているように埋蔵量の2～3割程度に過ぎない。

油田といえば地下に池があるようなイメージであるが、現実は砂礫層などの隙間の部分に染み込んでいる原油を回収している。したがって、さまざまな方法で油田に圧力をかけて染み込んでいる石油を回収するのが増進回収（Enhanced Oil Recovery）法である。

原油の生産では、地下の圧力によって出てくる自噴およびポンプによってくみ上げる一次回収により、石油が地上に産出したことで油田内の圧力が下がる。そこで、水注入により圧力を回復させることで生産を継続する二次回収が行われる。

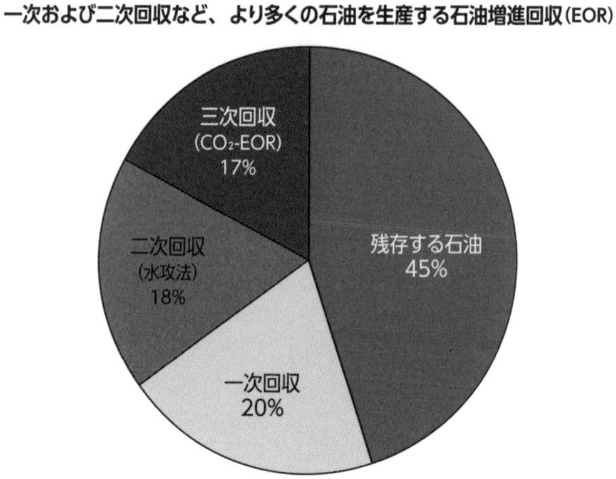

図 4.16 増進回収による油田からの原油生産
出典：アメリカ商工会議所「CO_2 Enhanced Oil Recovery」[23]をもとに作成

2 石油三次回収

さらに最近では、石油の需要の増大に対応するために、次に示すように、油田の性状に応じてさまざまな三次回収が行われている。

❶ スチームの注入による熱攻法：Thermal Recovery

熱の導入により、粘性を下げ油層中の流動性を高める。アメリカでは、EORによる石油生産の40%以上がこの方法である。

❷ ガス圧入法：Gas Injection

焼却廃棄（Flaring、フレアリング）されていた油田からの軽質ガス[1]や窒素、CO_2を油田に再注入することで油田の内圧を上昇させる方法。アメリカ内のEORの60%近くがこの方法であり、ガスとしては **3** の「CO_2−EOR」で解説するようにCO_2が利用されている。北米以外の地域ではCO_2の大気放出削減から、従来はフレアリングされている軽質ガスの利用がほとんどである。特に、海上油田ではCO_2のソースがないので軽質ガスが使用される。

❸ ケミカル圧入法：Chemical Injection

高分子化合物などの粘性化合物を注入して、圧入水の粘度を上げることで、水が油層の圧力を上げるのに寄与する、または界面活性剤（Surfactant）を注入することで地下の石油の流動性を上げることで、生産を促進する。注入する化合物のコストがかかるため、石油価格の高騰時には多く検討されたが、現在使われている割合は少ない。

---

1 **軽質ガス** 石油と一緒に生産される天然ガス成分。

石油は、軽質分（灯油・軽油分）の割合や、硫黄分の量など油田の数だけ種類があるといってもよいほど多種多様である。世界的な産油国である中東地域は比較的軽質分の多い原油が多く、大量の海水の注入によって石油が生産されている。

一方、アジアの代表的な産油国であるインドネシアの原油のように、固まる温度（凝固点）が60℃以上であって、常温では固体となるのでタンカーによる輸送は加熱しながら行う手間のかかる原油もある。硫黄分が中東の油に対して10～20分の1と少ない貴重な石油であり、三次回収では大量にスチームを注入して流動しやすくする方法がとられている。

3 CO_2－EOR

❶ CO_2－EORの仕組み

CO_2は、通常は特に化学的反応をしない不活性なガスであるが、圧力の高い超臨界状態（2章4節1項を参照）では、さまざまなものをよく溶解する能力を持っている。このCO_2の特性を用いて、食品など人体に有害な有機化合物による抽出[2]ができない分野で広く応用されている。例えば、コーヒー豆からのカフェインの抽出により、香りや味が損なわれないカフェインレス・コーヒー（デカフェ）の製造などが「超臨界二酸化炭素抽出技術」としてよく知られている。

CO_2－EORは、三次回収の内、ガス圧入法の1つである。**1** で記述したように、油田の中では油分は砂礫の表面や、表面の細孔内に付着している。油田にCO_2を注入すると、砂礫の表面や細孔内の油分を溶かし出すことによって、より大きな油滴を形成する。

一方、CO_2は超臨界状態でも密度が低く、生成した大きな油滴を、細かい砂礫で形成されている油田内を移動させるだけのエネルギーは与えられない。このため、**1** で記述されているように、石油生産で一般的に用いられる注入水が、油分の地下での移動に力を発揮する。

CO_2－EORにおいては、**図4.17**の地層部分に示しているように、CO_2と水を交互に注入することで、流動性の向上した原油分を水の力で生産井へと移動させる方法（water alternating gas）が行われている。

地中では**図4.17**に示されているように、CO_2により油が抽出された層と、油やCO_2の混合層を移動させる水層が交互に生産井に移動し、油だまりから油回収可能層に至る。生産井の近傍では圧力が上がり、ガス・油・水の混合状態が形成された油回収可能層から生産井を通して汲み上げられる。実際には、3次元に生産井を取り巻くように注入層が配置されている。

2 **抽出** 混合物の中から、目的の物質を液体等に溶かし出して分離する操作。

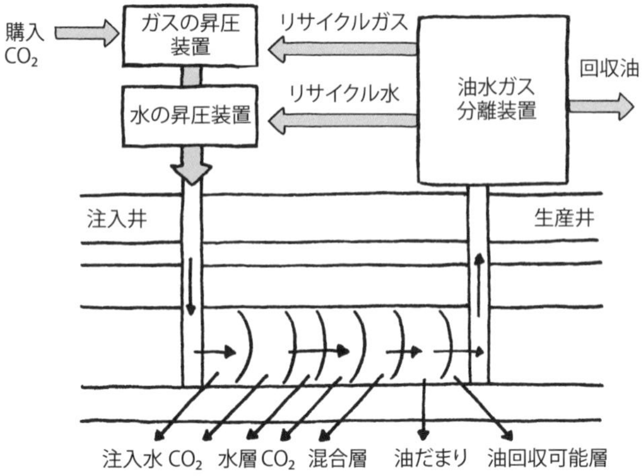

図 4.17　CO_2－EORの模式図
出典：Don Winslow et al,「Industry Experience With CO_2-Enhanced Oil Recovery Technology」[24]などを参考に作成

❷ CO_2－EORでのCO_2リサイクル

CO_2は、原油が付着していた油田岩石の細孔（rock pores）に入り込むことで、油分の岩石への再吸着も防止する働きも持っている。その結果として、注入したCO_2の30%程度が地下に蓄えられることとなることで、CO_2の地中貯留（CCS：Carbon dioxide Capture and Storage）としての効果もあるとされている。

一方、生産井から産出した油、水、CO_2、ガスなどの混合相は、従来の油田と同様に、油水ガス分離装置で油とガス、水に分離される。ガス分には、注入した量の70%程度のCO_2が含まれており、ほかの石油系のガス成分（LPG）と新たに調達するCO_2とともに昇圧し、油田に再注入（リサイクル）される。水もリサイクルされる。一般に、CO_2の新規調達分は、注入量の30%程度であり、その分が地中貯留されたことになる。

❸ CO_2－EORの開発拠点

現在、世界の原油生産において、盛んにCO_2－EORが行われているのは、アメリカとカナダの一部である。**図 4.18**にアメリカにおけるCO_2－EORによる年間の原油生産量の推移を示す。アメリカでは1980年代からCO_2の注入による原油の生産が行われており、原油価格の上昇に追随するようにCO_2－EORによる生産量が増加している様子が見て取れる。1987年までは日量3万バレル（年間約1,000万バレル、159万kL、1バレル＝159リットル）程度で推移していたが、その後、急激に増えて、2014年には日量約30万バレル（年間約10,950万バレル、約1,740万kL）程度の原油が生産された。

石油産業の詳細が報告されている世界的な専門誌「OIL & GAS JOURNAL」[25]の資料によれば、**表 4.5**に示すように、2014年には全米で3.5兆立法フィート（約6,720万トン）の

CO_2がCO_2－EOR用に供給されている。その内の80%に相当する5,400万トンは、天然CO_2生産井から供給されている。この量は、アメリカで一年間に排出するCO_2量、52億トン（2018年）に対して1%強である。

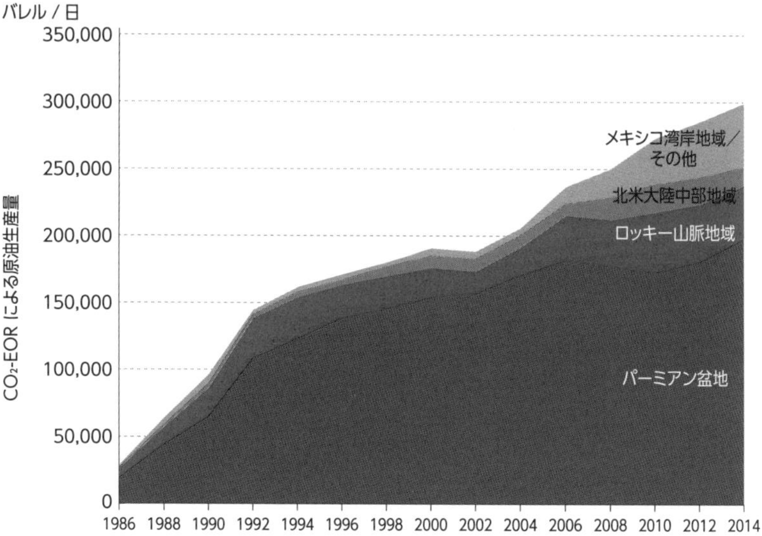

図 4.18　アメリカにおけるCO_2－EORによる原油生産の動向

出典：V. Kuustraa et al,「CO_2－EOR set for growth as new CO_2 supplies emerge」[25]をもとに作成

表 4.5　アメリカにおけるCO_2の供給状況（2014）

供給元	供給源数	Billion cfd（日量10億cf）	百万t／年
天然（Natural）	5	2.8	53.8
CO_2分離・回収（Industrial）	12	0.7	13.4
計	17	3.5	67.2

1トンのCO_2 = 19,290cf（立法フィート）= 545m^3：14.7psi at70F

出典：V. Kuustraa et al,「CO_2－EOR set for growth as new CO_2 supplies emerge」[25]をもとに作成

❹ 天然CO_2生産井

天然CO_2生産井とは、地中からほぼ純度100%のCO_2が噴出している井戸のことで、**図4.19**に示したアメリカのCO_2パイプライン網において◎で示されている。

これら全米に数か所ある天然CO_2井から、CO_2供給会社がパイプラインによって大量のCO_2を輸送し、CO_2－EORを行っている石油生産会社（**図 4.19**の小さな•）に供給している。

一方、**表 4.5**における分離・回収されたCO_2（工業、Industrial）とは、**図 4.19**の小さな•で示されている。ほとんどが天然ガスの精製設備の中で、天然ガスに随伴して生産されるCO_2を分離・回収し、パイプラインに供給しているCO_2ガスの量を示している。

図 4.19示すように、CO_2を輸送するために、次の２大ルートのパイプラインがある。

①オクラホマ州からニューメキシコ州にまたがる地域に4か所ある天然CO_2生産井（McElmo DomeやBravo Dome）からテキサス州西部のパーミアン（Permian）地域に供給。
②ミシシッピ州の一か所のCO_2生産井（Jackson Dome）からルイジアナ州に供給。

以上のように北米でCO_2－EORに供給されているCO_2のほとんどは、燃焼排ガスから回収されるCO_2ではない。

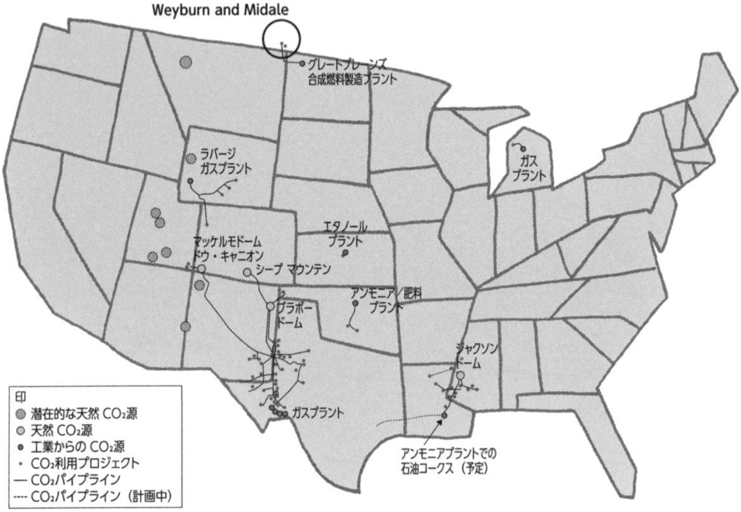

図4.19　アメリカのCO_2パイプライン
出典：アメリカ国立エネルギー技術研究所(NETL)
「Carbon Dioxide Enhanced Oil Recovery」（2010.3）[26]をもとに作成

4　CO_2分離・回収によるCO_2

天然ガス随伴以外のCO_2分離・回収によるCO_2としては、アメリカノースダコタ（North Dakota）州BeulahのGreat Plains Synfuels Plantからカナダの油田に供給されている例が有名である。**図5.5**（p.134参照）に示すプラントでは、褐炭[1]をガス化し、メタネーションによりメタン（代替天然ガス）を製造しており、その際に余剰に発生するCO_2を回収している。そのCO_2は、パイプラインによってカナダのサスカチュワン（Saskatchewan）州のワイバーン・ミデール（Weyburn、Midale）地区で行なわれているCO_2－EORプロジェクトに供給されている。また同じワイバーン地区では、カナダのサスカチュワン州経営の電力会社、サスクパワー社（SaskPower）のバンダリー・ダム（Boundary Dam）石炭火力発電所の排ガス

1　**褐炭**　石炭の中で石炭化度が低く、水分や不純物が多い、最も低品位なもの。米国では、西部に賦存している。

からCO_2を回収し供給しており、石炭火力発電所の排ガスからのCO_2の回収利用では、世界初の事業となっている。

2014年より、日本の石油開発会社によって、テキサス州ヒューストンの南西約60kmに位置するW.A.パリッシュ（Parish）石炭火力発電所からの排ガスからCO_2を回収し、約130kmのパイプラインを通じて、同州ウエスト・ランチ（West Ranch）油田まで輸送してEORに利用するプロジェクトが開始された。2016年末にはCO_2分離・回収装置が完成したことが報告されている。

図 4.19で、CO_2－EORプロジェクトの行われている地点を示す小さな•の多いテキサス州西部のパーミアン（Permian）地域は、アメリカにおいて石油生産の中心であった地域である。また、CO_2－EORがもっとも盛んな地域であり、全米でCO_2－EORで生産される石油の6割はこの地域から供給されている。

❺ アメリカの原油生産

アメリカは、2014年には石油類（原油および天然ガスに随伴して生産される石油分を含む）の生産が日量1,164.4万バレルに達して、中東サウジアラビアの石油類の生産量、日量1,150.5万バレルを抜いて世界第一位の石油産出国となった。**図 4.20**にアメリカエネルギー省エネルギー情報局（DOE：United States Department of Energy，EIA：Energy Information Administration）が毎年報告している「Annual Energy Outlook」[27]）にあるアメリカの原油生産量の動向が示すように、さらに増加が見込まれている。

シェール革命によって急激に生産量の増加したシェールオイル（Shale Oil）が全米の原油生産量の半分に達している。シェールオイルの生産増大がアメリカの石油生産量が大幅に増加した要因であることが一目瞭然である。日量1,000万バレルを超えるアメリカの原油生産において、CO_2－EORによる生産量は約30万バレル／日程度である。この量は日本の1日当たりの石油輸入量約350万バレルの1割に満たない量である。

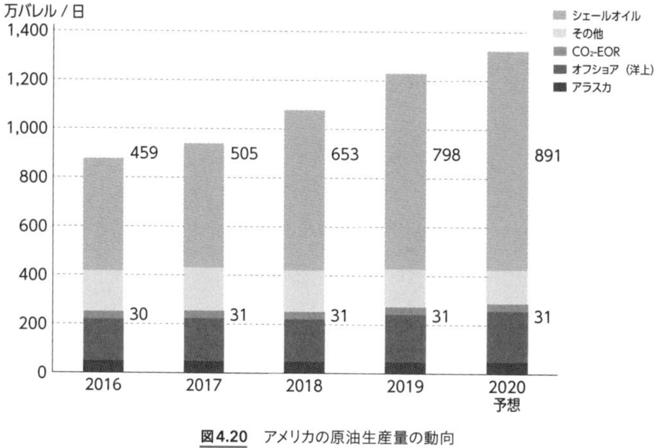

図4.20　アメリカの原油生産量の動向
出典：EIA「Annual Energy Outlook（2017－2020）」[27]をもとに作成

Column 2　石油の回収は城攻めで?!

世界的な石油メジャーのBP社（旧British Petroleum）が毎年公表している石油関係の統計資料によれば、世界の石油確認可採埋蔵量と生産量から計算される可採年数（埋蔵量を年間生産量で除したもの）は、1980年の29.8年から、2018年の50年に増加している。世界の石油生産量は、1980年から2018年でほぼ1.5倍に増加しているので、その分石油の確認可採埋蔵量が増えていることになる。これは、1つには新しい油田の開発が大きいが、可採という言葉が示しているように油田から石油を回収する技術が進歩していることが要因である。

地下にある石油は、**図4.15**のスピンドルトップのルカス1号油井（p.107参照）のように、まず自噴するが、その量は減少して行くので、地下水と同様、井戸によって2～3割がくみ上げられる。

油田とは砂礫層などの隙間の多い部分にしみこんでいる原油を回収しているのでさまざまな方法で圧力をかけて油を回収するのが増進回収（EOR：Enhanced Oil Recovery）である。

筆者はこのEORを、太閤秀吉の城攻めに例えて説明することにしている。EORでまず行われるのが秀吉の十八番である「水攻め」、油田に大量の水を注入することで、地中圧を上昇させくみ出しやすくする。そのほかの回収法としては城攻めと同様で、火責め・兵糧攻めなどがある。

石油にはインドネシア原油のように、60℃以下では固まるものがあるので、運搬の際は加熱が必要である。このような重質油田では「火責め」が選択される。通常は蒸気を大量に注入することで地下の油を溶かすが、時には油田の中で火をつけることで油田全体を加熱し圧力を上げることも行われる。

また城攻めの「兵糧攻め」とは逆に、油田の中に栄養分となる廃糖蜜（砂糖を精製した残渣）を注入し、油田内で微生物を培養し、微生物が生産する界面活性剤成分で油を溶かす、あるいは微生物の生産するバイオポリマーを利用して油田内圧力が逃げる孔をふさぐなどのMEOR（Microbial EOR）などがあり、これらの技術によって埋蔵されている石油の6～7割が回収されている。

4.7 日本の研究開発プロジェクト

CO_2有効利用技術開発として、CO_2固定化を目指した国内でのプロジェクト取組み状況などについて紹介する。日本では、総じてCO_2を固定化する分野でのCO_2有効利用技術の開発は、CO_2－SUICOMを除きこれからというプロジェクトが多い。その多くは、建築・土木分野に使用される製品で、無機物にCO_2を反応させて利用しようとするものである。

1 CO_2－SUICOM

CO_2－SUICOM（CO_2－Storage Under Infrastructure By Concrete Materials、スイコム）[28][29]とは、大量のCO_2を吸い込むことのできるコンクリートのことで、デンカ株式会社、鹿島建設株式会社、中国電力株式会社およびランデス株式会社の共同研究で開発された。

スイコムは、一般的な材料（セメント、水、骨材）に加え、CO_2と反応して硬化する特殊混和材と石炭灰を使用している。この特殊混和材は、ダイカルシウムシリケートγ相（$\gamma-C_2S$；$\gamma-2CaO\cdot SiO_2$）を主成分とする粉末で、水とは反応（水和）しないが、CO_2と反応（炭酸化反応）することでCO_2を吸収し、コンクリート組織を緻密化させて強度発現性を持つ。

通常は、工業原料としての石灰石（$CaCO_3$）と珪石とを高温で焼いて$\gamma-C_2S$を合成している。ここでは産業廃棄物である副生水酸化カルシウム（消石灰：$Ca(OH)_2$）と珪石から$\gamma-C_2S$を合成することで、脱炭酸工程を不要とし、**図4.21**に示すように、省エネかつ大幅なCO_2排出量削減を図ることに成功している。さらに、養生（炭酸化）を加速させるために、火力発電所の高濃度CO_2排ガスを利用している。

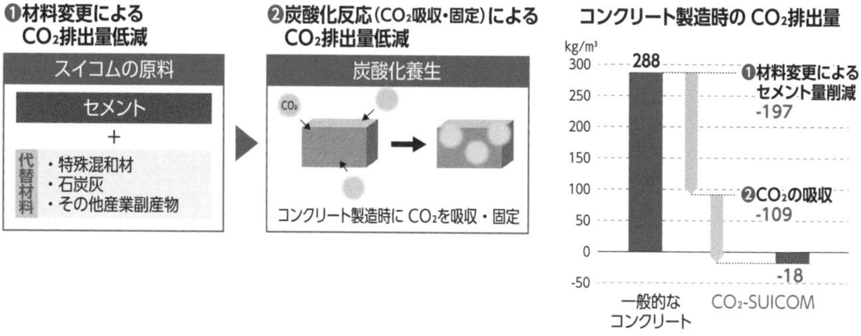

図4.21 CO_2－SUICOMの製法とCO_2削減量
出典：ランデス株式会社「環境配慮型コンクリートCO_2－SUICOM（スイコム）」[28]をもとに作成

2 CO_2の炭酸塩固定技術開発

鉄鋼製造の過程においては、副産物として鉄鋼スラグ（高炉スラグ、製鋼スラグ）が発生する。高炉スラグは、溶けた銑鉄を製造する高炉で鉄鉱石に含まれる鉄以外の成分と、副原料の石灰石やコークス中の灰分が一緒に溶融分離回収されたもので、銑鉄1トン当たり約290kg生成される。製鋼スラグは、銑鉄やスクラップから成分を調整して「鋼」を製造する製鋼工程で副生される。

高炉スラグは水硬性[1]があり、アルカリ骨材反応[2]を起こさないため、国内外の高炉セメント原料[3]やコンクリート用粗骨材として利用される。製鋼スラグも道路用路盤材やアスファルトコンクリート用骨材に活用されている。

この鉄鋼分野で生成する鉄鋼スラグ[30]や、セメントコンクリート分野で発生する廃コンクリート、生コンスラッジ、石炭灰などを活用した高効率なCO_2の炭酸塩固定技術と生成炭酸塩の最適な利用方法開拓を目指し、2020年4月、JFEスチール株式会社、太平洋セメント株式会社、公益財団法人地球環境産業技術研究機構（RITE）の3機関が研究会を立ち上げている[31]。

その目的は、①「鉄鋼スラグや廃コンクリートなどから湿式抽出したCa（カルシウム）やMg（マグネシウム）などと工場などから排出されるCO_2とを反応させて、炭酸塩[4]を回収する技術の開発」、および、②「その炭酸塩の有効利用技術開発を行うこと」である。

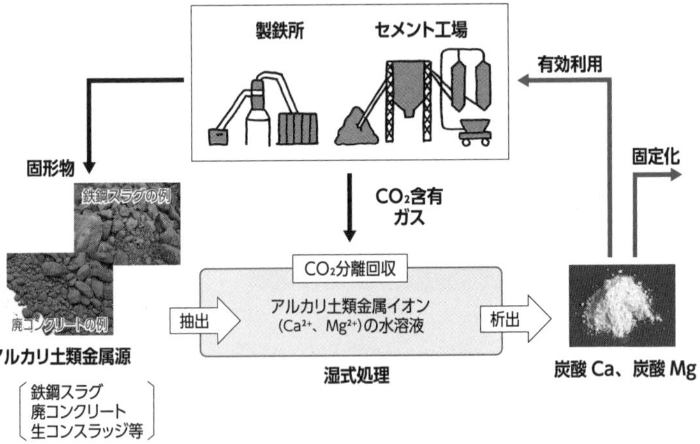

図4.22　二酸化炭素の炭酸塩固定技術および炭酸塩の有効利用技術
出典：JFEスチール株式会社、太平洋セメント株式会社、公益財団法人地球環境産業技術研究機構
「二酸化炭素の炭酸塩固定技術に関する取組みについて～脱炭素社会への寄与を目指して～」[31]をもとに作成

---

1 **水硬性**　セメント類で、水との化学反応で硬化が進む性質。高炉スラグは、ガラス質で、水と反応して水和物を作る。

2 **アルカリ骨材反応**　コンクリートの劣化現象の1つ。コンクリート中のアルカリ性の水溶液が骨材のある成分と反応して膨張し、ヒビ割れなどを引き起こす。

3 **高炉セメント**　高炉スラグとポルトランドセメントクリンカーに、少量の石膏を加え粉砕して製造したセメント。

4 **炭酸塩**　炭酸イオン（CO_3^{2-}）を含むイオン性結晶物質の総称。

3　CO_2電解還元技術の開発

国立研究開発法人産業技術総合研究所（AIST：産総研）では、電気化学プロセスによりCO_2を還元し、生成する固体炭素を化学製品、あるいは建築材料などとして利用することを考えている。通常の固体電極のCO_2の電解還元法では、炭素が被膜状となる被膜状となるため、液体金属カソードを用いて、粉末状炭素の生成を目指している。

❶ 液体金属陰極を用いたCO_2電解還元法の開発

液体金属陰極を用いて、粉末状炭素が得られるCO_2電解還元プロセスを開発する。水溶液系または溶融塩系において、CO_2の溶解度、反応速度、反応器設計などの観点から大規模展開可能なプロセスを構築する。

❷ 生成炭素の形態および物性の制御技術開発

生成される生成炭素の形態観察および物性評価を行い、用途に応じた炭素の形態・物性の生成制御技術の確立を目指す。

❸ 生成炭素の有効利用可能性調査

ゴム製品や電極材料などへの生成炭素有効利用について検証を行う。

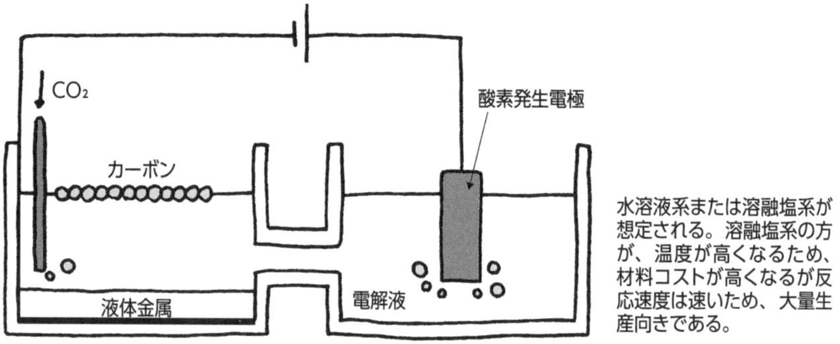

図4.23　液体金属陰極を用いたCO_2電解還元技術の概念
出典：経済産業省　資源エネルギー庁「カーボンリサイクル技術事例集」(2019) [32] をもとに作成

2019年2月にカーボンリサイクル室が経済産業省資源エネルギー庁に設立されたことを契機に、国内でも炭酸塩化やCO_2直接分解に関する開発や研究会が、下記のとおり立ち上がり始めたところである。

- 新エネルギー・産業技術総合開発機構（NEDO）「CO_2有効利用技術の先導研究（CO_2直接分解）」（2019～2020年度）[33] 実施：大阪ガス株式会社、国立研究開発法人産業技術総合研究所
- NEDO「炭酸塩、コンクリート製品・コンクリート構造物へのCO_2利用技術開発」（2020～2024年度）[34]
- CCSU※研究会[35]

  設立：出光興産株式会社、宇部興産株式会社、日揮株式会社

  ※Carbon dioxide Capture and Storage with Utilization

4.8 海外の研究開発プロジェクト

CO_2有効利用技術開発として、CO_2固定化を目指した海外でのプロジェクトなどでの取組み状況について、近年の国際会議における発表を参考にして紹介する。多くは、建築・土木分野に使用される製品で、無機物にCO_2を反応させてCO_2を利用しようとするものである。

1 ソリディア・テクノロジーズ社（アメリカ）

ソリディア・テクノロジーズ社[36]の技術は、まず、コンクリート原料の石灰石（$CaCO_3$）使用量を少なくし、ほかの鉱物と混ぜることで、石灰石からのCO_2排出量を30%削減している。さらに、通常のコンクリートの水和結合に代わり、珪灰石（$CaSiO_3$）などを用いてCO_2を吸収させコンクリート硬化させることで、大量のCO_2を固定することを実現している。**図4.24**に示すように、これにより従来に比べCO_2排出量を70%削減できるという。

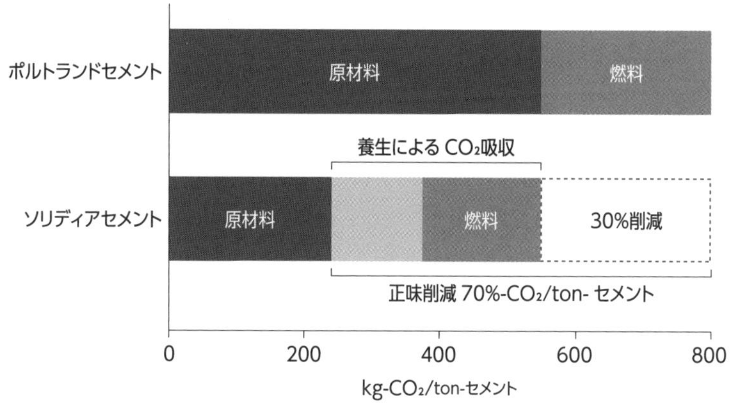

図4.24 ソリディア・テクノロジー社開発のセメントのCO_2削減のイメージ
出典：B. Mathieu 「CO_2 mineralisation : Update on latest developments Views from the cement sector」, 14th Carbon Dioxide Utilisation Summit, (2019)[36]

セメントは通常、石灰石（$CaCO_3$）を原料とし、焼成して生産するため多量のCO_2を排出する。一般的に、焼成過程で燃料から排出されるCO_2量が全体の4割、石灰石の加工過程で石灰石から発生するCO_2が全体の6割といわれている。これらのCO_2排出量は、世界の全CO_2排出量の5%～7%を占めるといわれ、今回の技術はそこから70%を削減できるため、仮に市場シェア100%になったとすると、世界全体で1.5%～2%の削減効果が期待できる。さらに、水銀、窒素酸化物（NOx）、硫黄酸化物（SOx）の排出量も削減できる。

同社は、米ニュージャージー州にあるラトガース大学（Rutgers University）で開発されたこの技術をもとに、2009年に創業した。2018年にアメリカ特許商標を取得し、現在商業生産を行っている。

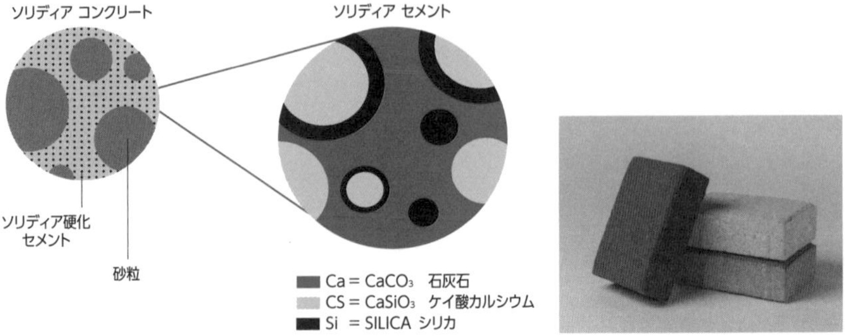

図4.25 ソリディアセメントとコンクリートのイメージおよび製品
出典・資料提供：
左 ソリディア・テクノロジーズ社ホームページ[37]，
右 【アメリカ】ソリディア「コンクリート製造のCO_2ネット排出量を70％削減。大気中のCO_2固定」（2019.4.29）[38]

2 Fast Carbプロジェクト（フランス）

Fast Carbプロジェクト[39]は、IREX（Institute for Applied Research and Experimentation in Civil Engineering：土木工学応用実験研究所）が中心となり、再生コンクリート骨材（RCA：Recycled Concrete Aggregate）にCO_2を吸収させ、コンクリート強度を向上させることを目的とするプロジェクトである。

RCAは、多孔質のため気孔率が高く、吸水率が大きいので機械的強度が劣る。機械的強度を落とさず、そのリサイクル率の向上を図るためには、混合物としてバインダー量を増やす必要がある。また、通常のコンクリートの炭酸化は非常に反応の遅いプロセスであるが、このRCAにはケイ酸塩の水和物が含まれるので、コンクリートよりも先に急速に炭酸化が進んでいく傾向がある。

そこで、このプロジェクトでは、このケイ酸塩の水和物の炭酸化を利用し、CO_2の吸収を利用して気孔率を小さくして骨材の品質改善を図っている。現在、2018年から2021年にかけて、ヨーロッパの産官学22カ所で開発が進められている。

図4.26　CO_2を内包したコンクリート骨材
出典：B. Mathieu「CO2 mineralisation : Update on latest developments Views from the cement sector」, 14th Carbon Dioxide Utilisation Summit, (2019)[36]

3　C2CNTプロジェクト（アメリカ）

C2CNT（Carbon dioxide to carbon nanotubes）[40] プロジェクトは、ジョージワシントン大学（George Washington University）の研究者グループが、CO_2からCNTs（Carbon nanotubes）を製造する技術を研究開発している[41]。酸化リチウム（Li_2O）などの溶融塩にCO_2（含有ガス）を吹き込み、炭酸リチウム（Li_2CO_3）の形で電解をかけるとカソード極側にC（カーボン）が析出し、アノード極側から酸素が発生する。その反応式を以下に示す。

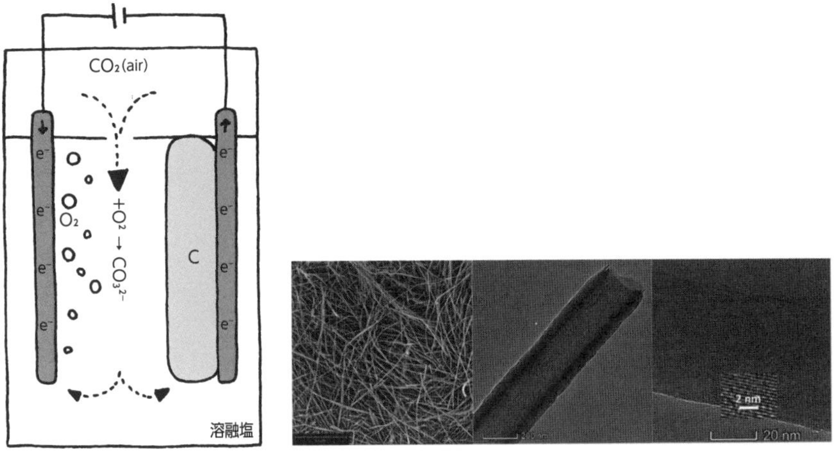

図4.27　溶融塩電解と生成されたカーボンナノチューブ
出典：C2CNT LLC.「technology」[40] をもとに作成・転載

CO_2溶解：$CO_2(gas) + Li_2O(soluble) \rightarrow Li_2CO_3(molten)$

電解：$Li_2CO_3(molten) \rightarrow C(CNT) + Li_2O(soluble) + O_2(gas)$

正味反応：$CO_2(gas) \rightarrow C(CNT) + O_2(gas)$

カソード極に生成されるカーボンは、電極に固着しても電気伝導体なので電解反応は維持され続けるものと推測される。また、溶融塩液面に浮遊させ回収することも可能といわれる。生成されたCNTは、非常に繊細な構造をしており、電池の電極基材やセメント強度向上などの材料として用いることが可能である。

4 MCi（オーストラリア）

MCi（Mineral Carbonation International）社[42]は、オーストラリア政府の主導のもと、セメント、モルタル、石膏ボード、バインダーなどの分野で、無機物を炭素化したCO_2利用製品の開発、商品化に取り組んでいる。建築資材のリサイクルのイメージを**図4.28**に示す。現在、11年間の研究開発と5年間のパイロットプラント検証を経て、CO_2処理量15,000～25,000トン／年の実証プラントを設計中である。最終的には200万トン／年の処理を計画している。

1 から 4 以外にも、O.C.O Technology社（イギリス）[43]やCarbon8 Systems社（イギリス）[44]も産業廃棄物や鉱物の炭酸塩化した製品の販売、製造技術のライセンス供与事業を行っている。

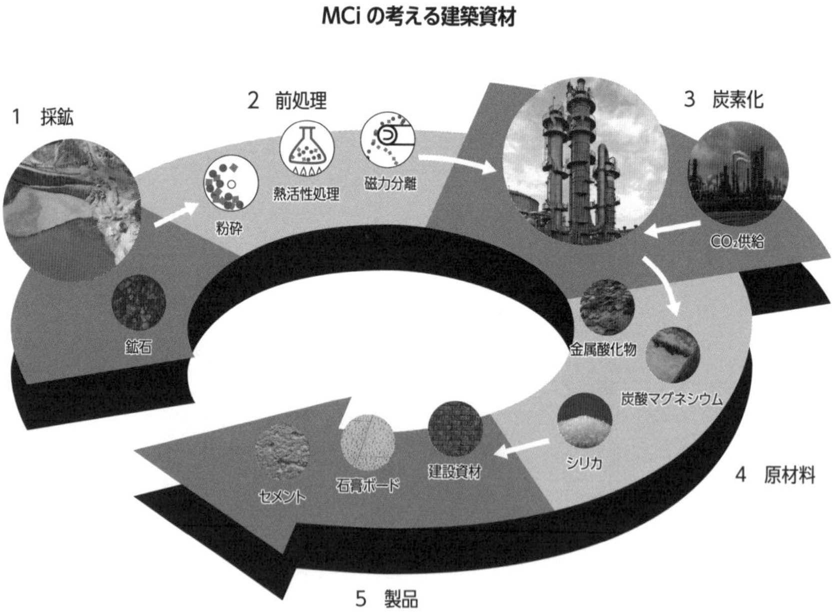

図4.28 MCiが考える建築資材
出典：MCi社 ホームページ「MCi and carbon utilisation」[42]をもとに作成

第5章

CO_2を燃料として利用する

世界の一次エネルギーの90%近くが石油、石炭、天然ガスなどの化石燃料である。世界には、これらエネルギー資源の生産、供給から需要の末端に至るインフラストラクチャーが構築されている。その中でも、世界の一次エネルギーの30%以上、日本では40%以上が原油を起源とした液体燃料である。そのほかの化石燃料も特性を活かして用途が選ばれている。再生可能エネルギーを多量に導入し、CO_2発生を抑制する場合にも、これら化石燃料で構築されたエネルギーインフラすべてを改めるのではなく、既存のインフラを活用していくのが賢い方法である。

本章では、再生可能エネルギーを用いて、CO_2から各種燃料を製造する場合の技術を紹介する。既存の原油起源の燃料油の紹介に始まり、メタン、メタノールなどの、各種合成燃料油を紹介する。CO_2から製造するのに必要な再生可能エネルギーの量を示し、世界の視点から実現可能性を明らかにするとともに、日本にとってどのようなビジネスモデルが適当か紹介することとする。

5.1 燃料化の意味

1 一次エネルギーとしての燃料

CO_2削減のためには何を抑えなければならないのか。そのためには、一次エネルギー全体のフローを知らずして、その解決策は生み出せない。まず、**図5.1**に世界の一次エネルギー[1]の大まかな流れを示す。

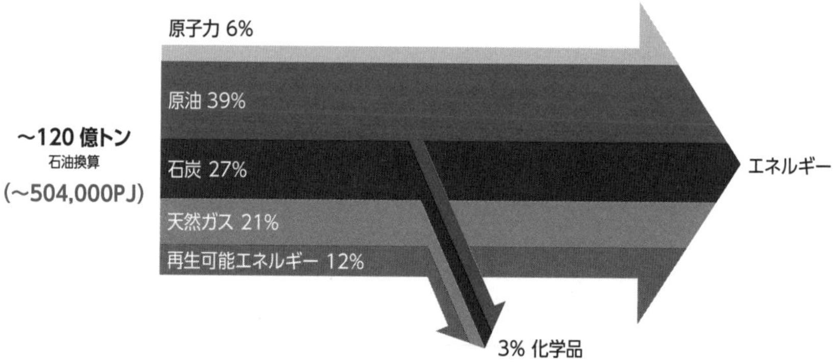

図5.1 世界の一次エネルギーの流れ
出典：Malte Behrens「Utilization of CO_2」(FHI-AC)[1]をもとに作成

石油、石炭、天然ガスだけで、世界の一次エネルギーの87%を供給している。また、その97%がエネルギーとして消費されている。エネルギー利用で廃棄されたCO_2を再生し化成品にしても、そこでは約3%相当のエネルギーしかリサイクルされないことになる。言い換えれば、約3%相当のエネルギー分のCO_2量しかリサイクルされないことになる。したがって、エネルギー起源のCO_2はエネルギーとして再生利用しない限り、カーボンニュートラルの状態にはならないということである。ただし、カーボンニュートラルとするには、再生可能エネルギーを利用することが必須条件である。

また、世界中で再生可能エネルギーを普及させ、CO_2を根本的に排出しない社会を目指して取り組むのはよいが、再生可能エネルギーの導入ポテンシャルの少ない国々はどうやってCO_2問題を解決すればよいのだろうか。再生可能エネルギーを何らかの形で輸入してくるしかない。まさに日本は、その新しいエネルギーシステム構築の入口に立たされているのである。

1 **一次エネルギー** 自然界から得られる加工していないエネルギーのこと。天然ガスや石油、石炭などの化石燃料、原子力燃料、水力や太陽光などの自然から得られたエネルギー。 二次エネルギーは、都市ガスや電気など、一次エネルギーを変換・加工したもの。

日本のCO_2を大幅に削減できる現実的なエネルギーシステムとはいったいどのようなものであろうか。**図5.2**に日本のエネルギーフローを示す。一次エネルギー燃料である石油の消費量は8,536 PJ、石炭の消費量は4,910 PJ、天然ガスの消費量は4,219 PJである。それぞれの一次エネルギー燃料より発生するCO_2量は、燃料別の二酸化炭素排出量換算係数[2]を用いれば、石油からは年間5億8,500万トン程度、石炭からは4億4,500万トン程度、天然ガスからは、2億900万トン程度のCO_2が発生していることになる。総計は年間12.4億トンである。すなわち、ほとんどを輸入に頼っている石油、石炭、天然ガスの量をいかに減らすかを考えないと、CO_2排出量削減の議論はできない。ここでは、これら化石燃料から排出されたCO_2を、再生可能エネルギーを利用して再燃料化し、それを今の一次エネルギー燃料の代替として利用することを考えていく。

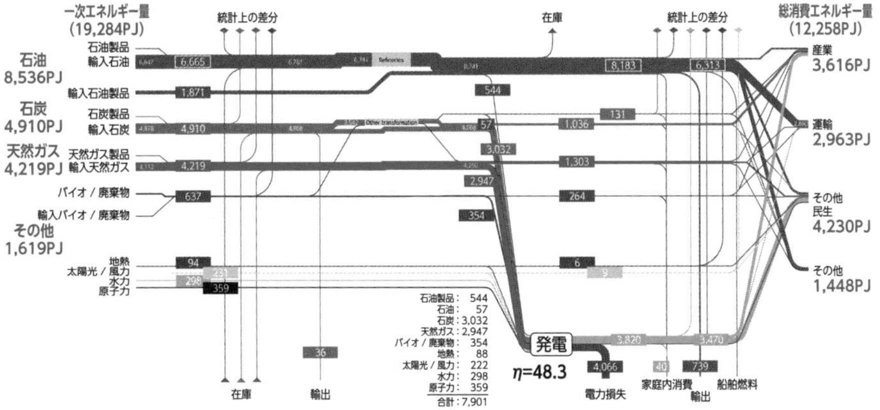

図5.2　日本のエネルギーフロー
出典：IEA「Sankey diagram」(2017) [2] をもとに作成

2　日本の取り組み

前述したように、再生可能エネルギーを普及させればよい、という流れが国内にはあるが、日本は再生可能エネルギーポテンシャルの少ない地域であり、石油、石炭、天然ガスの消費エネルギー量を賄うにはほど遠い（8章1節参照）。だからこそ、今、水素エネルギーを輸入しようという研究が行われているのである。その輸入元での水素製造源を石炭にするのか再生可能エネルギーにするのか、今一度、真剣に考え直さなければならない時期に来ているのではないだろうか（7章4節参照）。しかも、エネルギーを変換して輸送する物質、いわゆるエネルギーキャリアを何にするのかも含めてである。

1973年に発生した第1次オイルショックを契機に、1974年、当時の工業技術院（現（国

2　**二酸化炭素排出量換算係数**　次の値を計算に使用。【一般炭の単位発熱量】CO_2排出量：26.6 GJ／ton／2.409kg－CO_2／kg、【天然ガスの単位発熱量】CO_2排出量：54.5GJ／ton／2.698kg－CO_2／kg。

研）産業技術総合研究所）によってサンシャイン計画（新エネルギー技術開発計画）が始まり、1992年までに4,400億円が投じられた。自然エネルギーを含む新エネルギーの開発、特に、太陽、地熱、石炭の液化・ガス化、水素などの石油に代わるクリーンな新エネルギーの実用化のための技術開発が行われた。

1978年からは、オイルショックの経験を踏まえ、エネルギー転換・利用効率の向上、エネルギー供給システムの安定化、エネルギーの有効利用の各要素に関わる研究技術開発を目指して、工業技術院によってムーンライト計画（省エネルギー技術開発計画）が始まった。この計画では、廃熱利用技術システム、電磁流体発電、ガスタービンの改良、汎用スターリングエンジン[3]、燃料電池技術の開発、ヒートポンプの高効率化などの開発が行われ、1992年までに1,400億円が投じられた。

1989年には、地球環境技術に係る研究開発制度が発足し、1992年までに150億円が投じられた。その後、前述の2つの計画を統合した、ニューサンシャイン計画が1993年から始まった。地球温暖化による地球環境の荒廃を防止し、今後100年かけて再生することを目指し、世界各国が協調して温室効果ガスの排出抑制、および削減のための総合的かつ長期的な行動を進めるとした。世界的な省エネルギーの推進、クリーンエネルギーの大幅導入、革新的な環境技術として、CO_2固定化・有効利用技術や環境調和型生産プロセスの開発、CO_2吸収源の拡大－砂漠緑化など、次世代を担う革新的エネルギー関連技術として核融合・マグマ発電・宇宙太陽光発電などの開発が行われた。プロジェクトには、自動車用電池など、エコ・エネ都市、セラミックガスタービン、超電導発電、燃料電池、太陽電池、地熱、石炭液化、希薄燃焼脱硝触媒、水素利用国際クリーンエネルギーネットワークシステム（WE－NET：World Energy Network）、CO_2固定化貯蔵などがあった。ニューサンシャイン計画は、このようなエネルギー・環境問題に大きく貢献する総合的な技術開発推進計画として位置づけられ、2020年までに1兆5,500億円の投下を見込んでいたという。

3　ＬＮＧの導入

このような新エネルギー開発の歴史を見た上で、今や主力エネルギー源となったLNG（Liquefied Natural Gas）は、どのようにして導入が始まり、ここまで普及したのであろうか。

1950年代後半、日本は高度経済成長に入り、大都会、特に東京では人口が急増し、都市ガス需要が拡大して、石炭に代わる都市ガス原料の確保がガス業界に求められていた。この課題に果敢に取り組み、世界初の発電とガス事業へのＬＮＧの共同供給システムを構築したのは、1950年代後半から導入を検討していた東京ガスであり、導入方針に賛同した東京電力の2社であった。両社の取り組みにより1969年11月、アラスカから日本へのＬＮＧ輸入

3　**汎用スターリングエンジン**　熱機関の形式の１つで、シリンダー内のガス（もしくは空気など）を外部から加熱・冷却し、その体積の変化（加熱による膨張・冷却による収縮）により仕事を得る外燃機関。加熱するエネルギーは化石燃料のほか、各種バイオマスや太陽熱、廃熱が利用できるため、近年資源・環境の両面から大きな期待が寄せられている。

が初めて実現したのである。導入検討から実現までに12年、東京電力が最初のＬＮＧ発電を行うまでにもう１年の期間が必要であった。これは、ほかの電力会社、ガス事業者、製鉄業界にも大きなインパクトを与え、公害問題解決にも大きく寄与した。以後、各地にＬＮＧ基地が建設され、日本は世界最大のＬＮＧ輸入国として世界のＬＮＧ取引の中心的な地位を築くこととなった訳である。

これまでの歴史を顧みるに、一次エネルギー燃料に関わるエネルギーシステムの転換には、民間のエネルギー供給事業者の取り組みが必須であるということである。一国のCO_2排出量を大幅に削減していくことに対し、民間の有するインフラ（人・金・もの）を最大限活用できれば、そのリスクは軽減できるはずであり、大きなビジネスチャンスにもなりえる。

それに対し、国もまさに新しいエネルギーシステムに対するビジョンを持って、民間を後押しする施策を立案し、推し進めていかなければならない状況になっているのではなかろうか。

5.2 E－Fuelsとは

1 E－Fuelsの意味

日本では、新しいエネルギープロジェクトを始めようとする際、これまでにない技術の象徴的な枕詞として、「新」「革新」「先導的」「次世代」「創成」「創造」などが好まれて使われてきた。これでは、個々の技術が抽象的で、エネルギーシステムの中での位置づけと関連性がわかりにくい。個々の要素技術は、すべてを連携したエネルギーシステムを想定し、その中での位置づけを明確にした上で目標設定がなされなければ、役に立たない技術となってしまう。

CO_2削減につながる種々の技術を網羅的にカバーするにはよいが、すべての技術が2050年に完成するとは考えられない。その開発技術を実証し、インフラを整備して普及（連携）させる期間も考慮しなくてはならない。

環境意識の高いヨーロッパでは、特にドイツを中心にエネルギーシステムのコンセプト作りと、それを反映したキーワードを作るのがうまい。その流れを振り返ってみると、昔は「Hydrogens System」というだけで高尚な技術開発と捉えられた。そして長い開発期間が続いていく中、それはより身近で現実的な方向性の言葉に変わり、再生可能エネルギーの導入推進とCO_2削減、および既存インフラとの調和を考えたコンセプトとなりつつある。

これらキーワードとして、下記のような用語が作られ、変遷し、そして今「Eフューエル（E－Fuels)」と呼ばれるキーワードも用いられ、合成燃料をめぐる動きが活発化してきている。

Power to Gas（水素及び合成メタン）
Power to Liquid（合成ディーゼル、合成ガソリン、合成ケロシン）
Power to Chemicals（メタノール、プロピレン、アンモニアなどの化学物質）
Power to X（上記をすべて包含する言葉）
Powerfuels（同上）
CO_2 to chemicals（Power to Chemicals)
CO_2 to fuels（Power to Liquid)
CO_2 to solid（Mineralization、Cement、Concrete)

結局、これは、前のPower to Liquid、Power to Chemicals、CO_2 to Chemicals、CO_2 to Fuels、Powerfuelsと中身はまったく変わらない。より具体的に、「E」は、ドイツ語の「Erneuerbarer Strom＝再生可能エネルギーで発電した電気」の頭文字を採り、炭化水素系燃料でも、よりクリーンなイメージを押し出そうとしている。

E－Fuelsとは通常、再生可能エネルギー電力で製造した水素とCO_2を使って製造された合成燃料を指す。

現在、積極的に開発を推進しているのがドイツのSunfire社である。ノルウェーの安い水力発電電力を利用したE－Fuelsの実証試験、製鉄所廃熱と再生可能エネルギーを活用して、SOEC（Solid Oxide Electrolysis Cell：固体酸化物形水電解）から生成した水素と酸素を製鉄所内で利活用することに取り組んでいる。また、製油所の廃熱と再生可能エネルギー電力により、SOECを利用して水素を製造し、これと製油所から排出されるCO_2を利用してメタノールを合成するなどの開発を進めている。

ただし、筆者にしてみればドイツ語の「Erneuerbarer Energie」は英語の「Renewable Energy（この場合、R－Fuels）」として、あらゆる再生可能エネルギーにすべきと考える。CO_2を再燃料化するなどのプロセスにおいて、電気だけではなく、太陽熱を直接利用して化学エネルギーポテンシャルを上げる方法もあるからである。

2 E－Fuels、R－Fuelsの今後

ドイツでいうE－Fuelsは、ここでは日本版としてR－Fuelsと称して、コンセプトを**図5.3**に示す。水素以外に天然ガス代替の合成メタン、移動体用向けの各種合成燃料（FT合成：フィッシャー・トロプシュ合成）の流れ、化成品や合成燃料としても使えるメタノール、アンモニアの流れがある。炭化水素系の合成燃料については、自動車や航空機のような移動体で分散利用すると、個々の排気からCO_2回収を行わなければならず、大幅なCO_2削減は期待できない。この場合、大気からCO_2を回収することになる。このE－Fuels、R－Fuelsを将来にわたって使い続けられる分野は、大量消費、大量排気で、しかも高濃度のCO_2排気の状態でCO_2回収ができる分野に限られていくであろう。例えば、発電事業分野や鉄鋼、セメント、石油化学産業分野である。なお、運輸分野の中でも蓄電池での長距離走行や燃料電池用水素の貯蔵法などの問題から、長距離用大型車両や航空機については、CO_2が大気に

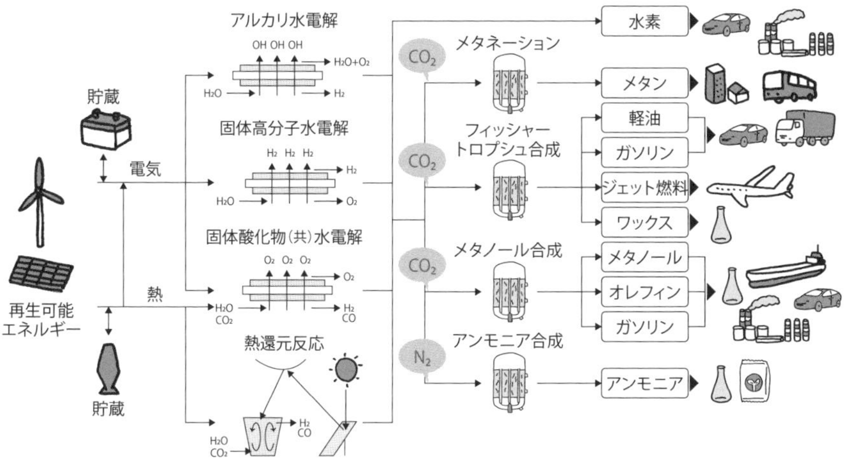

図5.3 再生可能エネルギーを利用した燃料など合成（R－Fuels）

放出されるものの、このような合成燃料、あるいはバイオ燃料が今後使われていくと予想される。

E－Fuels、R－Fuelsの普及には、当然安い再生可能エネルギーの入手が前提であり、世界のどこでも製造できる訳ではない。特に、日本においては再生可能エネルギーの導入ポテンシャルは低いため、このエネルギーシステムの実現には国際間の協力が必要なのはいうまでもない。既存インフラを活用しながらCO_2を削減する、すなわち低炭素社会の実現、浸透を図りながら、最終的には脱炭素社会を目指していくのが現実的なシナリオと考えられる。

5.3 メタン

1 都市ガス

❶ 都市ガスの成分

メタン（CH_4）といわず都市ガスといった方がわかりやすいかもしれない。**表5.1**に示す都市ガスの成分を見ればわかるように、大部分はメタンである。

表5.1 都市ガスの成分

成分	含有率
メタン	89.2〜89.6%
エタン	5.6〜6.1%
プロパン	3.4〜3.7%
ブタン	1.0〜1.4%
窒素	0.0〜0.2%

これは「13A」と呼ばれる発熱量の高い規格の都市ガスの例である。「13」とは、ガス1㎥N当たりの発熱量の多さを表しており、46.0〜43.1MJである。「A」は燃焼速度を意味している（A：遅い、B：中間、C：速い）。1970年代まで、石炭を原料にした石炭ガスやナフサ・ブタンなどを改質したガスが使われていた。それに代わり、中東・東南アジアなどから輸入した液化天然ガス（LNG）を気化した天然ガスおよび国内で産出される天然ガスに、液化石油ガス（LPG）を混合して熱量調整したものが、現在主流となっているガスである。

❷ 天然ガスからもCO_2は排出される

前述の通り、日本では1969年よりLNGを輸入し、都市ガス用原料、発電用燃料として普及が進んできた（5章1節参照）。その後、1990年1月に経済産業省（当時、通商産業省）資源エネルギー庁により「IGF21：Integrated Gas Family 21」計画が提案された。これを受け、都市ガス業界は、2010年を目途に天然ガスを中心とした高カロリーガスへ統一する原料転換に取り組み[3]、都市ガス製造効率の向上、日本のエネルギーセキュリティ向上、環境負荷低減に寄与してきたのである。

この天然ガスでさえCO_2を排出するのであるから、2050年までに日本のCO_2排出量を80%削減することは大変なことである。やっと天然ガスを中心とした高カロリーガスに転換したばかり（実際には今も普及拡大中であるが）のインフラを、例えば、天然ガスに比べ発熱量が1／3しかない水素にすぐに転換していくことは困難である。天然ガス導入の歴史を振り返れば、それなりの導入シナリオと転換期間が必要である。

まずは、この既存のインフラを活用しながら、できうる限りのCO_2削減策を早期に展開していくことが肝要かと考える。

2 メタン合成

❶ メタネーション反応

排出CO_2から合成されたメタン（代替天然ガス、SNG：Substitute Natural Gas）は、今のLNGをベースとした都市ガスインフラの活用が可能である。合成メタンの最大の長所は、この既存インフラが使えることにある。CO_2からCH_4への転換はサバティエ反応（Sabatier reaction）といわれ、現在、メタネーション反応として知られるようになった。すでに工業的に実用化されている一酸化炭素（CO）のメタネーションも含め、次の化学反応式で示される。

$CO_2 + 4H_2 \rightleftarrows CH_4 + 2H_2O$　ΔH＝−165 kJ／mol（発熱反応）
$CO + 3H_2 \rightleftarrows CH_4 + H_2O$　ΔH＝−206 kJ／mol（発熱反応）

これら反応は、通常、触媒の存在下で温度200℃～550℃、圧力1atm～100atm（0.1MPa~10MPa）の条件下で行われる。激しい発熱をともなうため、活性が高くCH_4への選択性が良いこと、原料価格が安いことなどの理由から、Ni系触媒がよく選択される。激しい発熱にともなう触媒の高温劣化対策として、a）触媒層の間で冷却する多段反応器システム、b）反応器の出口ガスを反応器の入口に循環させ、供給ガスを希釈するシステム、などが反応器システム設計において配慮されている。これらは平衡反応であり、温度が低いほど反応が進み、CH_4の収率を高く、COやCO_2濃度は下がる。

ここでは、Topsoe社、Johnson Matthey Process Technologies社（JM Process Technologies社）、Air Liquide－Lurgi社のプロセスを紹介する。

❶ Topsoe社のプロセス

Topsoe社のプロセスは、Topsoe Recycle Energy－efficient Process（TREMPプロセス）と呼ばれる。メタネーション反応の反応熱を出来るだけ高圧の水蒸気として回収することを目指したもので、同社が開発した触媒により、700℃という高温でも運転が可能といわれている。

図5.4に示すSNG合成プロセスは、1段目のメタネーション反応器（R1）と最終処理反応器（R3）の間に十分な転換率を得るために、中間反応器（R2）を設けた構成である。R1では、メタネーション反応器内の触媒層での最高温度が700℃程度の許容温度以下になるよう、原料ガスとR1の出口ガスの一部が循環混合され、R1へ供給される。R1の出口ガスの熱は、高圧スチームの発生に使われ冷却される。R1やR2より出口温度が低いR3で、ほぼメタンに転換される。

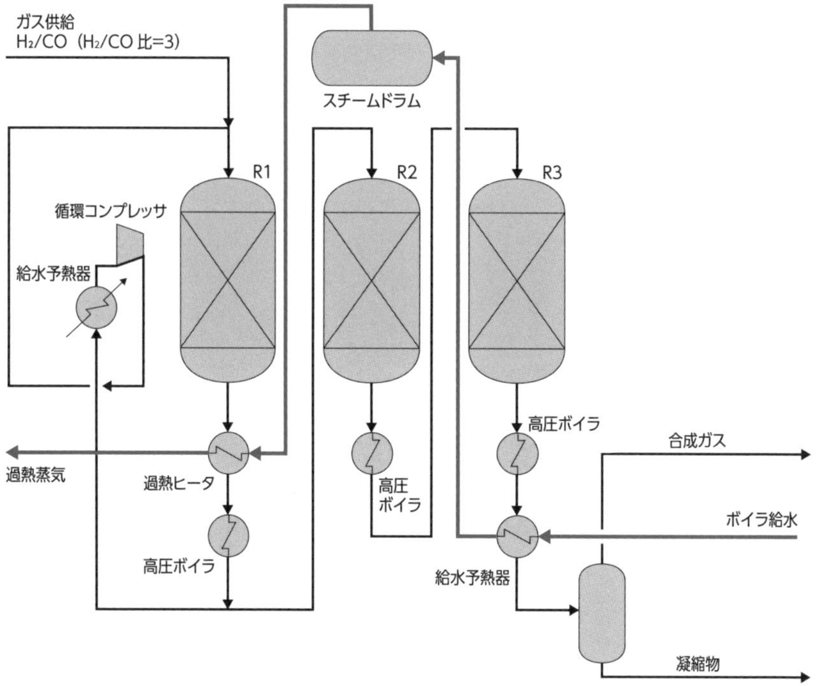

図5.4　SNG合成（メタネーション）プロセス
出典：Topsoe社「TREMPプロセス」[4]をもとに作成

❷ JM Process Technologies社のプロセス

JM Process Technologies社のプロセス[5]は、原料として石炭、残渣油[1]、ペトロコークス[2]、バイオマスなどの分解ガスから天然ガスの組成に近いSNGを生産するものである。原料としてCOG（Coke Oven Gas、コークス炉ガス[3]）を使用してSNGを生産することもできる。

このSNG合成プロセスは、2段の固定床反応器で構成され、TREMPプロセスと同様、1段目の反応器には、供給ガス中のCO_2、CO濃度を低下させ反応温度を許容値内に抑えるために、反応器出口ガスを冷却して反応器入口に戻す内部循環システムが設けられている。許容温度は、TREMPプロセスより低い。

❸ Air Liquide－Lurgi社のプロセス

2007年にフランスのAir Liquide社はLurgi社を買収して、Air Liquide－Lurgi社[6]となり、メタネーションの技術を保有することになった。

1　**残渣油**　原油を蒸留してガス、ガソリン留分、灯油、軽油留分を得た残りの沸点が高い油。
2　**ペトロコークス**　残渣油をさらに熱分解をして残る炭素分の多い固体。石油コークスとも呼ばれる。
3　**コークス炉ガス**　製鉄業において、石炭からコークスを製造するコークス炉から発生するガス。水素を50%以上、メタンを30%程度含む。

プロセスは、TREMPプロセスと同様、2段の固定床反応器と反応ガスの一部を内部循環させるシステムで構成されている。1930年代に開発されたこのシステムは、その後、南アフリカのSasol社Sasolburg工場とオーストリアのウィーン南東部の町Schwechatの2箇所にパイロットプラントが建設された。これらのパイロットプラントは、約1.5年間運転が行われて各種のデータが採取・蓄積されたが、その成果は直ちに実際の装置の建設に繋がらず、休眠状態に入っている。

❹ 褐炭からのSNG製造

これらSNG合成プロセス技術は、第一次、第二次のオイルショックを契機とした石油、および天然ガス価格の高騰に対する対策として、石炭などをガス化して、大規模にSNGを生産する方法として生み出された技術である。

大部分のSNG製造の計画は1980年代に入り、オイルショックの鎮静化と共に下火になってしまった。この内、唯一商業化にまでこぎ着けたのがアメリカDakota Gasification Company社が所有し運転しているノースダコタ州のGreat Plains Synfuels Plant（**図5.5**）である。このプラントは1984年にDOE（Department of Energy：米国エネルギー省）の支援の下、稼働を開始した。隣接するThe Coteau Properties CompanyのFreedom Mine（フリーダム炭鉱）から露天掘りで産出する褐炭約600万トン／年を消費して、年間約15.3億m^3Nのパイプライン仕様のSNGを生産している。このSNGプラントでは、Air Liquide－Lurgi社のプロセスを改良し使っているといわれる。プラント内で、物理吸収法の1つであるRectisol法により回収したCO_2は、330km離れたカナダのワイバーン・ミデール（Weyburn－Midale）の油田にパイプラインで輸送され、CO_2－EORに使われている（4章6節参照）。

石油、天然ガス価格の高騰とCO_2削減対策という、一次エネルギー燃料としての石油、天然ガスの使用が制限されていくことの事情は異なるが、メタネーション技術がまた脚光を浴びることになるのであろうか。

図5.5　アメリカノースダコタ州、Dakota Gasification Company社のSNG製造プラント全景
※手前がSNGプラント、中央の奥は石炭火力発電所、周辺が炭鉱
資料提供：Dakota Gasification Company[7]

Column 3 天然ガスを液化するLNGプラント

日本は、世界のLNG貿易量の約1／4を輸入している。年間8,055万トンの輸入LNGの内、37%がオーストラリア、12%がマレーシアとカタールである。最近では、アメリカでシェールガスが安価に生産されることを受けて、アメリカからもLNGとして輸入されている。日本は、1969年にアラスカから初めて輸入したのが始まりで、今日、日本の一次エネルギーの22%（2017年度）を占めるに至っている。

天然ガスを液化しLNGとするプラントは、1系列当り、年産400万トン以上を生産する巨大なもので、建設費も数千億円に上る。INPEX社（国際石油開発帝石株式会社）が操業主体として推進している西オーストラリアのイクシス（Ichthys）LNGプロジェクトは、2018年から出荷を開始した。年間約890万トンの規模である。陸上LNGプラントは、日揮株式会社、千代田化工建設株式会社、アメリカKBR社の企業連合が設計、建設しており、この3社に加えてアメリカベクテル（Bechtel）社が世界のLNGプラントの大半を設計、建設してきた。

この「イクシス」という名称は、約4億年前に周辺海域に生息していた古代魚の学名の接尾後から付けられ、ギリシャ語で、イエス・キリスト・神の・子・救世主の頭文字を並べると魚となることに由来すると聞く。魚がキリスト教のシンボルである所以である。

LNGプラントは、天然ガス田から産出した原料の天然ガスを、CO_2や硫化水素、水銀、水分などの不純物を除去し、－162℃以下に冷却して液化する装置である。カーボンリサイクルでは、CO_2と水素から製造したメタンをLNGプラントで液体として、LNGタンカーで日本に輸送することになる。再生可能エネルギーが豊富なオーストラリアだけでも、運転中のプラントが10基あるので、既存のLNGプラントに合成したメタンを導入することから始めるのが現実的であろう。

コラム図5.1 イクシスLNGプロジェクトのLNGプラント
資料提供：国際石油開発帝石株式会社（INPEX）

5.4 P to G

1 P to Gとは

P to Gとは、Power to Gasの略で、主に風力発電を中心とした再生可能エネルギー発電で発生した余剰電力や変動抑制分の電力を利用して、水を電気分解し水素を製造することであった。P2Gとも略される。さらに、5章3節に記載したメタネーション技術を用いて、その水素とCO_2を反応させて、主にメタンを合成することも含まれるようになった。**図5.6**に示すように、水電解装置で生成したH_2（水素）は圧縮、液化され、主に燃料電池自動車の燃料として、メタン（CH_4）は天然ガスや都市ガスパイプラインに注入し利用することが考えられている。

2010年以降、特にドイツでは、**図5.7**（2015年時点）に示すように各地域で実証試験が進められてきた。ドイツエネルギー機構（dena）では、2012年以降このPower to Gas戦略プラットフォームを作成し、2020年までにシステム化技術を確立し、2020年度以降、投資環境の整備を目指すロードマップを策定していたが、未だに本格的な商用事例は聞かない[8]。近年は、**表5.2**に示すように、P to GからP to Xへと、ドイツを中心に幅広い用途展開を目指すプロジェクトが立ち上がりつつある。

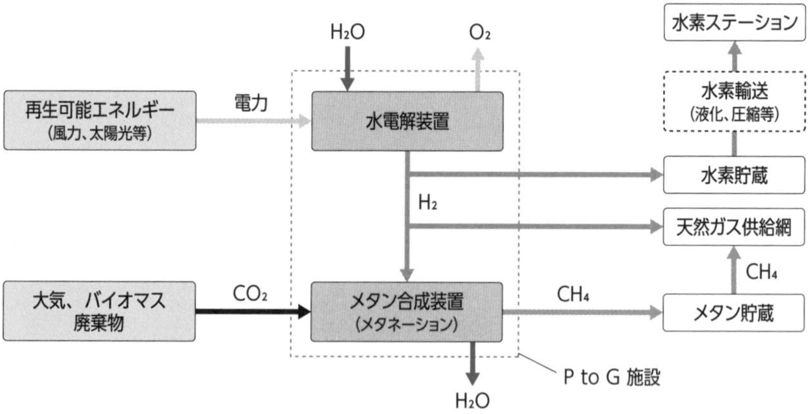

図5.6 Power to Gasの全体コンセプト

表5.2　ドイツを中心とする最近の主なP to G、P to X 開発プログラム

用途	プロジェクト名	電解型式	容量（kW）	試運転年	プロセス	国
天然ガスライン導入	BioPower2Gas	固体高分子	1,200	2015	バイオーメタネーション	ドイツ
	Energy Park Pirmasens-Winzeln	アルカリ	2,500	2016	バイオーメタネーション	ドイツ
	Wind to Gas	固体高分子	2,400	2019	－	ドイツ
	H2V Product 1st Alkaline	アルカリ	100,000	2020	－	フランス
	H2V Product 2nd Alkaline	アルカリ	600,000	2025	－	フランス
熱源と発電	Zero-Emission-Wohnpark	アルカリ	62.5	2017	メタネーション	ドイツ
	Stromlückenfüller Test	固体高分子	20	2015	－	ドイツ
	Stromlückenfüller Pilot phase	固体高分子	200	計画中	－	ドイツ
	Stromlückenfüller Hybrid plant	固体高分子	1,000	計画中	－	ドイツ
	Power-to-Gas Haßfurt	固体高分子	1,250	2016	－	ドイツ
	Smart Grid Solar	固体高分子	75	2016	－	ドイツ
	HYPOS LocalHy	アルカリ	250	2018	－	ドイツ
	Haeolus	固体高分子	2,000	2020	－	ノルウェー
燃料	George Olah Plant 1	アルカリ	～1,700	2011	メタノール	アイスランド
	George Olah Plant 2	アルカリ	～5,200	2014	メタノール	アイスランド
	Sunfire Research project	SOEC	10	2014	フィッシャー・トロプシュ	ドイツ
	Sunfire Power-to-Liquids	SOEC	150	2014	フィッシャー・トロプシュ	ドイツ
	Power-2-Hydrogen-Tankstelle	固体高分子	185	2015	－	ドイツ
	Flagship project: Power-to-Gas Baden-Württemberg	アルカリ	1,000 ＋300	2018	－	ドイツ
	MefCO2	固体高分子	1,000	2018	メタノール	ドイツ
産業用向け水素	H&R Ölwerke Schindler	固体高分子	5,000	2017	－	ドイツ
	H2Orizon	固体高分子	1,000	2018	－	ドイツ
	GrInHy	SOEC	150	2018	－	ドイツ
	HYPOS Megalyseur	固体高分子	2,000	2019	－	ドイツ
	ALIGN-CCUS	アルカリ	～65	2019	DME	ドイツ
	REFHYNE	固体高分子	1,000	2020	－	オーストリア
	H2Future	固体高分子	6,000	2021	－	ドイツ
	BASF／bse	－	－	計画中	メタノール	ドイツ
	PtG for the refining process Lingen	－	6,000 －15,000	計画中		

出典：Christina Wulfa,JochenLin ßenab,Petra Zappa「Review of Power-to-Gas Projects in Europe」[9]をもとに作成

2　P to Gの課題

❶ 水素製造コスト

水素の直接利用における課題は、水素を利用するインフラが未だ整っていないことである。供給環境が整っても、利用者がいなければ、輸送も、貯蔵も、電解も、これらを担おうとする事業者は現れない。そこで脚光を浴びてきたのが、このP to Gによるメタンの合成である。メタンであれば既存インフラの活用が可能で、しかも利用者もいる。天然ガス代替にもなり、CO_2削減にもつながる。メタネーション技術は、昔から存在するもので目新しいものでは

ないが、それが未だ本格的な商用化に至らないのは、単に経済性の理由からである。

メタネーション反応において、メタン1モルを合成するためには、4モルの水素が必要である。日本のメタンを主成分とする都市ガスを考えた場合、大口需要で都市ガス単価は50円／m^{3}N程度である。すなわち、この場合、水素は少なくとも1／4のコストの12円／m^{3}N程度で製造できなければ採算がとれないことになる。ちなみに、日本の水素導入シナリオでは、水素コストを2030年頃に30円／m^{3}N、将来的には20円／m^{3}N円を目指すとされている [10]。いかに水素を安く製造するかがポイントである。

この水素製造コストは、大きく分けて水電解装置の設備償却費と再生可能エネルギーの電気代から構成される。すべての装置の設備償却年数を15年、1m^{3}Nの水素製造に必要な電力（水素製造原単位）を5kWh／m^{3}Nとすると、水素コストは次の通り表される。

$$
\begin{aligned}
\text{水素コスト}(\text{円}／\mathrm{m^3N}) &= \frac{\text{水電解装置価格}(\text{円})}{\text{年間水素発生量}(\mathrm{m^3N}) \times 15\text{年}} + \text{再エネ電気代}(\text{円}／\mathrm{kWh}) \times 5\,\mathrm{kWh}／\mathrm{m^3N} \\
&= \frac{\text{水電解装置価格}(\text{円})}{\text{年間水素発生量}(\mathrm{m^3N}) \times 15\text{年}} + \frac{\text{再エネ設備価格}(\text{円})}{\text{年間発電量}(\mathrm{kWh}) \times 15\text{年}} \times 5\,\mathrm{kWh}／\mathrm{m^3N}
\end{aligned}
$$

❷ P to Gの普及に向けて

この水素コストに大きく影響を与えるのが、再生可能エネルギー電力を発生させる風力発電や太陽光発電、それと水電解装置の設備利用率である。設備利用率とは、発電設備の年間総発電（可能）電力量に対する実発電電力量の比を示す数値（コラム1参照）であり、年間の水素発生量、発電量を決める重要な要素である。再生可能エネルギーの場合、一般的に太陽光発電では、12～14%、風力発電では30～40%前後といわれ、この低さが再生可能エネルギー設備の装置償却費を大きく押し上げ、水素コストの増大を招く大きな要因となっている。水電解装置に至っては、再生可能エネルギーの設備稼働に左右され、さらに設備利用率は小さくなるため、装置償却費を増大させる要因となる。再生可能エネルギーの余剰電力利用になると、さらに設備利用率は低くなる。このような要因から、ドイツのP to Gプロジェクトは行き詰まっているのではないかと推測される。なお、火力発電や原子力発電は、この設備利用率が80%程度と高く、年間発電量を大きく維持できるため、相対的に発電電力単価が安くなる。

このような実態から、水素やメタンを今のエネルギー価格帯まで引き下げるというのは非常に困難をともなう。メタンの場合、CO_2を活用したということで、相応の費用を製造メタンから割り引く、すなわちカーボンプライシング（9章5節を参照）制度を導入することで、既存インフラを活用して早期の市場への導入が期待できる。ただし、エネルギーコスト上昇の要因となり、経済に大きな影響を及ぼすため、エネルギー政策による後押しが重要である。

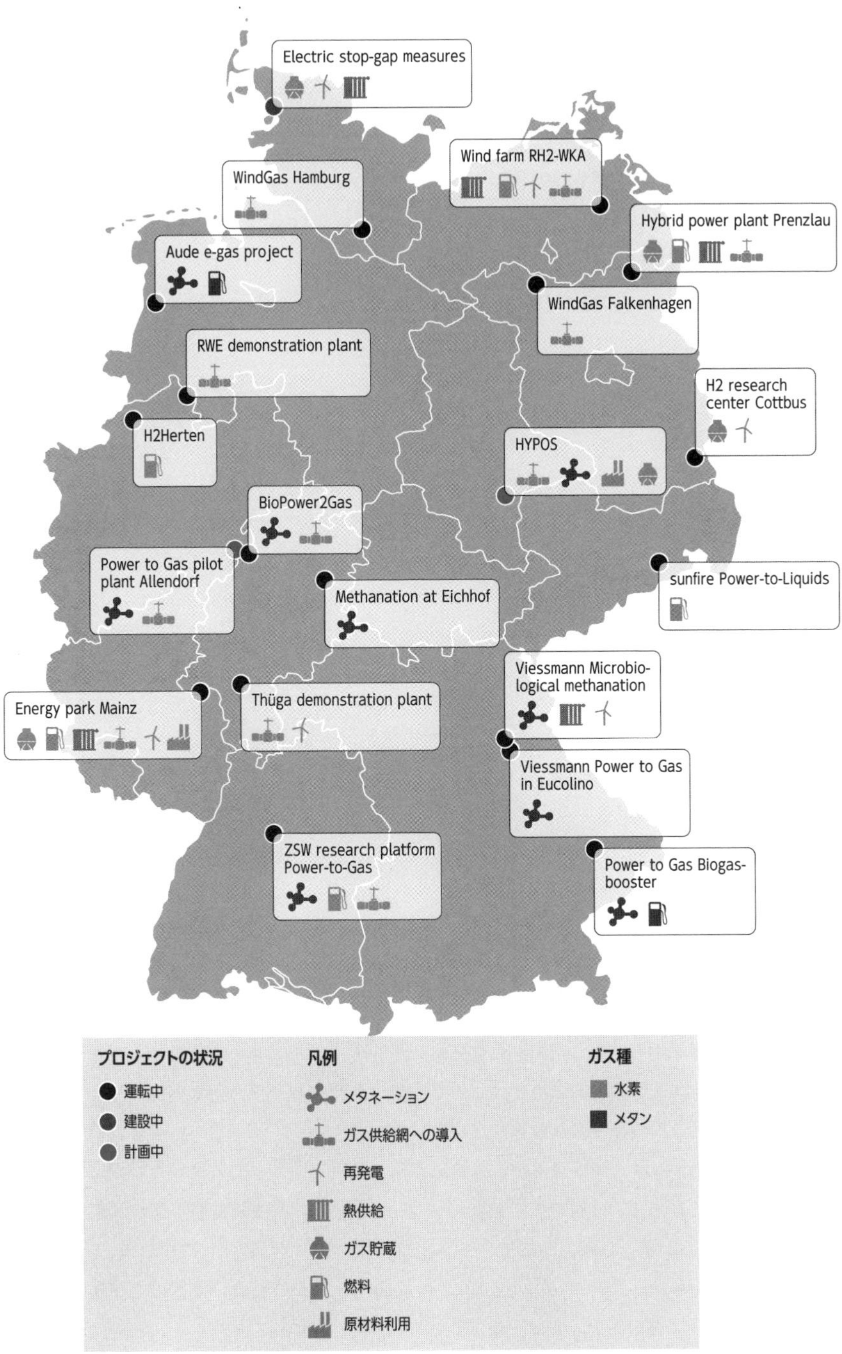

図5.7　ドイツにおけるP to Gプロジェクト取組み状況（2015年時点）
出典：dena（ドイツエネルギー機構）「Power to Gas system solution」(2015) [8] をもとに作成

5.5 メタノール

1 メタノールの燃料利用

日本のメタノール需要は、年間200万トン程度であり、そのすべては輸入され化成品の製造向けに使用されている。しかしながら、過去にはメタノールを燃料として利用することの検討が行われている。メタノールは、図5.8に示すように、幅広い分野で使うことが可能である。中でも、ガソリンブレンド用や発電燃料用としても期待される燃料である。

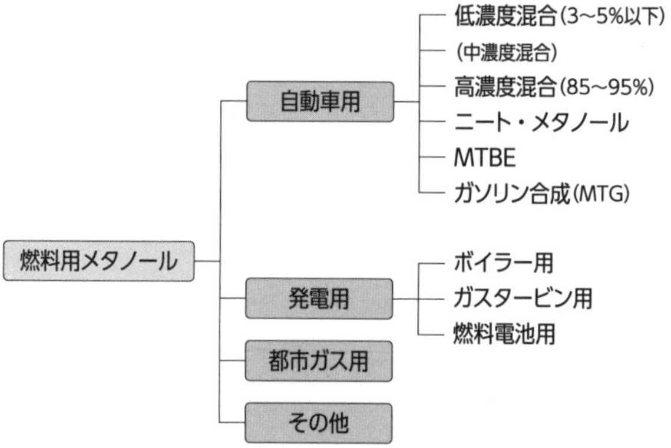

図5.8　燃料用メタノールの用途

メタノールはガソリンへのブレンド用として、欧州などでM3（混合率3%）、中国ではM15(混合率15%)の規格ですでに使われている。100%メタノール(M100)を意味するニート・メタノールは、最近の環境規制強化から船舶エンジンに採用されつつある。自動車用は専用スタンドが必要となる上、エンジンなどの部分的改造が必要となるため、実質的には、船舶以外ではほとんど普及していない。

図5.8に示すMTBEとは、メチル・ターシャリー・ブチル・エーテルのことでオクタン価向上のためのガソリン添加剤である。しかし、アメリカでは地下水汚染が問題化し、添加が禁止された結果、そのニーズはほとんどない。

現在、日本でメタノールは発電用にも自動車用もほとんど用いられていないが、燃料用としての検討の波は過去に3回ある。最初の波は1969年頃の高度成長期時代、エネルギー確保に向けてLNGが導入された時期である。当時、天然ガスを海外から日本に輸送する形態についての議論があり、メタノールとLNGの経済性比較が行われ、後者の方が勝るということで最初の波は終わった。第2の波は、1973年の第1次オイルショックを契機としたもので、石油代替エネルギーとしてメタノールの燃料利用の検討が始まり、自動車燃料に対する公害対策、直接メタノール燃料電池(Direct Methanol Fuel Cell)技術の開発などが行われた。

第3の波は、1990年6月の電気事業審議会中間報告で、初めてメタノール発電導入の可能性が言及された時である。これを基に、改めてメタノール燃料が大きく注目を浴び、環境安全性実証試験、改質型ガスタービン、メタノールエンジン、新しいメタノール合成法などの技術開発が始まった。しかし、最終的にはメタノール市場そのものが小さく価格変動が激しいこと、すでに導入されていたLNGと比べて経済性に劣ることから、またしても導入は進まなかった。メタノールを自動車用燃料とすることも、インフラ整備費の負担から導入が進まなかった。

一方、回収したCO_2と、再生可能エネルギー電力を利用した水素からメタノールを合成するエネルギーサイクルシステムは、1990年にNEDO「石油代替エネルギーなどの輸送技術に関する調査」[11]にまとめられており、エネルギー輸送媒体としては、一番経済性に優れているとされている。

2 メタノールの製造法

一酸化炭素（CO）とCO_2からのメタノール合成は、次式で示される。

$$CO_2 + 3H_2 \rightleftarrows CH_3OH + H_2O \quad \Delta H = -58\ \mathrm{kJ/mol}\ (\text{発熱反応})$$
$$CO + 2H_2 \rightleftarrows CH_3OH \quad \Delta H = -100\ \mathrm{kJ/mol}\ (\text{発熱反応})$$

注）（発熱反応）およびΔHは右向きの反応の時を表す。

上記反応と同時に下記のCO転化反応（シフト反応）も進行する。

$$CO + H_2O \rightleftarrows CO_2 + H_2 \quad \Delta H = -41.2\ \mathrm{kJ/mol}\ (\text{発熱反応})$$

注）（発熱反応）およびΔHは右向きの反応の時を表す。

これら反応式より、熱力学的には低温・高圧の方が有利だが、現在では触媒を用い、反応速度を考慮し、一般的に温度200℃～300℃、圧力5MPa～12 MPaで運用される。

基本的なプロセス系統図を**図5.9**に示す。系統全体で循環ループが組まれ、ループ内に導入された合成ガスは、熱交換器で昇温後、反応器に投入される。反応器出口ガスは熱交換器と冷却器で冷却後、凝縮したメタノールは捕集ポットから払い出される。未反応ガスは再び循環圧縮機で反応器入口に戻される。メタノール合成反応では、副反応がほとんどなく、極めて選択性の高いCu系触媒が選択されることが多い。また、この反応は発熱反応であり、いかに効率良く反応熱を除去し、触媒層にホット・スポット（部分的高温部）を作らないかということが反応器設計において配慮される。

1960年代後半にICI社により低圧メタノール合成法が実用化され、その際、低温合成法に適した固定床式のクエンチ[1]式反応器が開発された。これは、各触媒層の温度上昇を抑える目的で、合成ガスの一部を複数個所の触媒層中間部に供給するために、多段のクエンチ・ノズルが設けられたものである。

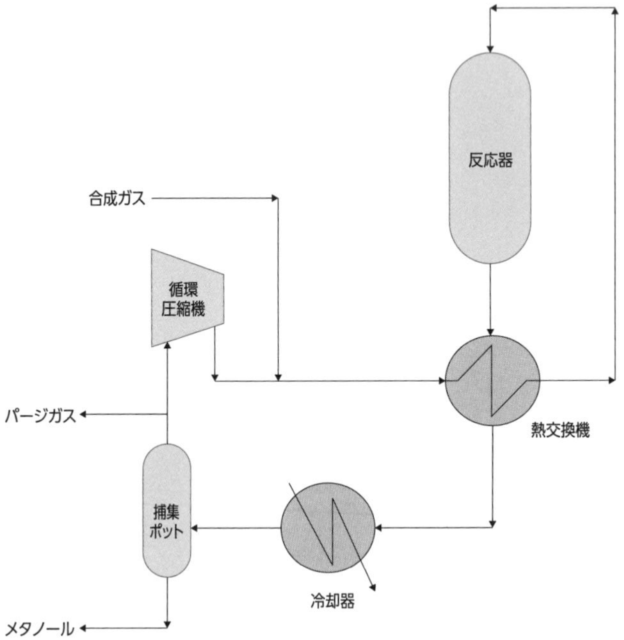

図5.9　メタノール合成の基本的なプロセス系統
出典：Jonathan J. Butler「Johnson Matthey Technology Review」（2017）[12]をもとに作成

反応器設計に考慮すべき因子として次項が挙げられる。

- 高い平衡到達率[2]と、最大反応速度を得るために触媒層温度分布を容易に制御できること
- 反応熱をエネルギー効率改善のために最大限回収すること
- 大型化が容易で、かつ経済的に製作できること
- 触媒層での圧力損失が少ないこと
- 触媒の充填・抜き出し作業を含む、保守・点検作業が容易であること

1　**クエンチ**　高温部に冷却媒体を導入し、温度を下げる操作。
2　**平衡到達率**　化学反応で時間をかけても原料と製品が条件によって決まる割合になる平衡状態に、どれだけ近づいたかを表す指標。

以降、これらに配慮した各種のメタノール合成反応器が実用化され、主に次の3種類の反応器形式が使われている。**表5.3**に代表的な反応器構造とその特徴を示す。

❶ クエンチ式

クエンチ式反応器の改良版で、スチーム発生機能を設けず、反応器構造を簡素化してコスト削減を図り、大型化対応を狙って開発された反応器。代表的ライセンサーとしてはICI社が挙げられる。

❷ 二重管熱交式・多段冷却ラジアルフロー式

高い平衡到達率と触媒層の温度分布制御の容易化、反応熱回収のために反応器をボイラー構造にしてエネルギー効率を改善した反応器。Shell側[3]ボイラー形式、Tube側ボイラー形式の2タイプがある。

Shell側ボイラー形式の反応器	三菱ガス化学株式会社（MGC）／三菱重工業株式会社（MHI）のSuper Converterなど
Tube側ボイラー形式の反応器	東洋エンジニアリング株式会社（TEC）のMRF－Zリアクターなど

表5.3　代表的な反応器の構造とその特徴

	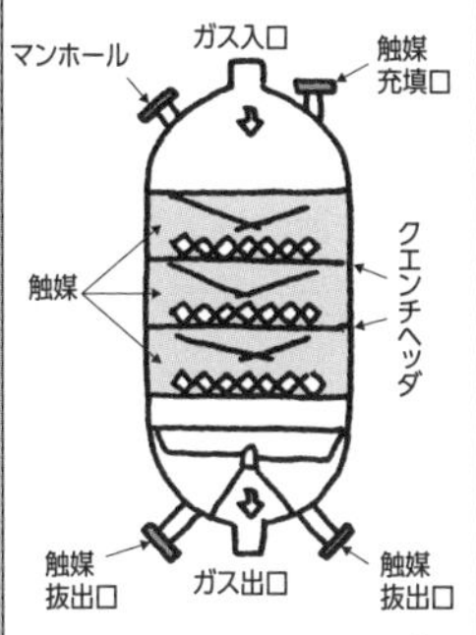	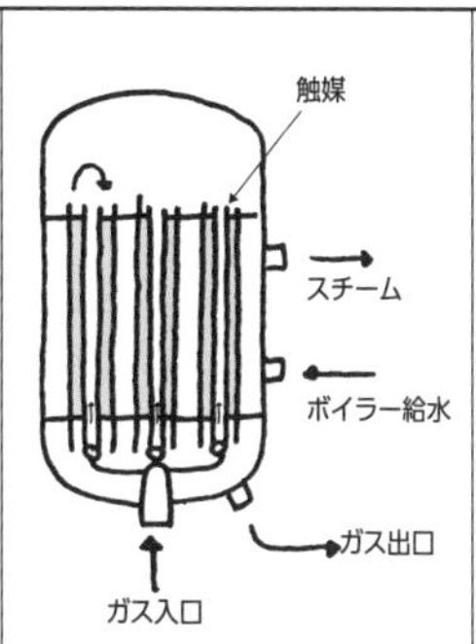	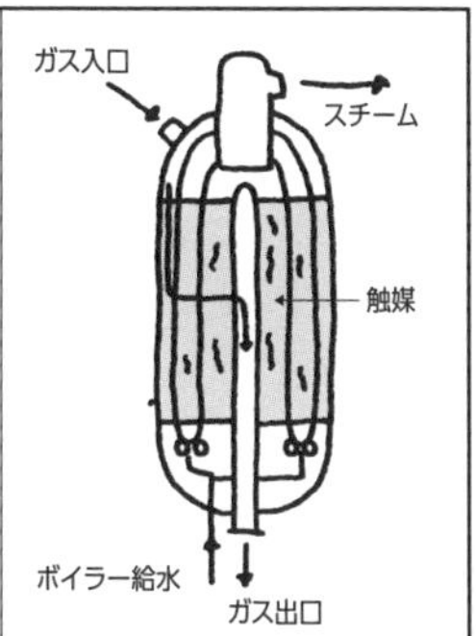
会社	ICI	三菱ガス化学／三菱重工業	東洋エンジニアリング
型式	クエンチ式	二重管熱交式	多段冷却ラジアルフロー式
転化率	低	高	中
圧力損失	低	中	低
大型化	容易	難	容易
熱回収	ー	中圧スチーム	中圧スチーム

出典：株式会社サイエンスフォーラム発行「新メタノール技術」[13]をもとに作成

3　**Shell側**　反応器の胴体側のこと。

ボイラー構造の反応器、特にShell and Tube形式[4]の反応器は、機器製作上、大型化に制約が有り、現状では反応器1基で生産できるメタノール量は日産1,500トン程度である。年産100万トン規模（日産3,000トンに相当）のメガメタノールプラントでは、反応器を2基並列配置している。現在、プラントの運転信頼性の観点から、日産1万トン規模のプラントが最大である。

なお、天然ガスの改質ガスを原料として製造されるメタノールは、10～15wt%の水分を反応副生物として含んでおり、粗メタノールと呼ばれる。反応ガス中のCO_2濃度が高いほど水分が多くなるため、後段の蒸留プロセスの負荷が増す。しかし、ボイラー燃料などの用途であれば、化成品や自動車用燃料ほど高純度にする必要はないと考えられる。

メタノールの発熱量はほぼ石炭と等量であり、石炭火力の石炭代替燃料、あるいは混焼用燃料に適していると考えられる。日本に散在する既存の石炭火力発電プラントを改造して、石炭に代替してメタノールを焚くことで、石炭使用量が減り、大きなCO_2削減も期待できる。当然、ガスタービンや燃料電池の燃料としての利用も可能であり、これら技術についてもすでに日本では実証試験済みである。

3 MTG（Methanol to Gasoline）

1970年代にExxonMobil社（当時、Mobil社）がZSM－5[5]という触媒を用いて、メタノールを原料にガソリンを合成するMethanol to Gasoline process（MTG）技術を開発した。そこには、天然ガスを直接輸送、貯蔵するよりもメタノールの方が取り扱いやすく、ガソリンに代わり自動車用燃料としても使えるという考えがあった[14]。

ニュージーランドは、第1次、2次オイルショックによる原油価格急騰に対し、自国の天然ガスを利用して液体燃料の自給率アップのために、前述のMTG技術に着目した。天然ガスからメタノールを経てガソリンを製造するGTG (Gas to Gasoline) プロジェクトを起こし、1986年3月から世界初の年産57万トンのプラントの商業運転を開始した経緯がある。

2019年には、日本の川崎重工業株式会社も、メタノールを経由した世界最大のGTGプラントをTopsoe社の技術を使い、トルクメニスタンに建設、納入している。これは自国で産出する天然ガスの高付加価値化を狙ったもので、ガソリン年産60万トンのプラントである。

中国は、1970年代から原油輸出国であったが、1990年代に入り急速な経済発展とともに原油・石油製品の輸入量が増大し、1992年にはその輸入量が輸出量を上回り、1993年に石油全体として純輸入国に転じた。ニュージーランドなどとは事情が異なるが、中国はこのようなエネルギー需給を見通し、1980年代から国内の豊富な石炭を利用した石炭液化に取り組み、現在では石炭直接液化と石炭間接液化の両プロセスを商業化している。また、

---

4 **Shell and Tube形式**　シェル（胴体）に多数のチューブ（反応管）を収めた形状のこと。

5 **ZSM－5**　酸素が5個からなる環状構造を持ったゼオライト触媒。モービル社が1975年に報告し、その後、石油化学産業において幅広く用いられている。

MTGについては、石炭から製造したメタノールを原料として、2009年からExxonMobil社のMTGプロセスのプラントを建設し、これらの結果、**図5.10**に示す石炭から3方式の液体燃料（石油製品）の生産技術を保有する唯一の国となった。

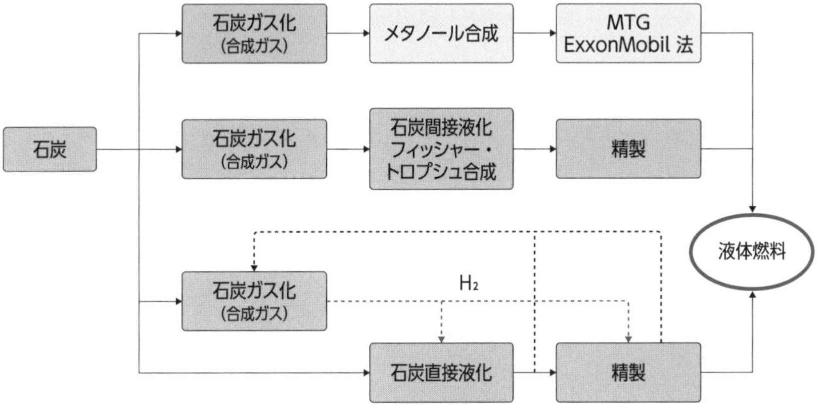

図5.10　石炭から3方式の液体燃料生産技術

ExxonMobil社のMTGプロセスは、ガソリンの得率が87%以上と高く、またオクタン価[6]も92のため、ほぼこのままでレギュラーガソリンとして使用可能で、生産効率・コスト面で優れているといわれる。そのため、中国では、引き続き各地にMTGプラントを建設している[15]。さらに、ExxonMobil社は中国Sinopec社と共同で、より反応効率の優れる流動床でのMTG技術の商用化、および、中国国産のMTGプロセスの開発にも取り組んでいる[14]。

なお、アメリカでは、安価なシェールガスを利用して、MTGプロセスによるガソリン生産が計画されたが、実現はされていない。

6　**オクタン価**　ガソリンのエンジン内での自己着火のしにくさ、ノッキングの起こりにくさ（アンチノック性）を示す数値であり、高いほどノッキングが起こりにくい（レギュラー89以上、ハイオク96以上）。高オクタン価燃料ほど、エンジン圧縮比が上げられエンジンの高出力化が可能である。軽油等のディーゼル燃料では、このノック性を示す数値としてセタン価が利用される。セタン価60はオクタン価0に，セタン価0はオクタン価100に相当する。

5.6 メタノールエコノミー

1 世界のメタノールの燃料としての利用状況

メタノールは、実は世界では、すでに燃料として利用されている（5章5節参照）。ヨーロッパのアイスランド、イギリス、ニュージーランドではM3としてガソリンに混合することが許されている。ドイツ、デンマーク、ロシア、イラン、オランダ、スイス、エジプトなどでもメタノール混合ガソリンの実証が行われているところである。

中国でもガソリンに混合して、主にM15などとして利用されている。中国でのメタノールの燃料利用は**図5.11**に示すように、年々急増している。2015年時点ですでに約2,300万トン／年に達しており、中国メタノール市場の半分程度はこの燃料用途の増大に因るものと考えられる。

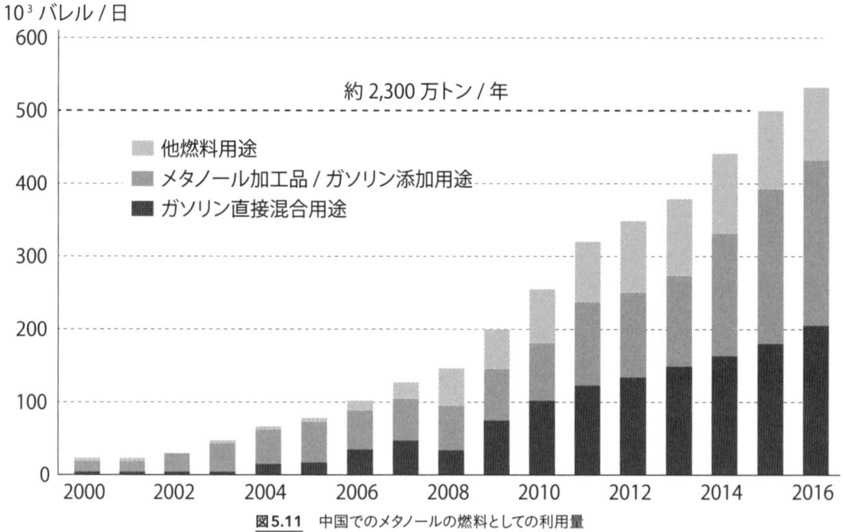

図5.11 中国でのメタノールの燃料としての利用量
出典：U.S. EIA（米国エネルギー情報局）「Today in Energy」（2017.2.23）[16]をもとに作成

メタノールは自動車用燃料（ガソリン代替）利用において次のメリットがある。

- 煤煙は少なく、オクタン価が106と高いため出力、効率が向上する。
- 毒性はガソリンと同等であり、生物分解もしやすい。
- 既存インフラが活用しやすい。

また、最近では、排ガス規制の厳しくなった船舶用燃料（軽油代替）として利用され始めている。SOxを99%、NOxを60%、煤塵粒子を95%以上削減可能といわれる。

2 メタノールの燃料としての価格

エネルギーの世界において、メタノールの燃料価格は一体いくらであろうか。原油、天然ガス、石炭、メタノールのエネルギー価格を比較してみよう。**図5.12**と**図5.13**に原油（Brent and WTI[1]）／天然ガス（Henry Hub[2]）／石炭（Illinois Basin[3]）、およびメタノールの価格推移を示す。これら発熱量当たりの価格を同一単位系に換算したものを**表5.4**に示す。参考に、水素についても付記した。換算に当たり110円／US$、石炭発熱量26.6 GJ／トン、メタノール発熱量22.7MJ／kg、水素発熱量 12.8MJ／m^3Nを用いた。

表5.4 エネルギー価格の比較

換算単位	原油	天然ガス	石炭	メタノール	水素[5]
MMBtu	US$5～20/MMBtu	US$2～12/MMBtu	－	－	－
トン	－	－	US$25～100/トン	US$200～500/トン	－
m^3N	－	－	－	－	20～30円／m^3N
10^3kcal	2.2～8.7円/10^3kcal	0.87～5.2円/10^3kcal	0.44～1.7円/10^3kcal	4.1～10.1円/10^3kcal	6.6～9.8円/10^3kcal
kWh	1.9～7.5円／kWh	0.75～4.5円／kWh[4]	0.37～1.5円／kWh	3.5～8.7円／kWh	5.6～8.5円／kWh

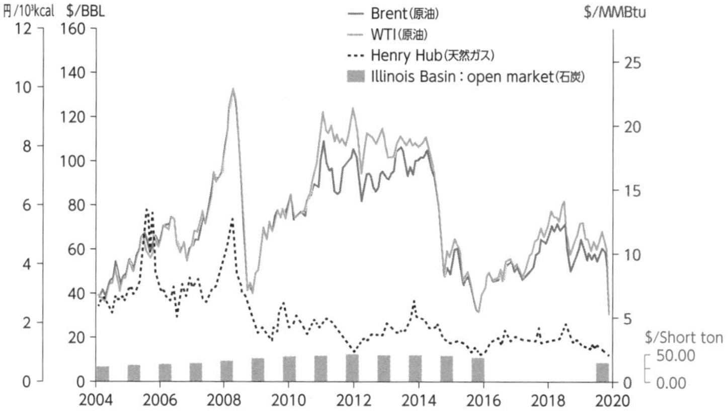

図5.12 原油（Brent and WTI）、天然ガス（Henry Hub）、石炭（Illinois Basin）価格推移
出典：米国エネルギー情報局（EIA）[17]のデータをもとに作成

1 **Brent and WTI** 石油取引価格の指標で、Brentは北海ブレント油田などからの油、WTIは、ウェスト・テキサス・インターミディエイトの略で、主にアメリカテキサス州、ルイジアナ州、ノースダコタ州の油田からの油である。

2 **Henry Hub** アメリカ南部ルイジアナ州の天然ガスの集積の地名。アメリカの天然ガス取引価格の指標の名称の由来となっている。

3 **Illinois Basin** アメリカの石炭価格は地域ごとに指標がある。中西部イリノイ州周辺の炭田からの石炭の取引価格。

4 **天然ガス**は、さらに輸送コストでUS$6／MMBtu=2.6円／$10^3$kcal=2.3円／kWh程度がかかる。

5 **水素価格**は、国の水素基本戦略における目標価格。

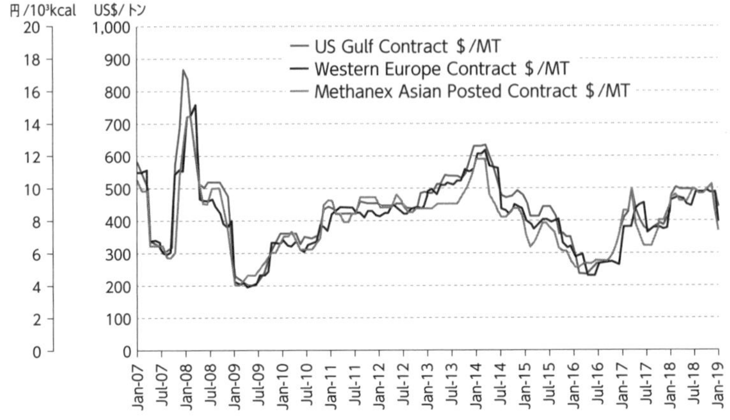

図5.13　世界のメタノール取引価格の比較

出典：METHANEX CORPORATION「ANNUAL INFORMATION FORM」（2019.3.11）[18]をもとに作成

メタノールは、現状、天然ガスを改質して製造されるためエネルギー源としては高くなるものの、水素と同程度である。しかし、われわれ消費者はこれらを直接購入しているわけではなく、種々の産業プロセスを経て燃料、電気という形で消費している。そこで、われわれになじみの深いディーゼル油（軽油）、ガソリン、電気を実際いくらで購入しているかを**表5.5**にまとめた。これら値は税金を含んではいるが、われわれ消費者は一次エネルギー取引価格の10～20倍でエネルギーを購入している訳で、市場導入の方法論を考える上で重要な数値となる。

表5.5　各国の軽油、ガソリン、電気料金

国	ディーゼル油価格（2020.4）			ガソリン価格（2020.4）			電気料金（2019.9）			
							産業		民生	
	$／L (liter)	円／L (liter)	円／kWh	$／L (liter)	円／L (liter)	円／kWh	$／kWh	円／kWh	$／kWh	円／kWh
日本	1.01	111	11.1	1.19	131	14.3	0.21	23.1	0.28	30.8
アメリカ	0.68	75	7.5	0.61	67	7.3	0.11	12.1	0.15	16.5
中国	0.72	79	7.9	0.83	91	10	0.09	9.9	0.08	8.8
スペイン	1.12	123	12.3	1.21	133	14.6	0.14	15.4	0.23	25.3
ドイツ	1.21	133	13.3	1.32	145	15.9	0.13	14.3	0.35	38.5
オランダ	1.34	147	14.7	1.62	178	19.5	0.13	14.3	0.24	26.4
フランス	1.35	149	14.8	1.39	153	16.7	0.13	14.3	0.19	20.9
スウェーデン	1.41	155	15.5	1.26	139	15.2	—	—	0.18	19.8
イギリス	1.43	157	15.7	1.37	151	16.5	0.19	20.9	0.23	25.3
イタリア	1.46	161	16.0	1.58	174	19.0	0.21	23.1	0.26	28.6
ノルウェー	1.41	155	15.5	1.44	158	17.3	—	—	0.11	12.1
アイスランド	1.48	163	16.3	1.38	152	16.6	0.06	6.6	0.12	13.2

（注）ディーゼル油熱量：43.3MJ／kg、ガソリン熱量：44.9MJ／kg、ディーゼル油比重：0.833、為替：110円／$

出典：Global Petrol Prices（2020）[19]をもとに作成

欧州は総じて燃料価格が高い。そこに、メタノール燃料上市の可能性が伺える。アメリカでは、軽油、ガソリンとも非常に安く、メタノール燃料を導入するインセンティブは全く働かないであろう。中国は、自国産出の豊富な石炭を利用しメタノールを製造しているため価格競争力があり、需要が急速に伸びてきた一因と考えられる。

3 メタノールエコノミーのコンセプト

現在、欧州を中心に、CO_2フリー燃料としてメタノールの更なる導入が考えられている。このコンセプトを**図5.14**に示す。化石燃料を使用して排出されたCO_2を回収し、再生可能エネルギーを利用してメタノールを合成し、化石燃料の代わりに利用していこうというものである。

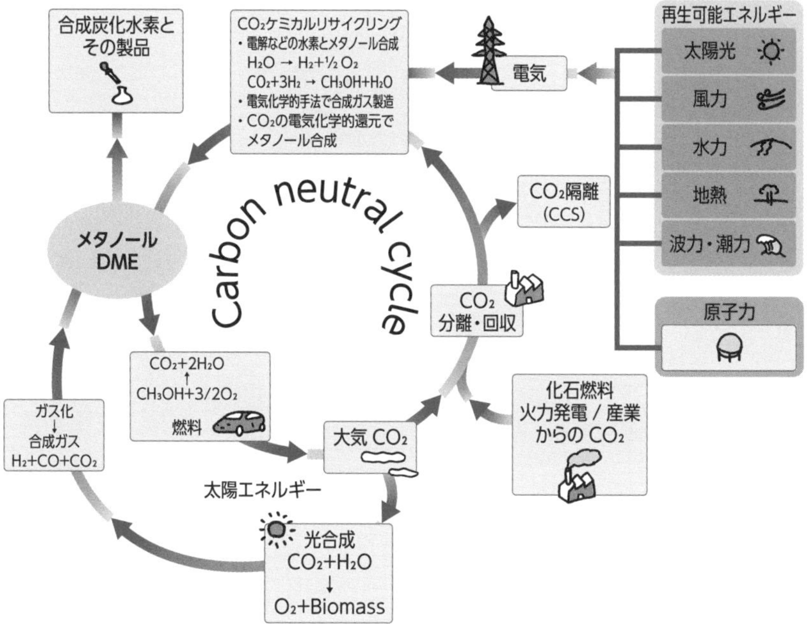

図5.14 メタノールエコノミー（メタノール経済社会）
出典：George A. Olah et al, の論文[20]をもとに作成

このコンセプトは、1994年にノーベル化学賞を受賞したジョージ・オラー博士が、2008年有機化学ジャーナルに発表した「Chemical Recycling of Carbon Dioxide to Methanol and Dimethyl Ether：From Greenhouse Gas to Renewable, Environmentally Carbon Neutral Fuels and Synthetic Hydrocarbons」の論文中でメタノールエコノミー（メタノール経済社会）として紹介されている。メタノールによるカーボンサイクルを組む上で、既存の化成品向けメタノール市場は小さいため、燃料用メタノールとしての市場構築に主眼が置かれている。中国ではすでに自動車用燃料市場ができており、また太陽光から安い電力調達も可能である。

また、ヨーロッパでは、アイスランドで地熱を利用したメタノール合成が商用化されており、ノルウェーでは、安い水力発電電力を利用することも模索されている（5章13節参照）。CO_2フリー燃料であるメタノールによる経済社会は、いくつかの国では、すぐにも構築できる状況にあると考えられる。

日本は、果たしてどういうエネルギーの安定供給と確保、同時に早期のCO_2削減を図っていく道を進むべきであろうか。

5.7 燃料油

1 石油からの燃料油

燃料油[21]とは、原油を蒸留プロセスにて成分の沸点の違いで分留し、ナフサ、ガソリン、ジェット燃料、灯油、軽油、および重油のようにボイラー燃焼やエンジン燃焼などに用いられる油の総称である。このほかに、図5.15に示すように、石油製品には、潤滑油、および溶剤、アスファルト、ワックスのような特殊品などがある。これらは、図5.16に示す石油精製プロセスにより原油を蒸留、改質して製造される。

ここでは石油製品の内、燃料油について概説する。

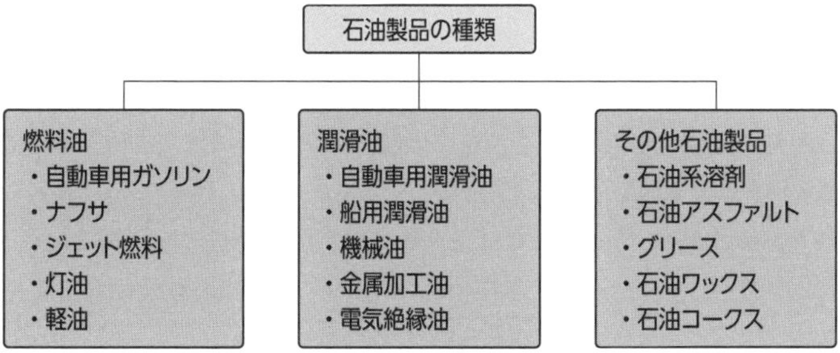

図5.15 石油製品の種類

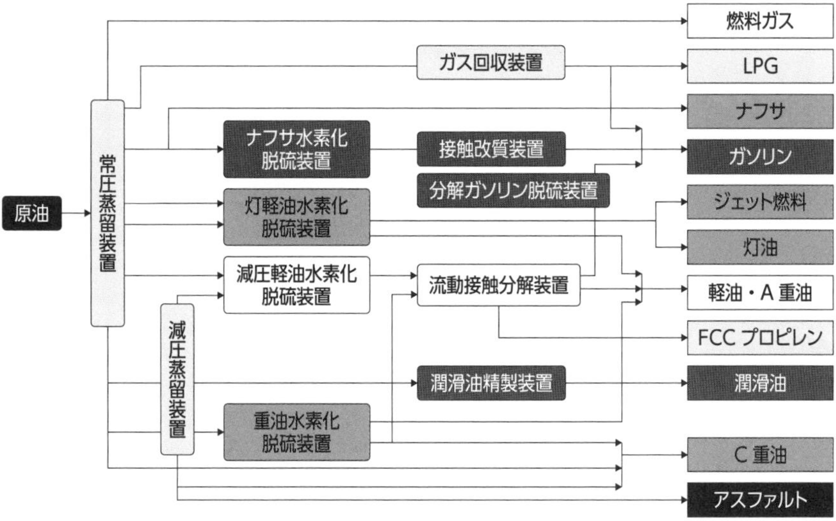

図5.16 石油精製プロセス
出典：株式会社東京商品取引所「石油取引の基礎知識」[22]をもとに作成

❶ 自動車用ガソリン

火花点火式内燃機関（ガソリンエンジン）用燃料として広く使用されている。JIS規格（JIS K2202）では、オクタン価[1]の違いにより、プレミアムガソリン（1号：オクタン価96以上）とレギュラーガソリン（2号：オクタン価89以上）に分類され、その組成は、主に炭素数4～10の炭化水素成分で構成される。

❷ ナフサ

分留範囲が30～230℃の直留軽質留分を総称してナフサと呼ぶ。ナフサは密度が小さく、揮発性に富み、硫黄分が少ない。ナフサの多くは石油化学原料（ペトケミナフサ）として利用され、エチレン、プロピレン、BTX（ベンゼン・トルエン・キシレン）などが製造される。そのほかに、都市ガス原料（ガスナフサ）や、ボイラー燃料（燃料用ナフサ）にも使える。原油、または重油を少量混ぜた燃料用ナフサは、変成ナフサとも呼ばれる。

❸ ジェット燃料

ジェット燃料は、沸点範囲がガソリン留分から灯油留分にまたがる広沸点範囲型と、灯油留分の沸点範囲を有する灯油型に分けられる。これらには厳しい製造規格、輸送・貯蔵における品質管理が要求される。性能的には、適切な沸点範囲を有し燃焼性がよく、煤（すす）が生成しにくいこと、水、ゴミなどの不純物の少ないことなどが要求される。微量の水の凍結を防ぐ氷結防止剤、細菌の繁殖を防ぐ殺菌剤、ガムの発生を防ぐ酸化防止剤などの添加剤が加えられている。

❹ 灯油

灯油の分留範囲は145～270℃程度で、炭素数11～13を中心とする炭化水素成分で構成される。引火点は40℃以上あり、引火の危険は少なく、取扱いも容易である。JIS規格（JIS K 2203－2009）では、硫黄分重量や蒸留性状留出温度の違いにより1号は家庭用灯油、2号は動力用発動機、溶剤、機械洗浄用灯油に分類されるが、2号灯油は現在ほとんど生産されていない。灯芯を使う石油ストーブ用の灯油には、燃焼性がよく、煤や煙が出ず、臭いのないことなどが要求される。

❺ 軽油

軽油は、沸点範囲がおよそ170～370℃の炭化水素成分で構成され、ディーゼルエンジン用燃料や、ボイラーなどの加熱用燃料として使用される。JIS規格（JIS K 2204）は、流動

1　**オクタン価**　ガソリンエンジン内でのノッキングの起こりにくさを示す値で、高いほどノッキンングが起こりにくい。イソオクタンのオクタン価を100、n－ヘプタンを0とし、試料のガソリンと同一の耐ノック性を示すイソオクタンの割合をその試料のオクタン価とする。

点の違いにより5種類に分類され、夏期用や冬期用のものがある。軽油の強制規格には、硫黄分、セタン指数を初めとする9項目が定められている。軽油の性状は、着火性（セタン価[2]）、動粘度、低温特性、潤滑性、硫黄分で特徴づけられる。硫黄分について、10wt ppm以下のものは「サルファーフリー軽油」とも呼ばれる。

❻ 重油

重油は、蒸留残油、または蒸留残油と軽油留分とを混合したものであり、硫黄含有量は約0.1～3.5wt%、無機化合物の灰分は約0.03wt%以下である。その分類は、動粘度の違いによりA重油（JIS K 2205、1種）、B重油（同、2種）C重油（同、3種）の3種類に大別される。用途としては、ボイラー用、船舶用ディーゼルエンジン用、窯業炉用燃料などとして、それぞれ利用されている。

2 合成した燃料油

世界では、過去、石油需要の増大による供給不安の懸念から、燃料油を天然ガスや石炭、バイオマスから合成する技術を開発してきた。そして現在、さらにCO_2と再生可能エネルギーを利用してCO_2フリー燃料油を合成する技術開発が進められている。この時の製造原料から合成液体燃料までのフローを**図5.17**に示す。

ここでは、バイオマス以外のCO_2フリー燃料油として有望な①合成灯軽油（フィッシャー・トロプシュ（FT：Fischer－Tropsch）合成油）、②メタノール、③ジメチルエーテル（DME：Dimethyl Ether）、④オキシメチレンエーテル（OME：Oxymethylen Ether）について整理した。

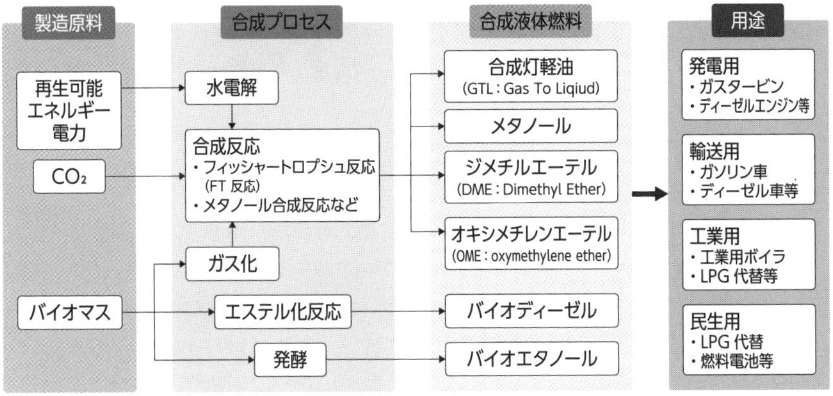

図5.17 CO_2フリーな燃料油

2 **セタン価** 軽油のディーゼルエンジンでの自己着火性のしやすさの指標。15～100の範囲で、高いほど自己着火しやすい。n－セタンを100、イソセタンを15として、混合物中のセタンの割合をその試料のセタン価とする。

❶ 合成灯軽油燃料（FT合成油）

ここでいう合成灯軽油燃料とは、再生可能エネルギー電力を利用して製造した水素（再生可能エネルギーH_2）とCO_2排出源から分離・回収されたCO_2で製造された液体燃料のことであり、現在実証試験が世界中で行われている。この燃料には硫黄分や芳香族分が含まれず、窒素酸化物（NOx）やPM排出量も少なくディーゼル自動車用燃料として期待されている。合成技術には、主に軽油を製造する低温FT合成とガソリンを製造する高温FT合成がある。低温FT合成の基本反応式は以下の通りである。

$$nCO + (2n+1)H_2 \rightarrow C_nH_{2n+2} + 2H_2O$$

$$CO + H_2O \rightleftarrows CO_2 + H_2$$

なお、天然ガスの改質ガスなどからのFT反応による燃料合成は、マレーシアやカタールですでに商業化されている。日本でも、2006年に日本GTL技術研究組合が設立され、技術開発が行われた（コラム4を参照）。

❷ メタノール（CH_3OH）

メタノールは、現在、天然ガスの改質ガスや石炭ガス化ガスから製造され、これらの合成技術はすでに確立され商用化されている。なお、再生可能エネルギーH_2と分離・回収CO_2からの合成技術については、現在、実証開発段階にある。その製法、特徴については、5章5節、6節に詳説している。

世界では、メタノールは、化成品の基幹原料としての市場は確立しているが、オクタン価が106と高いこともあり、ガソリン混合用燃料市場として普及が進められている。その本格的な普及には、CO_2分離・回収、輸送、メタノール合成、利用技術など一貫した新たなエネルギーシステムの構築が必要である。

❸ ジメチルエーテル（CH_3OCH_3）

ジメチルエーテル（DME：Dimethyl Ether）は、液化石油ガス（LPG）に似た性質をもち、常温で約6気圧に加圧、あるいは大気圧下で–25℃に冷却すると容易に液化するため、貯蔵、輸送は比較的容易である。硫黄を含まず、クリーンな燃料で、着火・燃焼特性も良く、人体への影響もないが、熱量、潤滑性は軽油に比べて低い。DMEはLPGより引火性が低く、エアロゾルスプレーの溶剤兼噴射剤などに使われ、現在の需要は、日本では噴射剤などとして1万トン／年程度、世界では、15万トン／年程度である。

セタン価が55～60と軽油と同等であるため、日本では、2000年代にDME充填ステーションの設置、大型・小型ディーゼルエンジンでの試験やトラックやバスの実証試験が行われた。現状、製造技術には、間接合成法と直接合成法の2つがあり、前者は、メタノールを脱水して作る「メタノール脱水法」で次の反応式で示され商業化されている。

$$2CH_3OH \rightarrow CH_3OCH_3\ (DME) + H_2O$$

後者は、COとH_2から下記反応式に示す一段の反応工程で合成するため、前者よりエネルギー効率が高い。JFEグループが中心となり、有限会社ディーエムイー開発が釧路で100トン／日規模の実証プラントによる開発研究が行われた。

$$3CO + 3H_2 \rightarrow CH_3OCH_3\ (DME) + CO_2$$

本格的に燃料として利用するには、製造技術は確立されているが、メタノールと同様、新たなエネルギーシステムの構築が必要である。

❹ オキシメチレンエーテル（$CH_3O[CH_2O]nCH_3$：n＝2～5）

オキシメチレンエーテル（OME：Polyoxymethylene dimethyl ethers）とは、メタノールを脱水、オリゴマー化（重合化）したもので、常温で液体のためDMEよりもさらに取り扱いやすい。**表5.6**に分子構造と性状を示す。重合が進むと沸点とセタン価が軽油に近づき（$OME_{3\sim5}$）、軽油代替燃料として利用できる。また、人体への影響もなく、腐食性も持たない。最近、欧州で研究開発が始まり、中国では、近年急速に特許数が増加している。

表5.6 各種OMEの分子構造と性状

分子構造		沸点（℃）	密度20℃（kg／m³）	セタン価
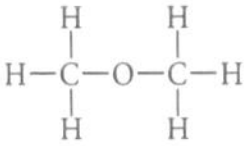	OME_0 Dimethyl ether (DME)	−24	735（−25℃）	55
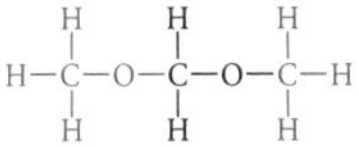	OME_1 Dimethoxymethane Methylal (DMM)	42	859	28
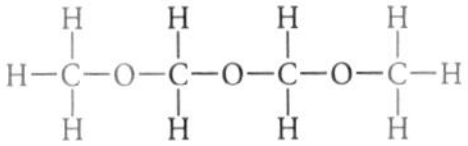	OME_2	105	977	68
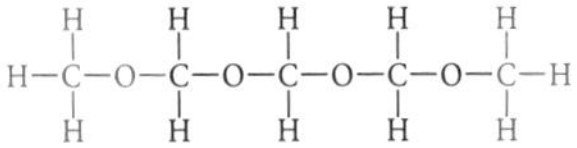	OME_3	156	1030	72
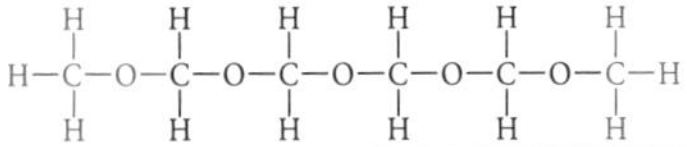	OME_4	202	1074	84
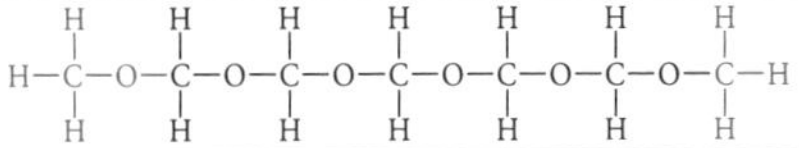	OME_5	242	1106	93
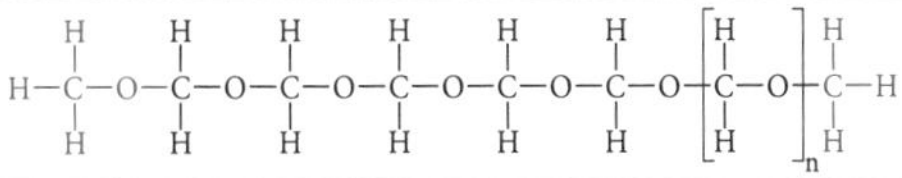	$OME_{>5}$	ワックス状	—	

OMEの製法はまだ研究中の段階であるが、1つの手法を**図5.18**に示す。メタノールの酸化でホルムアルデヒドを合成後（$CH_3OH + O_2 \rightarrow CH_2O + H_2O$)、重合・エーテル化を経てOME混合液を生成させる。未反応のメタノール、ホルムアルデヒドは循環利用される。合成された軽油相当の$OME_{3\sim5}$だけが分離される。この製法は水が絡む反応系だが、絡まない反応系も研究されている。

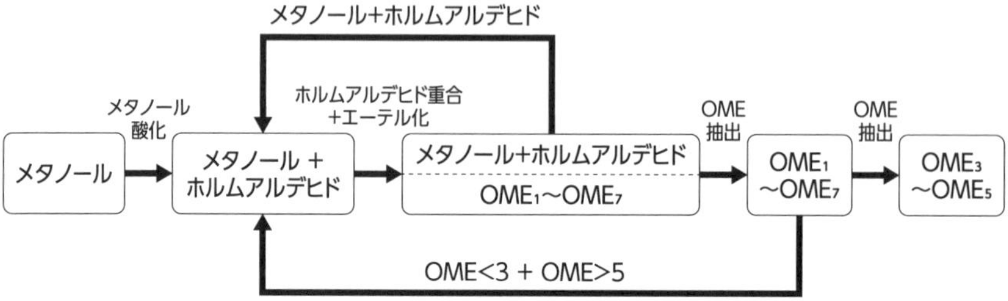

図5.18 OME合成方法の一例

3 燃料油の位置づけ

1712年のイギリスでの産業革命以来、人類は石炭、石油、天然ガスを原料に、炭化水素系燃料を使い始め生産能力を飛躍的に向上させてきた。その過程で1973年の第一次オイルショック、1978年の第二次オイルショックを契機に、エネルギー安定供給確保の観点から合成燃料油が次々と開発されてきた。そこには、内燃機関のオットーサイクル（ガソリン)、ディーゼルサイクル（軽油）を使いこなすための指標がある。**図5.19**に従来燃料油、合成燃料油のオクタン価、セタン価の分布図を、**表5.7**にこれら燃料油の物性値を示す。オクタン価はガソリン代替、セタン価は軽油代替の大きな指標となる。

化石燃料資源を利用し続ける限り、CO_2排出量は増加していく。300年以上の歴史ある熱機関を今後も活用していくために、再生可能エネルギーを利用した合成燃料油を使いこなす時代がいずれ到来すると思われる。そこで排出されるCO_2を分離・回収し、リサイクルするエネルギーシステムの構築が重要となってくるであろう。

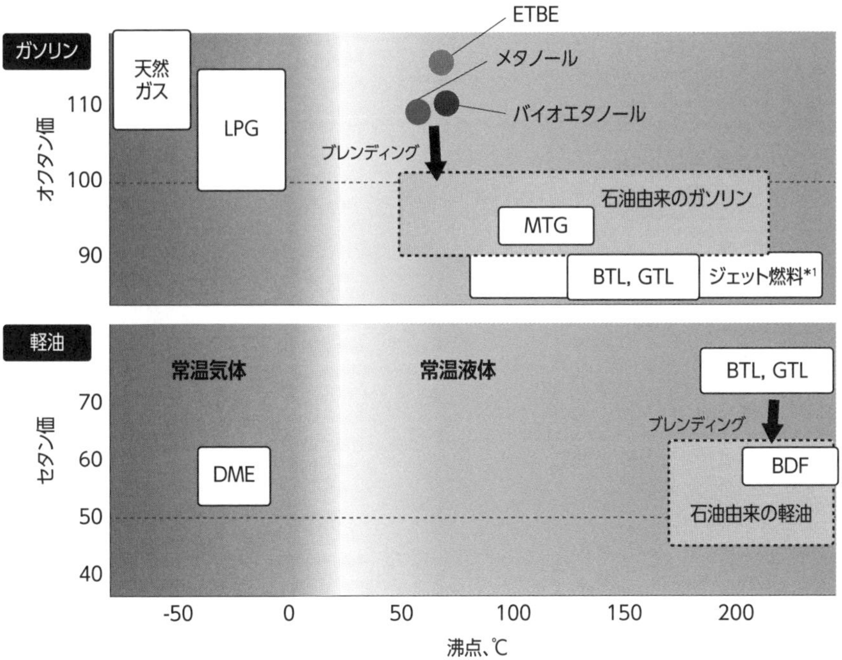

*1 ジェット燃料の沸点範囲は、広沸点範囲型を示す。

図5.19 セタン価、オクタン価による各種合成燃料油の位置づけ

表5.7 各種燃料油などの物性値例

項目	OME_{3-4}	DME	軽油	灯油	ジェット燃料*1	プロパン	メタノール	エタノール	ガソリン
式	$CH_3O[CH_2O]_3$ $\sim_4CH_3$	CH_3OCH_3	−	−	−	C_3H_8	CH_3OH	C_2H_5OH	−
沸点(℃)	155／200	−25.1	180～360	170～250	200～280	−42	64.6	79	30～200
液密度(g／cm^3)	1.04	0.67	0.84	0.79	0.78	0.49	0.79	0.79	0.75
低位発熱量(MJ／kg)	18	28.8	42.7	46.2	46.6	46.4	20.1	26.8	44.4
引火点(℃)	54	−41	＞55	40～60	37.8	−104.4	11	−	−20～−40
セタン価	72～84	55～60	45～55	49	灯油同等	5	5	−	−
オクタン価	−	−	−	40	ガソリン灯油混合同等	112	106	113	100～89
自然発火温度(℃)	−	350	250	220	210	470	450	420	約300

*1 ジェット燃料の内、灯油型を示す。

Column 4
Gas to Liquids（GTL）技術

GTL技術は、1923年にドイツでフランツ・フィッシャーとハンス・トロプシュにより発明されたのでFT合成と呼ばれる。第一次世界大戦の敗戦国ドイツは、海外に植民地を持たず、利用可能なエネルギー資源は、フランス国境付近のアルザス・ロレーヌ地域の石炭のみであった。このことが､石炭の合成ガスからの軍需向け燃料合成、タイヤ原料の合成ゴム（ポリブタジエン)、空気中窒素とのアンモニア合成（ハーバー・ボッシュ）から火薬原料の硝石の製造に至るまで､ドイツの化学技術に発展をもたらした。現在､これら技術を基にカタールでORYX GTL社、QATAR SHELL GTL社などが軽油などを生産している。

日本でも2006年10月、当時の国際石油開発株式会社／新日本石油株式会社／石油資源開発株式会社／コスモ石油株式会社／新日鉄エンジニアリング株式会社／千代田化工建設株式会社が「日本ＧＴＬ技術研究組合」を設立し、(独法）石油天然ガス・金属鉱物資源機構（JOGMEC）と共同で、天然ガスの液体燃料化技術（JAPAN－GTL技術）の開発に取り組んできた。これは、当時世界的に天然ガスの権益取得が争われる中、GTL技術を独占するサソール社とシェル社に対抗し、比較的埋蔵量が少なく、随伴CO_2量の多い（10％以上）中小ガス田を持つ資源国と有利に交渉をするためであった。

このGTL実証設備（製造量：500バレル／日（約80kL／日））が新潟市東港工業団地に建設され、約3年間で約11,000時間の実証運転と、3,000時間以上の連続運転が行われた。この技術の特徴は、天然ガス中のCO_2を除去せず、そのままメタン合成に利用する「ドライリフォーミング」技術であった。製造したGTL軽油を用い、約3ヶ月半の都バスの走行試験も行われた。経済的にも適用可能な天然ガス有効利用技術として評価がなされている。

コラム図5.2　GTLプラント外観　　JAPAN－GTL軽油による都バス実証走行
資料提供：独立行政法人石油天然ガス・金属鉱物資源機構（JOGMEC）
出典：JOGMEC石油・天然ガス情報「天然ガスから液体燃料を製造する」（GTL技術）

5.8 バイオ燃料とは

1 バイオ燃料の製造方法

バイオ燃料とは、その名の通りバイオマス[1]を原料として製造される燃料のことで、化石資源を代替し、一次エネルギー消費量の削減およびCO_2排出量の削減に資するという視点から、導入に向けてのさまざまな取り組みが行われている。

バイオ燃料には、液体のバイオディーゼル、バイオエタノール（バイオアルコール）、バイオジェット燃料、気体のバイオガス、固体のバイオコークスなど、さまざまな種類がある。**図5.20**は、これらの原料、転換方法、製品までの一連の流れを表している。

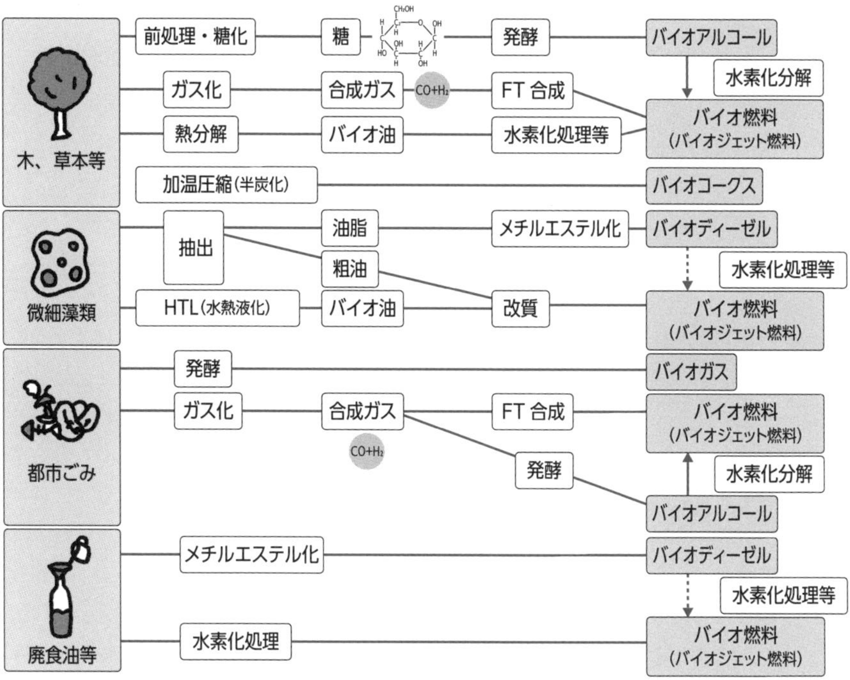

図5.20 バイオ燃料の製造フロー
出典：新エネルギー・産業技術総合開発機構（NEDO）
TSC Foresight Vol.21「次世代バイオ燃料分野の技術戦略策定に向けて」[23]をもとに作成

1 **バイオマス** 再生可能な生物由来の有機性資源で化石燃料を除いたもの（農林水産省「バイオマス・ニッポン総合戦略」、2002年12月閣議決定、2006年3月改定より）。

2 バイオディーゼル燃料

バイオディーゼル燃料（BDF：Bio Diesel Fuel）は、動植物性油脂を処理して得られる軽油代替燃料のことを指す。油脂をメタノールで処理して得られる脂肪酸メチルエステル（FAME：Fatty Acid Methyl Ester）のことを第一世代、油脂に水素添加して脱酸素処理した炭化水素燃料を第二世代、そしてバイオマスをCOとH_2の合成ガスに転換して、FT反応で液化合成する方法（BTL：Biomass to Liquid）で得られる炭化水素燃料を第三世代と呼ぶ。海外では第二世代と第三世代をまとめて第二世代と呼ぶこともある。

すでに商用化されている第一世代は、**図5.21**のようにアルカリ触媒（水酸化カリウムや水酸化ナトリウムなど）を利用して、トリグリセリドとメタノールをエステル交換して、FAMEを生成する。

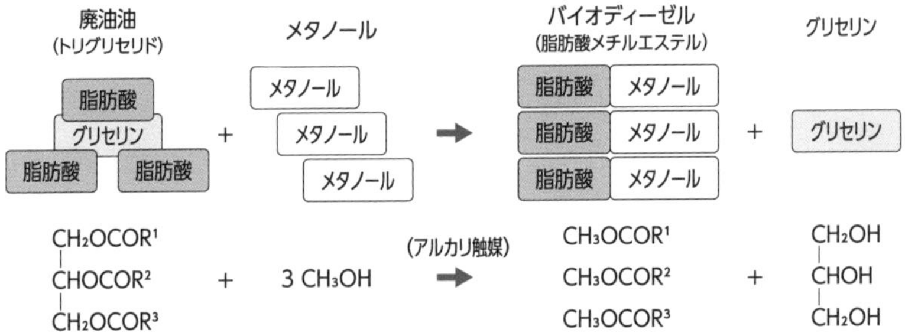

図5.21 アルカリ触媒法による脂肪酸メチルエステル反応
出典：鮫島 正浩（他）「バイオ液体燃料」エヌ・ティー・エス（2007）[24]をもとに作成

世界のBDF生産量は約4,475万トン（2019年）である。EUでは菜種から、アメリカ、アルゼンチン、ブラジルでは大豆油、インドネシアやマレーシアではパーム油、フィリピンではココナッツなどから製造されている。日本では、1990年代から菜種や廃食油からのBDF製造量が増え、京都市では資源ごみ収集車を200台以上走らせている。

BDFは引火点が低いため、軽油代替としてディーゼル機関でそのまま使用することができ、バイオマスが原料のためカーボンニュートラル[2]としてカウントできる。BDFは軽油に混合して使用するのが一般的で、その混合比によってB5（5vol%[3]）、B10（10vol%）、B30（30vol%）などと表記する。日本ではB5の品質が規格化されている。

日本の軽油消費量は年間約4,000万kL程度であり、このうち5%をBDFで代替すると約200万kLのBDFが必要となる。一方、国内の廃食用油のうちBDFの原料として利用可能な量は年間約5万kLといわれている。

---

2 **カーボンニュートラル** 植物由来の燃料や原料の燃焼、分解によって排出されるCO_2量と、植物が成長過程で吸収したCO_2量が釣り合うことを指す。

3 **vol%** 体積％のこと。

3 バイオエタノール

① バイオエタノールの原料

バイオエタノールは、バイオマスから製造するエタノールのことで、石油や天然ガスから製造される合成エタノールと区別している。現在、世界で生産されているエタノールの90%以上は砂糖や穀物を原料としたバイオエタノールである。

糖質原料(サトウキビなど)を原料にしたバイオエタノールを第一世代、でんぷん質原料(トウモロコシなど）を利用したものを第二世代、そしてもっとも製造難易度が高いとされるセルロース系原料（稲わらなど）を利用したものを第三世代と呼んでいる。糖質とでんぷん質の原料由来をまとめて第一世代、非可食性であるセルロース系原料由来を第二世代と呼ぶこともある。

② バイオエタノールの製造方法

図5.22にバイオマスからのエタノール製造のプロセスを示す。糖質原料は糖化工程が不要で収率も高く、製造難易度が低いため、すでに技術確立している。でんぷん質原料についても、アミラーゼを主とする糖化技術がすでに確立し、アメリカを中心に大量生産に成功している。

セルロース系原料はセルロース、ヘミセルロース、リグニンから成るが、リグニンは構成単位が糖でないためにエタノールを作れず、セルロースやヘミセルロースから分離する必要がある。そのため、さまざまな前処理法が開発されている。

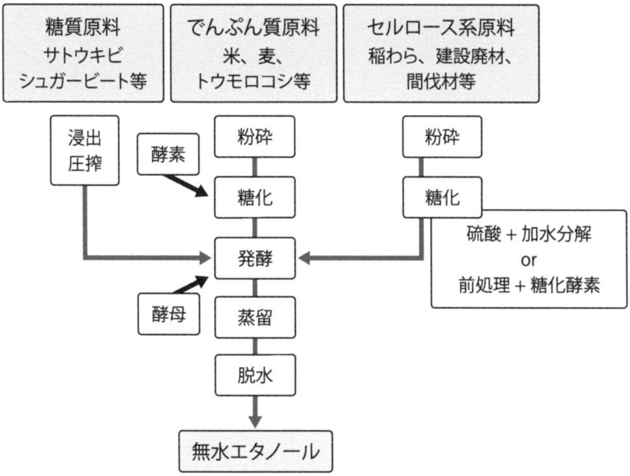

図5.22 バイオマスからのエタノール製造工程
出典：近藤 昭彦、植田 充美 監修、「セルロース系バイオエタノール製造技術～食料クライシス回避のために～」エヌ・ティー・エス（2010）[25] をもとに作成

③ バイオエタノールの用途と市場

エタノール濃度は、発酵工程で約6～10%、さらに蒸留工程、脱水工程を経て99.5%まで濃度を高めてガソリンと混合する。ガソリンとの混合比によってE5（5%）、E10（10%）などと表記している。北米の一般車両はE10対応、ブラジルではすべてE25対応となっている。EUはディーゼル車が多いためBDFが主流である。

エタノールは水との相溶性が高く、ガソリンに水分が混入すると、タンク内で容易に分離してエンジンの始動性の悪化や燃料不良によるノッキング、ガソリンタンクの腐食など、さまざまな悪影響を及ぼす。そこで、フランスやスペインでは、バイオエタノールとイソブテンと反応させたETBE（Ethyl Tertiary Butyl Ether：$C_2H_5OC(CH_3)_3$）が利用されている。日本では、ETBEの混合比は、品確法[4]の基準を超えない範囲で調整されており、7vol%（バイオエタノール3%、イソブテン4%）となっている。

元々は、エタノールよりも安価なメタノールを利用したMTBE（Methyl Tertiary Butyl Ether：$CH_3OC(CH_3)_3$）が利用されていたが、MTBEがタンクなどから漏れて、土壌や地下水の汚染を引き起こしたことから、アメリカで使用禁止となり、その代わりとして、ETBEの導入が進められた。

世界のバイオエタノール生産量は約1億kLであるが、アメリカが約5,500万kL、ブラジルが約2,800万kLを生産しており、この2国で7割以上を占める。日本では2017年度までに原油換算で50万kLの導入目標が掲げられ[5]、その結果、2010年に22.3万kL（原油換算）であった導入量が2017年度には49.3万kLに達した。しかし、ほぼ全量をETBEとして輸入しており、自給率は0.1%であった。

バイオエタノールの主用途は自動車燃料であり、混合した分のガソリン代替量がCO_2排出削減量として換算される。世界で生産されている約1億kLのバイオエタノールをすべて自動車燃料の代替として使用すれば、ガソリン消費量の削減量として約2.3億トンのCO_2削減効果が得られる。

4 バイオジェット燃料

① バイオジェット燃料の用途

バイオ燃料が、その特徴を最大限に活かし、低炭素化に貢献できるのは主に運輸部門である。その中でも、航空分野は電気や水素のような他の低炭素なエネルギー媒体に代替するこ

4 **品確法** 揮発油等の品質の確保等に関する法律。

5 **バイオエタノール50万kLの利用** エネルギー供給構造高度化法（2009年7月法案成立）より。

6 **温室効果ガス排出量削減の目標** ICAOは2050年まで燃費を年平均2%改善することと、2020年以降の温室効果ガス総排出量を頭打ちにすること、IATAは2020年までに燃費を年平均1.5%改善するとともに、2050年までに2005年度比50%削減する目標をそれぞれ掲げている。

とが困難である。そこで航空用代替燃料としてバイオジェット燃料の開発が脚光を浴びている。年々増加する航空需要に対し、ICAO（International Civil Aviation Organization：国際民間航空機関）やIATA（International Air Transport Association：国際航空運送協会）は意欲的な温室効果ガス排出量削減の目標[6]を掲げている。その目標達成のために、燃費向上はもちろんのこと、バイオジェット燃料導入の早期実現に大きな期待が寄せられている。

❷ バイオジェット燃料の原料と製造方法

ジェット燃料はケロシンが主成分で灯油とほぼ同じである（5章7節参照）[7]。バイオジェット燃料の製造における原料には、①セルロース系バイオマス、②微細藻類、③都市ごみ、④廃食油・植物油がある。セルロース系バイオマスを原料にする場合は、BTL（Biomass to Liquid）が主流であるが、前処理と糖化を経て発酵によりバイオエタノールなどのアルコールから製造することもできる。この方法はATJ（Alcohol to Jet）と呼ばれている。第二次世界大戦中に盛んであったバイオブタノール製造法（ABE発酵法）も最近になって見直されている。RITE（地球環境産業技術研究機構）は同法を改良したコリネ型菌によるバイオブタノール発酵法を開発し、回収古着を原料にバイオジェット燃料を製造している[8]。

微細藻類は、大きさが数μm程度の藻類のことで、単位面積当たりの油脂収量が非常に大きいことが特徴で、3800～50,800L／ha／年と大豆の450L／ha／年の10～100倍である。微細藻類によるバイオ燃料の生産は、太陽光、CO_2、水、窒素源やミネラル（栄養源）を原料に微細藻類が生長、増殖して、体内に油脂を生産、蓄積することを利用している。

バイオジェット燃料は、**図5.23**のように培養池で成長した微細藻類から油分を分離、抽出して製造する。2020年1月、国内初の「国産バイオジェット燃料」が国際規格ASTM

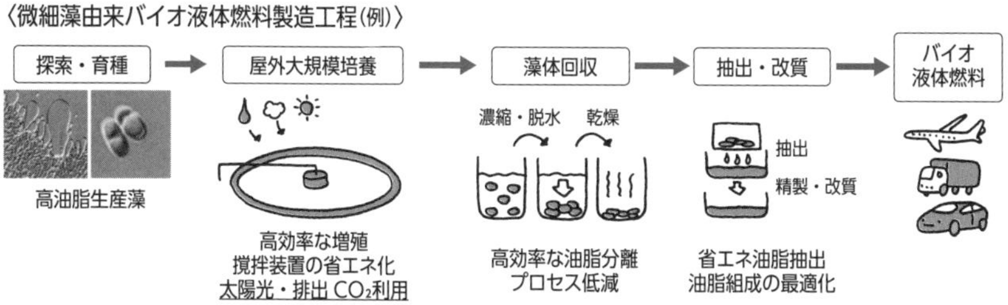

図5.23　微細藻類によるバイオジェット燃料製造フロー
出典：国土交通省・経済産業省「2020年オリンピック・パラリンピック東京大会でのバイオジェット燃料利用に関する検討について」(2015.7)[26]をもとに作成

7　**ジェット燃料の性状**　正確には、灯油よりも若干比重が軽く、低温での氷結、結露を避けるため、水分量を厳格に管理、調整された規格に基づく。また、氷結以外にも、酸化、帯電、腐食、殺菌、金属活性に対する防止剤（添加剤）が添加されている。

8　**回収古着からのバイオジェット燃料の製造**　日本航空、RITE、日本環境設計との共同事業。バイオジェット燃料の国際規格ASTM（American Society for Testing and Materials International）のD7566の要件を満たしているとして、2020年4月に同規格の認証を受けた。

9　**BICプロセス**　「Biofuels ISOCONVERSION Process」の略。

D7566の要件に対して承認された。製造者はユーグレナで、製造技術はアメリカChevron Lummus GlobalとApplied Research Associates（ARA社）が共同開発した独自のバイオ燃料製造技術、通称「BICプロセス」[9]である。国土交通省航空局も正式に国内でも使用を許可している。ユーグレナの製造プラントは、敷地面積約$7,800m^2$、年間125kLの燃料製造能力である。

都市ごみからのバイオジェット燃料の製造法もセルロース系原料と同様にBTLとATJの2通りある。廃食油や植物油などからは、**図5.20**に示したように、バイオディーゼルを改質（水素化処理）する方法や、直接水素化処理する方法でバイオジェット燃料が製造できる。

❸ バイオジェット燃料の開発状況

微細藻類と廃食油を中心に、世界の航空各社がバイオジェット燃料を従来の燃料に50%を上限[10]に混合し、使用した試験飛行や有償飛行を実施している。現在、化石資源由来のジェット燃料の市場価格は100～200円／L[11]で推移しているのに対し、バイオジェット燃料は1,000～2,000円／Lと見積もられている。NEDOは、開発目標として120円／Lを掲げているが、バイオマスの収集運搬から前処理、転換、精製、供給含めてこの価格に収めることは非常に厳しい。

世界のバイオジェット燃料の生産量は、年産約56万トン[12]（2017年）であるが、この全量を化石資源由来のジェット燃料に代替して使用すれば、約170万トンのCO_2排出量を削減できる。現在、航空分野から排出されているCO_2排出量は約5.6億トン（2016年の国際航空輸送分野）であるため、2050年にCO_2排出量を半減するためには、約1億トンのバイオジェット燃料を導入する必要がある。

5 バイオガス

一般的にバイオガスとは、家畜糞尿や食品残渣、下水汚泥などの有機性廃棄物を嫌気性メタン発酵で得られる消化ガスのことを指す。発酵条件にもよるが、消化ガスの組成はおおむねメタンが約60%、CO_2が約40%であり、原料の種類によっては硫化水素などが微量に含まれる。水素発酵によって得られる水素ガスについても、バイオマスが原料であればバイオガスと呼ぶが、メタン発酵によるバイオガスと区別してバイオ水素と呼ぶ。木質バイオマスのガス化によって得られるガス（COとH_2の合成ガス）もバイオマスから得られる気体燃料ではあるが、バイオガスとは呼ばず区別している。

バイオガスは気体燃料ゆえに、遠方への輸送が困難であるため、バイオガス製造設備と需

10 **50%を上限** バイオジェット燃料はASTM（American Society for Testing and Materials International）のD7566の国際規格要件を満たす必要があり、バイオマスから製造したケロシン（いわゆるバイオジェット燃料）の混合比については50%が承認されている。

11 **ジェット燃料の市場価格** 2020年に入って原油価格が大幅に下落しており、40～50円／Lを推移している。

12 **バイオジェット燃料の生産量** 正確には海外の主なバイオジェット燃料の取引契約に基づく供給量の値。

要地（発電設備やボイラー設備など）との距離は必然的に近くなる地産地消型の代替燃料ともいえる。

メタン発酵そのものは1700年代からある古い技術であり、原料を効率良く発酵する菌叢の解析や培養などに関する研究開発、発酵槽内の流動制御などに関する研究開発などは数多くあるものの、常識を覆すような発酵法の開発はほとんどない。むしろさまざまな原料が発酵できるための前処理方法などに関する研究開発が盛んである。また発酵後には原料投入量とほぼ同じ量の消化液が発生するため、別途、消化液の新たな用途開発や廃水処理設備が必要になる。

水素発酵は、クロストリジウム属細菌などが糖を有機物に変換する際に水素を生成するプロセスのことを指すが、原料が糖に限られることや、副生成物として有機酸を生成する反応であるため、例えばメタン発酵の前処理技術として利用されることが多い。

バイオガス利用は、化石燃料代替に加え、地域の廃棄物処理問題やリサイクル問題との関連や意味合いが大きい。広義にはカーボンリサイクル技術の1つとしての位置づけは可能であるが、大規模化は難しく、地域分散型の範疇で導入を考える必要がある。

6 バイオコークス

バイオコークスとはバイオマスを原料とする固形燃料の総称であるが、特に石炭から作られるコークスの代替燃料としての位置づけで定義されることが多い。半炭化（トレファクション）燃料と称されることもある。原料となるバイオマス（例えば、稲わら、もみ殻、木質チップ、お茶殻など）を粉砕し、水分を10%前後に調整したのちに、約20MPaで圧縮後、160～200℃で加熱するとバイオコークスができる。化学的に安定で、体積も1／5～1／10以下となって運搬が容易であるほか、製造過程で残渣の発生がなく高いエネルギー密度を持つ燃料である。国内外で実用に向けた実証試験が進められている。

5.9 必要な再生可能エネルギー

1 水素の利用

エネルギー準位が低く、化石燃料利用後の廃棄物ともいえるCO_2を、もとのエネルギー準位の高いメタンやメタノールに再燃料化するためには、一体どれくらいの再生可能エネルギーが必要なのであろうか（2章1節参照）。

メタネーション反応とメタノール合成反応の化学反応式は、次の通りである。

$$CO_2 + 4H_2 \rightleftarrows CH_4 + 2H_2O \quad \Delta H = -165\ \mathrm{kJ/mol}\ (\text{発熱反応})$$
$$CO_2 + 3H_2 \rightleftarrows CH_3OH + H_2O \quad \Delta H = -58\ \mathrm{kJ/mol}\ (\text{発熱反応})$$

メタンを製造するには、CO_2 1モルに対し4モルの水素が必要である。メタノールはCO_2 1モルに対し、3モルの水素が必要である。

また、水素の燃焼反応と反応熱は次の通りである。

$$H_2 + 1/2O_2 \rightarrow H_2O\ (\text{液}) \quad \Delta H = -286\ \mathrm{kJ/mol}\ (\text{発熱反応})$$

この理論発熱量は、水素1 m^3N当たりに必要な電力である水素製造原単位に換算すれば3.54kWh／m^3N相当である。通常の水電解セルの電解効率は、運転電流密度にもよるが80%程度なので[27]、約4.5 kWh／m^3N程度が水素製造原単位と考えてよい。実際には、太陽光などでは、コンバータ[1]の変換効率なども考慮する必要がある。

図5.2の日本のエネルギーフローにおいて、発電部で石炭が年間3,032 PJ消費されている。これから発生するCO_2の量は、燃料別の二酸化炭素排出量換算係数（一般炭の単位発熱量／CO_2排出量：26.6 GJ／ton／2.409kg－CO_2／kg）を用いれば、おおよそ年間2億7,550万トンとなる。このCO_2をメタン、メタノールに燃料転換するために必要な水素量、電力量、太陽光発電出力、土地面積は**表5.8**の通り試算される。

1 **コンバータ** 直流を直流へ（電圧）変換する装置、交流を直流に変える装置のこと。

表5.8　日本の石炭火力から排出されるCO_2からメタン／メタノール転換に必要な諸値

	メタンにする場合	メタノールにする場合	備考
石炭から排出CO_2量 （万トン／年）	27,550		－
必要水素量（万トン）	約5,000	約3,700	反応式より
水素発生に必要な電力量 （億kWh／年） （括弧：PJ／年）	25,200 （約9,000）	約18,900 （約6,800）	水素製造原単位 4.5 kWh／m^3N
必要な太陽光発電出力 （GW）	2,050	1,540	1年は8,760Hr 設備利用率14%
必要土地面積 （km^2） （括弧：km×km）	10,250 （100×100）	7,695 （88×88）	太陽光パネル出力 200W／m^2＝200MW／km^2

2　水素とメタンとメタノール

表5.8において、水素発生に必要な電力量は、**図5.2**の日本のエネルギーフローにおける、現状の日本の1年間の総電力需要約1兆kWh（＝3,600 PJ）の2倍～2.5倍に相当する。

また、実際の土地面積には、パワコン[2]、変圧器などの太陽光発電所の制御装置類に加え、作業時のアクセススペースなどの面積の勘案も必要となろう。

日本の陸地面積は約377,975km^2、海洋面積は約4,470,000km^2であり、よく海洋国家と呼ばれるが、オーストラリアの陸地面積は約7,741,220 km^2もある。これは日本の海洋面積の2倍近い陸地面積であり、この広大な陸地を再生可能エネルギー源として利活用することを考えたいものである。

メタン、メタノールへの転換には大量の水素が必要となり、太陽電池パネル面積が大きいので、水素をそのまま輸送することも考えられる。しかしながら、水素、メタン、メタノールの発熱量は、下式の通りである。

$$H_2+1/2O_2 \rightarrow H_2O(\text{液})\ \Delta H_{H2}=-286\ \text{kJ/mol}(\text{発熱反応})$$
$$CH_4+2O_2 \rightarrow CO_2+2H_2O\quad \Delta H_{CH4}=-890\ \text{kJ/mol}(\text{発熱反応})$$
$$CH_3OH+3/2O_2 \rightarrow CO_2+2H_2O\quad \Delta H_{CH3OH}=-725.7\ \text{kJ/mol}(\text{発熱反応})$$

メタンではCO_2 1モルに対し4モル、メタノールでは3モルの水素が必要であるが、水素4モルの発熱量はメタン1モルの1.28倍、水素3モルの発熱量はメタノール1モルの1.18倍、さらに、それぞれの転換効率を80%と仮定したとしても、太陽光発電の面積の一片の距離が2割強長くなるだけで劇的に増える訳ではない。むしろ、水素を液化することに要する動力やボイルオフなどのエネルギーの損失を考えれば大差はないことが予想される。

2　**パワコン**　パワーコンディショナーの略、直流を交流にする変換器のこと。

$$4\Delta H_{H2}=1.28\Delta H_{CH4}\times 1/0.8=1.60\Delta H_{CH4}$$

$$3\Delta H_{H2}=1.18\Delta H_{CH4OH}\times 1/0.8=1.48\Delta H_{CH3OH}$$

なお、風力発電では、単位面積当たりの出力密度が10W／m^2～450W／m^2と幅が広く[28][29]、設備利用率30%～40%を勘案すると、設置の仕方しだいでは、太陽電池と同等の単位面積当たりの発電電力量が期待される。

5. 10 太陽熱の利用

1 集光型太陽熱発電

太陽のエネルギーを利用する方法として、太陽電池(PV)による発電が普及している。一方、太陽の光を集めて高温とし、その熱を用いる、もしくは、発電する方式がある。太陽熱で発電する技術は、集光型太陽熱発電（CSP：Concentrating Solar Power）と呼ばれ、日射量が豊富な、アメリカ南西部、オーストラリア、南スペインなどで実用化されている。発電コストは、0.2～0.3US$／kWh程度といわれている[29]。太陽電池が大幅にコストダウンした結果、昼間の発電単価でいえば太陽電池との競争は厳しい状況である。

集光型太陽熱発電は太陽電池に比べてメリットがある。太陽電池は、短時間の日射量の変化で出力が変化するが、集光型太陽熱発電では、太陽熱で加熱された高温の熱媒を使用しているので、発電量が平準化する。また、夜間についても、高温の熱媒体を貯める蓄熱設備を設けることで、日没以降も使用が可能で、太陽電池の場合の蓄電設備に比べて安価である。

集光型太陽熱発電には、**図5.24**に示すように、太陽光を集光する鏡の形式から、トラフ型、フレネル型、タワー型、ディッシュ型がある。**表5.9**にこれら技術を比較する。トラフ型やフレネル型では、熱媒を400℃から550℃程度に加熱し、発電に供する。タワー型では、タワーの周りにヘリオスタットと呼ばれる多数の鏡を設置し、太陽追尾装置により鏡で反射した太

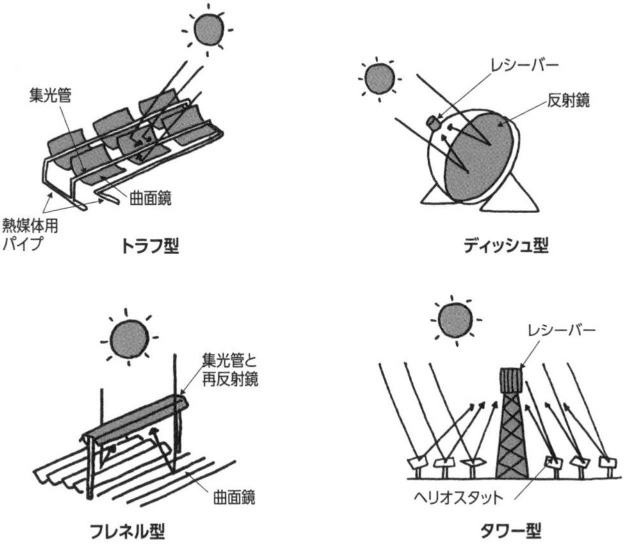

図5.24 集光型太陽熱発電（CSP）の形式
出典：新エネルギー・産業技術総合開発機構（NEDO）
平成30年度成果報告書「石炭資源利活用に関する要素研究調査」[30]をもとに作成

表5.9　CO_2からメタン／メタノール転換に必要な諸値

	トラフ型	フレネル型	タワー型	ディッシュ型
用途	・系統連系型発電 ・中～高温プロセス加熱	・系統連系型発電 ・中～高温プロセス加熱	・系統連系型発電 ・高温プロセス加熱	・小規模独立型発電 ・多数配置による系統、連系型発電
プラント効率	15%	8～10%	20～35%（試算値）	25～30%
土地利用率※	25～40%	60～80%	20～25%	－
冷却水	3,000L/MWh	3,000L/MWh	2,000L/MWh	不要
使用量	（または空冷式）	（または空冷式）	（または空冷式）	
利点	・多数商用運転実績があり、年間発電効率、投資コスト、運転コストが実証されている ・モジュール方式 ・蓄熱との組合せが可能 ・火力発電とのハイブリッド事例あり	・商用利用が可能な段階にある ・集光ミラーの現地購入、現地加工が可能 ・プラントコストが安い ・蓄熱との組合せが可能 ・火力発電とのハイブリッドが可能	・中期的に高い発電効率の実現が見込まれる ・高温蓄熱が可能 ・火力発電とのハイブリッドが可能	・30%超（ピーク時）の高い発電効率 ・モジュール方式 ・製造が簡易で、大量生産が可能 ・冷却時に水が不要 ・蓄熱との組み合わせを開発中
課題・展望	・油ベースの熱媒使用により運転温度が400℃程度に制限されるため、蒸気の高温化に限界がある ・各種改良が行われている	・市場投入されたばかりであり、大規模プラントにおける実績が必要 ・今後の技術開発による改良余地は大きい	・年間発電効率、投資コスト、運転コストなどについて、商用運転プラントにおける実証が必要 ・今後の技術開発による改良余地は非常に大きい	・大規模商用プラントの事例がない ・大規模商用プラントにより運転温度が上りであり，大規模 ・量産化が進めば改良の余地がある

※）土地利用率（%）＝反射鏡の投影面積（アパチャ面積）／設置する土地面積

出典：新エネルギー・産業技術総合開発機構（NEDO）「再生可能エネルギー技術白書　第2版」（2014）[29]をもとに作成

陽光をタワー上部に集光し、水／水蒸気や硝酸塩系溶融塩などの熱媒体を加熱する。トラフ型やフレネル型に比べてコストが高いが、高温を得るのに優れている。ディッシュ型は、放物曲面状の鏡を用い、焦点の部分に反応器やガスタービンを設置したもので、分散型のシステムであるが、導入実績は少ない。

集光型太陽熱発電を推進する国際機関であるSolarPaces[31]は、2020年時点で、世界で稼働中の装置の発電容量が6,128MW、建設中が1,547MW、計画中が1,592MWで合計9,267MWと発表している。

国別の稼働している装置の容量を大きい順に並べると、**表5.10**の通りである。最近の大型プロジェクトとしては、アメリカIvanpah／BrightSourceプロジェクト（タワー型）の

表5.10　集光型太陽熱発電　国別の稼働装置容量

順位	国	発電容量
1	スペイン	2,304MW
2	アメリカ	1,740MW
3	モロッコ	530MW
4	中国	520MW
5	南アフリカ	500MW
6	インド	200MW

出典：SolarPacesウェブサイト[31]をもとに作成

370MW、アメリカMojave Solar／Abengoa Solarプロジェクト（トラフ型）の250MW、スペインAndasol1－3／ACS Cobra, Solar Milleniumプロジェクト（トラフ型）の150MWがある。

2　高温熱利用

発電だけではなく、高温熱の利用も期待される。特に、タワー型やディッシュ型では、1,000℃以上の高温を得ることができるので、その特性を生かした技術開発が進められている。その1つが炭化水素と水から水素やCOなどを生成する水蒸気改質反応への適用である。この反応は、吸熱反応のため、その熱を太陽熱で供給する研究が古くから行われており、ディッシュ型を用いたパイロットプラント規模での試験がオーストラリアなどで実施された。

CO_2を有用な燃料とするには、外部からの熱が必要である。CO_2と水を分解してCOと水素を生成することで、液体燃料製造のための合成ガスが得られる。液体燃料とは、メタノールやＦＴ合成による油などである。欧州では、2016年からEUの支援で、SUN to LIQUIDプロジェクトが進められており、30%の熱効率で液体燃料の製造を目指している[32]。スペイン、マドリッド州の公的研究機関であるIMDEA Energíaが、169の小型ヘリオスタットからなる設備を建設し、50kW以上の高温熱を得ることを目標としている。

この反応を次に示す。金属酸化物をMOとし、還元状態をMO_{RED}、酸化状態をMO_{OX}と表す。第１段階の反応器では、1500℃程度の高温の状態で金属酸化物から酸素が抜け、金属酸化物は若干、還元状態となる。次の反応器にMO_{RED}を移し、少し温度を下げた状態で水とCO_2が接すると、MO_{RED}が酸化され、同時に、H_2とCOが生成する。酸化されたMO_{OX}を第１段階に戻し、このサイクルを繰り返すものである。

第１段階（MOの還元）	$MO_{OX} \rightarrow MO_{RED} + 1/2O_2$
第２段階（水によるMOの酸化）	$MO_{RED} + H_2O \rightarrow MO_{OX} + H_2$
第２段階（CO_2によるMOの酸化）	$MO_{RED} + CO_2 \rightarrow MO_{OX} + CO$

このような再生可能エネルギーによる高温の熱を利用したシステムは、電力を使わずに水から水素を製造することにも応用できるものである。カーボンリサイクルを組むためには重要であり、この面からの技術開発が望まれる。

3　SOECとの組み合わせ

太陽光を集光して得る高温の太陽熱を燃料の合成に利用する技術として、SOEC（Solid oxide electrolysis cell、固体酸化物形水電解）による合成ガス（Syngas：Synthesis Gas）製造を紹介する。

メタノール合成を行うには、純水素は不要であり、H_2、CO、CO_2の混合ガスができればよい話である。反応式は次の通りとなる。いずれも気体ベースでのΔHを示している。

①式はCO_2とH_2Oの基本反応式である。②式はH_2Oを2倍にして反応生成物のCOとH_2を③式に示すCH_3OHの合成に必要な量論比に合わせたものである。この過程ではH_2は2モルしか必要なく、③式に示すCOとH_2の間でH_2Oも生成されない理想反応系を実現できる。③式の発熱量を②式のH_2Oの予熱などに利用できれば、全体としてのエネルギー効率も上昇する。②式と③式を合わせると、④式の必要熱量は666.6 kJ／molとなる。CO_2とH_2OからCH_3OHを合成できるのであれば、CO_2量2億7,550万トンに対し、必要なエネルギー量は4,200 PJ以下となり、電解水素を作る場合の必要電力エネルギーよりもかなり小さくなる。

①	$CO_2+H_2O \rightarrow CO+H_2+O_2$	ΔH= 524.8 kJ／mol
②	$CO_2+2H_2O \rightarrow CO+2H_2+3/2O_2$	ΔH= 766.6 kJ／mol
③	$CO+2H_2 \rightarrow CH_3OH$	ΔH=−100 kJ／mol
④	$CO_2+2H_2O \rightarrow CH_3OH+3/2O_2$	ΔH= 666.6 kJ／mol

水電解でのH_2を生成反応⑤式に対し、⑥式はH_2Oを3倍にして反応生成物のH_2を⑦式に示すCH_3OHの合成に必要な量論比に合わせたものである。この⑥式⑦式に見るように、H_2は3モル必要であり、⑦式に示すようにCH_3OH以外にH_2Oも生成されてしまう。つまり、この場合は、合成メタノール濃度が50%になるため蒸留プロセスが必要となる。⑥式⑦式は、既存技術としてすぐに対応可能だが、将来的には②式③式のプロセスの方が転換に必要なエネルギー量が少なく魅力的かと思われる。

⑤	H_2O(液)$\rightarrow H_2+1/2O_2$	ΔH=286 kJ／mol
⑥	$3H_2O$(液)$\rightarrow 3H_2+3/2O_2$	ΔH=858 kJ／mol
⑦	$CO_2+3H_2 \rightarrow CH_3OH+H_2O$	ΔH=−58 kJ／mol

しかしながら、②式ではO_2が生成されるため、この分離をどのように行うかの問題が生ずる。そこでSOEC技術の活用である。固体電解質[1]を利用してCO_2を高温水蒸気（H_2O）のもとで電気分解し（共電解という）、O_2を分離すると共に、CO、H_2の混合ガス、すなわち合成ガスを得ようとするものである。

図5.25にSOECの作動原理図を示す。H_2Oは蒸気での供給が前提となり、また、固体電解質の作動温度をして800℃程度と維持しなくてはならない。その熱源として太陽熱を利用することは非常に有望と考えられる。従来、CO_2を太陽熱で直接熱分解、還元しようする研究は行われているが、C（カーボン）の析出による反応阻害や物理的回収の方法に課題があった。しかし、この共電解法であれば、H_2Oの存在によりCの析出は抑制され、反応生成物

1　**固体電解質**　固体状態に外部から電場をかけて容易にイオンを移動させせることができる物質のこと。

はガスのみのため、取り扱いやすいすい。本技術については、今のところ基礎研究段階であり、今後、開発が期待される分野である。

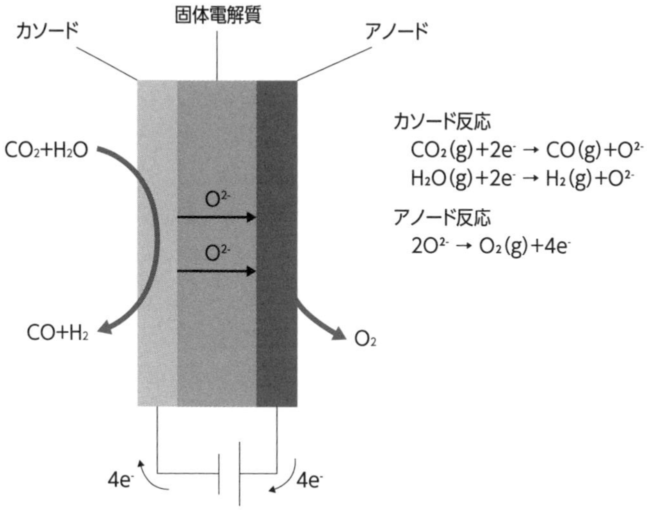

図5.25 SOEC (Solid oxide electrolysis cell) の原理図
出典：X. Zhang et al.「Journal of Energy Chemistry」(2017) [33]をもとに作成

5.11 日本のモデルと課題

1 日本の再生可能エネルギーの供給量

日本のCO_2排出量は、日本のエネルギーフローより一次エネルギー燃料の使用量に関係することを示した（**図5.2**参照）。電気自動車やオール電化住宅にしたからといって単純に日本のCO_2排出量が減るわけではない。自国の再生可能エネルギー電力を使い、一次エネルギー燃料の使用量を減らさない限り、排出CO_2量は減るものではない。自宅で直接太陽光発電などから自動車や住宅に電力供給する、あるいはグリーン電力証書[1]により、再生可能エネルギー電力の枠を使わない限り排出CO_2量は減らない。ただし、この枠を使ったからといっても、実際に電線から送られてくる電気が再生可能エネルギー電力とは限らない。その多くは、現状、火力発電により安定的に供給される電力なのである。

では、その電線で送られてくる電気を、火力発電に代わって再生可能エネルギー、特に、太陽光、風力発電電力でどこまで日本では供給できるのであろうか。

再生可能エネルギーの導入が可能な量、いわゆる導入ポテンシャルについては、環境省にて継続して調査が行われた。2009～2010 年度に「再生可能エネルギー導入ポテンシャル調査」[34] [35]、2011～2015 年度に「再生可能エネルギーに関するゾーニング基礎情報整備」[36]～[40] が行われ、日本の再生可能エネルギー（非住宅用太陽光、個別建築物太陽光、風力、中小水力、地熱及び太陽熱、地中熱）の賦存量、導入ポテンシャル、およびシナリオ別導入可能量の推計などが解説されている。

日本の陸上風力、洋上風力、太陽光発電の導入可能量について、2015年度の「再生可能エネルギーに関するゾーニング基礎情報整備」[40] と2012年度の「再生可能エネルギーに関するゾーニング基礎情報整備」[37] によれば、日本の風力発電、太陽光発電の導入可能発電出力[2]は、FIT価格と買取期間によって変わり、発電出力導入ポテンシャル[3]より少なくなる。「FIT価格×買取期間」を設定したシナリオの内、代表的な推計値を導入ポテンシャルとともに**表5.11**に示す。表中、年間の発電量は、これらの出力を基に求めている。

日本の平均的な発電出力は約1億kW（夏季は約1億6,000万kW、春季は7,000～8,000万kW程度）であり、陸上風力では約2倍、洋上風力では同等、太陽光では約1.5倍の導入可能発電出力となっている。日本の一次エネルギー燃料消費量は約20,000 PJ／年であり、陸

1　**グリーン電力証書**　風力、太陽光、水力、バイオマスなどの再生可能エネルギーによる環境付加価値の分を証書化し、市場で取引可能にしたもの。

2　**導入可能発電出力**　エネルギーの採取・利用に関する特定の制約条件や年次等を考慮した上で、事業採算性に関する特定の条件を設定した場合に具現化することが期待される量。この場合、経済性を考慮したシナリオ別の発電出力。

3　**発電出力導入ポテンシャル**　エネルギーの採取・利用に関する種々の制約要因による設置の可否を考慮したエネルギー資源量。この場合、経済性を無視した導入可能な発電出力。

上風力では約1／10、洋上風力では約1／16、太陽光では約1／40の発電量となっている。また、日本の電気消費量は約3,800 PJ／年であり、陸上風力では約1／2、洋上風力では約1／3、太陽光では約1／7の発電量となっている。

表5.11 日本の陸上風力／洋上風力／太陽光発電の導入可能量

	陸上風力	洋上風力		太陽光	
		着床式	浮体式	住宅用など	公共系
FIT価格 (円／kWh)	20	36		40	
買取期間 (年)	20	20		戸建10 戸建以外20	20
発電出力導入ポテンシャル(万kW)	28,576	33,151	108,125	18,518	14,689
導入可能発電出力 (万kW)	20,707	8,230	3,129	3,896	10,554
		11,359		14,450	
導入可能発電量 (億kWh／年) (括弧：PJ)	5,532 (約2,000)	2,379	1,162	385	1,104
		3,541 (約1,280)		1,489 (約540)	
発電量導入ポテンシャル(億kWh/年)	6,932	9,583	40,160	1,943	1,514
日本の平均発電出力 (万kW)	10,000(夏季約16,000、春季7,000～8,000程度)				
日本の一次ネネルギー消費量(PJ)	約20,000				
日本の電気消費量 (PJ)	約3,800				

出典：環境省「再生可能エネルギーに関するゾーニング基礎情報整備」(2013) [37]／
環境省「再生可能エネルギーに関するゾーニング基礎情報整備」(2016) [40]をもとに作成

2 日本の電力需給の課題

日本の現状の発電出力を越えてまで、陸上風力などを導入することは困難と考えられる。電力需給容量を超えて風力発電、太陽光発電の設置を前提とするのであれば、必ず余剰発電出力用の蓄電や蓄エネルギー設備や、さらには不安定出力を安定化させるための系統安定化対策としての蓄電や蓄エネ設備も必要となる筈である。

しかし、日本での風力発電導入には、蓄エネルギー以前の問題として地域偏在性という問題が大きく立ちはだかる。これら導入可能量の約8割近くが北海道に集中しているのである。北海道には300～400万kW程度の電力需給しかないため、本州に系統を経由して送電する必要がある。しかし、ここに大きな制約がある。北海道と東北をつなぐ系統容量が60万kW（将来計画90万kW）しかなく、大電力消費地の関東地域に送電できないのである。

太陽光発電の場合は、全国にその導入可能地域が広がっており、住宅向けなどの民生分野において、蓄電池とセットでエネルギーセキュリティーやCO_2排出量削減への寄与の観点から、今後、導入が図られていくであろう。ただし、太陽光だけで日本の使用電気量を賄うことは不可能である。

日本の陸上風力、洋上風力、太陽光の導入可能量は、合計しても約3,800 PJ／年である。これは偶然にも日本の発電量(**図5.2**)と同じである。この発電量を得るために一次エネルギー燃料にして約6,000 PJ相当の石炭、天然ガスが使用されているが、これをすべて仮に国内再生可能エネルギーにできたとしても約30%のCO_2削減量（=6,000PJ／20,000PJ）にしかならないのである。したがって、海外から再生可能エネルギー由来のエネルギー媒体を何らかの形で導入するという、抜本的な対策を取らざるを得ない状況にあることは明らかである。

3　エネルギーの輸入先

では、日本はいったいどの国から再生可能エネルギー由来のエネルギー媒体を輸入してくることを考えるべきなのか。**図5.26**に世界の太陽光発電と風力発電のポテンシャルの高い国々の分布図を示す。日本にもっとも近い再生可能エネルギーポテンシャルの大きな国はオーストラリアであり、今まさに日本が石炭を大量に輸入している国である。国土も広い。例えば、オーストラリアを再生可能エネルギー供給国として、メタノールを基軸とした日本版カーボンニュートラル社会（メタノール経済社会）を描くとどうなるであろうか（5章6節参照）。その構想図を**図5.27**に示す。

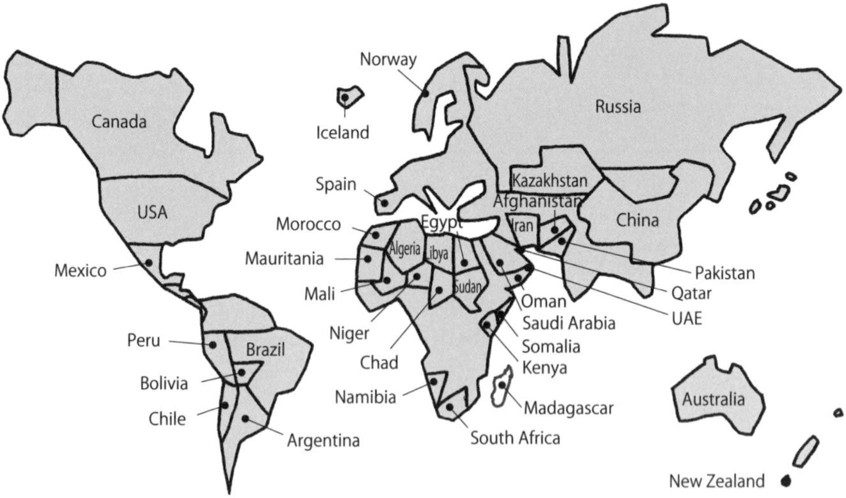

図5.26　太陽光発電と風力発電のポテンシャルの高い国々
出典：dena（ドイツエネルギー庁）「Powerfuels: Missing Link to a successful global Energy Transition」(2019)[41]をもとに作成

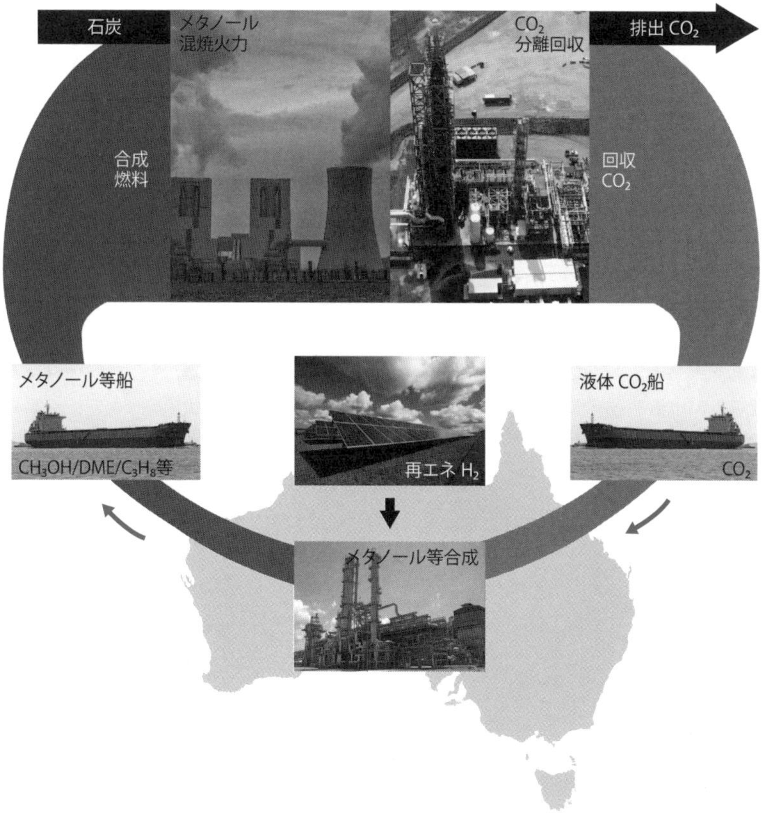

図5.27　メタノールを基軸とした日本版カーボンニュートラル社会構想
資料提供：三菱重工エンジニアリング株式会社・Brunei Methanol Company Sdn. Bhd.

現在、日本はオーストラリアから大量の一次エネルギー燃料として石炭を輸入しているが、これに代わり、再生可能エネルギーを輸入することは、国内外に大きなインパクトを与えることは間違いない。この構想が、将来の日本のエネルギー供給の安定的確保のキーになるのではなかろうか。

5.12 日本の研究開発プロジェクト

日本のこれまでのCO_2排出量削減取組みの流れについては、3章1節に記した。ここでは、再燃料化を目指したCO_2有効利用に関する、現在の日本の取り組みについて、将来の実用化時に、CO_2削減効果が大きいと思われる主な技術開発状況を紹介する。

1 CO_2有効利用技術開発：国際石油開発帝石株式会社／日立造船株式会社ら

石炭火力などの排ガスから回収された高濃度CO_2と、再生可能エネルギー電力を利用して製造した水素からメタンを合成する（メタネーション）技術を開発中である。国際石油開発帝石株式会社（INPEX）や日立造船株式会社らは、**図5.28**の構想で、メタネーションを始めとする有望なCCU技術について、NEDOの支援を受けて、有価物の製造プロセスやシステム全体の調査、および検証試験を通じて技術の適用性の総合評価を行っている。2017

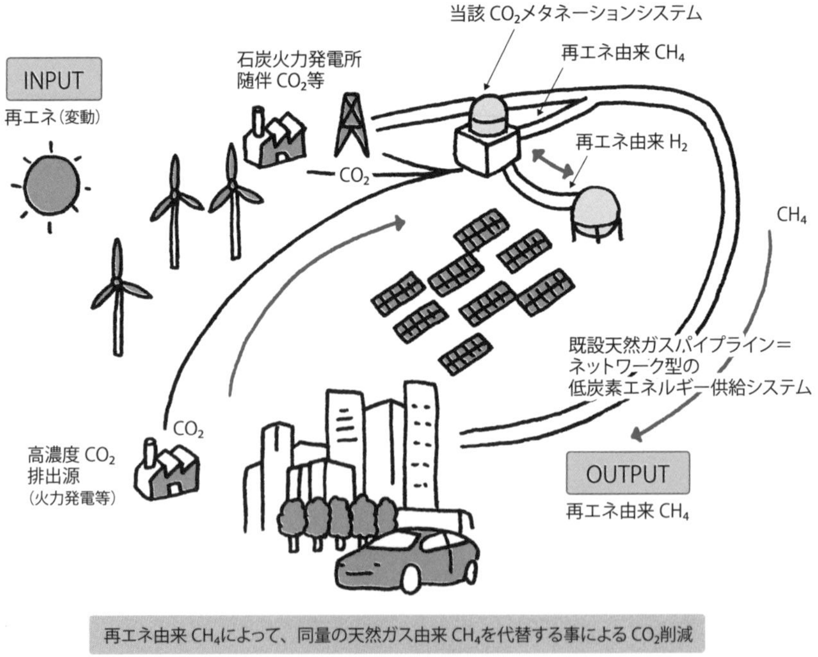

図5.28 CO_2有効利用技術開発
出典：新エネルギー・産業技術総合開発機構（NEDO）ニュースリリース（2017.11.14）[42]をもとに作成

1 **プレート型反応器** 平板を交互に重ねて積層し、平板間に触媒を充填し、同時に、平板を通して熱交換が効率よくできる反応器。

年11月より始まり、$8m^3N$／hのメタネーション設備（**図5.29**）を建設し、現在（2020年春）も試験を実施している。

メタネーションの技術は、COと水素を主成分とした合成ガスでは商業化されているが（5章3節参照）、高濃度CO_2のガスで実施する点が、この開発のポイントである。また、プレート型反応器[1]を用いている点が従来技術と異なっている。

図5.29　INPEX長岡鉱場内のメタネーション試験設備
資料提供：国際石油開発帝石株式会社（INPEX）
出典：新エネルギー・産業技術総合開発機構（NEDO）ニュースリリース（2019.10.16）[43]

2　高効率CO_2変換触媒によるメタノール合成技術の開発：国立研究開発法人　産業技術総合研究所

低温低圧条件下（50℃、1 MPa）でCO_2からメタノールに変換できる高活性触媒、CO_2の電気化学的還元手法によるメタノール合成、高選択・高効率なCO_2の水素化（電解還元）の連続プロセスの構築など、CO_2からメタノール変換のエネルギー効率の向上研究を行っている。

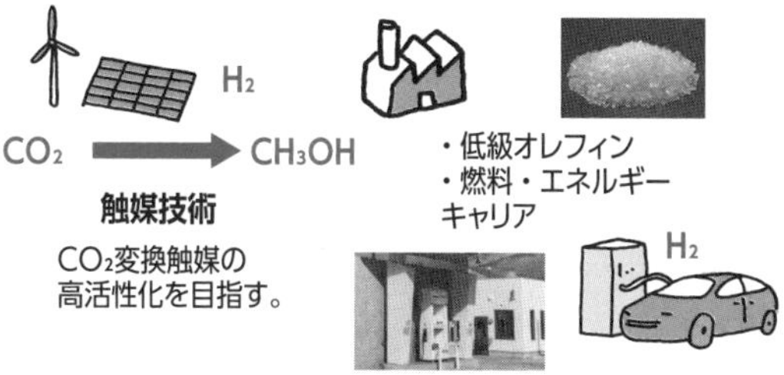

図5.30　CO_2資源化技術のエネルギー効率向上
出典：経済産業省「カーボンリサイクル技術事例集」（2019）[44]をもとに作成

3　二酸化炭素からアルコール類を製造する技術開発：国立研究開発法人　産業技術総合研究所

再生可能エネルギーによる水素を活用し、固定発生源から排出されるCO_2をアルコール類に変換して、化学品原料、および燃料などに効率的かつ大規模に製造する触媒反応・プロセスを構築する。さらに、将来的には、大気中のCO_2を再資源化する大規模炭素循環システムの構築を目指す。

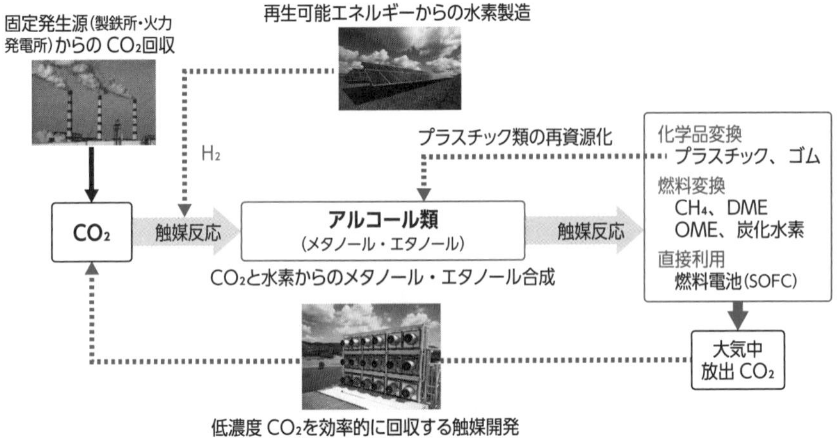

図 5.31　CO_2の大規模循環システムの概念図
出典：経済産業省「カーボンリサイクル技術事例集」（2019）[44]をもとに作成

4　固体酸化物共電解を活用するCO_2再資源化技術：国立研究開発法人　産業技術総合研究所

再生可能エネルギーなどを有効活用し、酸化物イオン伝導体を電解質とする共電解セルで、水とCO_2を同時に電解還元し、高効率に高濃度メタンなどへの化学エネルギーや基礎化学化合物へ変換する技術が検討されている。

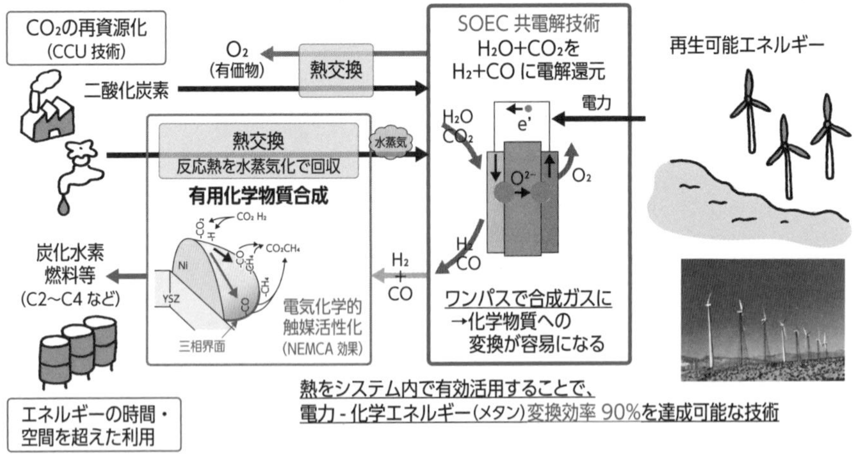

図 5.32　固体酸化物共電解技術の概念図
出典：経済産業省「カーボンリサイクル技術事例集」（2019）[44]をもとに作成

5 バイオジェット・ディーゼル燃料製造実証：千代田化工建設株式会社／株式会社ユーグレナ

BIC（Biofuels ISOCONVERSION）プロセスにより、非可食植物油や微細藻類由来の油を原料として、水熱処理と水素化処理により、ジェット燃料及びディーゼル燃料を製造する技術の確立を目指している。

図5.33 BICプロセスの概念図
出典：経済産業省「カーボンリサイクル技術事例集」（2019）[44]をもとに作成

そのほかには、新エネルギー・産業技術総合開発機構（NEDO）が今年度より、「CO_2電解リバーシブル固体酸化物セルの開発」「高温溶融塩電解を利用したCO_2還元技術の研究開発」「CO_2/H_2O共電解技術の研究開発」などの開発に着手[45]、環境省でも、廃棄物燃焼排ガス中のCO_2と水素を反応させたメタン、エタノールの合成実証試験や人工光合成によるメタノール製造実証試験が行われている[46]。

5. 13 海外の研究開発プロジェクト

ここではCO_2有効利用技術開発として、再生可能エネルギーを活用してCO_2の再燃料化を目指したプロジェクトへの取組み状況を、欧州を中心に紹介する。欧州では、P to Gも含むP to Xというスキームで、CO_2をさまざまな形の燃料に転換して、既存のインフラで使おうとする狙いがうかがえる。既存のインフラ活用を意識した開発内容となっている。

1 ALIGN－CCUSプロジェクト

ALIGN－CCUS[47]とは、「Accelerating Low Carbon Industrial Growth through CCUS」の略で、2017～20年の3年間で6つのワーキングパッケージで（**表5.10**）、CCUSの検討を行うプロジェクトである。

表5.12 6つのワーキングパッケージ

WP1	CO_2回収
WP2	CO_2輸送
WP3	CO_2貯蔵
WP4	CO_2再利用
WP5	産業モデル検討
WP6	社会啓蒙

プロジェクト参画者は、ヨーロッパを中心とした企業で、関連パートナーも含め30社である。取り纏めはオランダTNO応用科学研究機構（Netherlands Organization for Applied Scientific Research）が行っており、予算総額は€21,270,975（約25億円）である。このプロジェクトの中でCCU技術を担当しているのがWP4であり、水電解水素と回収CO_2よりDME、OMEを製造するデモプラントを設計、建設する予定である（**図5.34**）。水電解は旭化成ヨーロッパのアルカリ型水電解、デモプラントは三菱日立パワーシステムズヨーロッパが取りまとめを行っている。

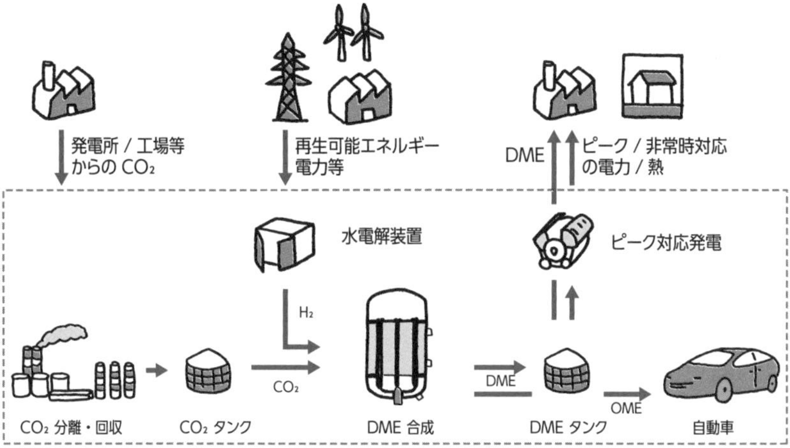

図5.34　ALIGN－CCUSプロジェクトにおけるWP4の検討実施内容
出典：ALIGN-CCUSプロジェクトウェブサイト[47]をもとに作成

2　CRI (Carbon Recycling International)

アイスランドに本社を置く同社は、アイスランドの地熱発電所から出てくるCO_2とその発電電力を利用して製造した水素から、メタノールを合成する商用プラントを世界で初めて2012年から運用を始めた会社である[48]。年間のメタノール製造量は4,000トン、CO_2利用量は6,000トン／年、電力使用量は6MWeとなっている。1994年ノーベル化学賞を受賞し、CO_2からメタノールを製造するメタノールエコノミーを提唱したジョージ・オラー博士の名をとり、ジョージ・オラー・プラント（George Olah Plant）と呼ばれる（**図5.35**）。合成されたメタノールは、ガソリン混合用燃料として用いられている。

図5.35　地熱発電所付設メタノール製造プラント（George Olah Plant）
出典：CRI社ホームページ[49]をもとに作成

また、スウェーデンでは、製鉄所のBFG（Blast furnace gas）からメタノールを合成し、世界で初めてフェリー用燃料として使用している。このプロジェクトはFreSMeと呼ばれ、Horizon 2020プログラムより€11 million（約13億円）の資金を得ている。そのほか、現在、同社は、ドイツや中国でもメタノールプロジェクトを推進中である。

3 Sunfire社

Sunfire社[50]は、ドイツのドレスデンに本社を置き、敷地内に日産160LのPower to Liquidのデモプラントを建設している（**図5.36**）。固体電解質形燃料電池（Solid Oxide Fuel Cell）の開発も行っており、この技術を応用して高温水蒸気電解（SOEC：Solid Oxide Electrolyser Cell）の技術開発にも取り組んでいる。

これらは、Sunfire－SynLink（合成燃料製造システム）、Sunfire－Remote（固体電解質形燃料電池）、Sunfire－HyLink（固体電解質形高温水蒸気電解）と呼ばれ、ロシア、ノルウェーなどで、実証機の建設、運転などをすでに行っている。ノルウェーでは、安い水力発電電力を使ってNordic Blue Crude社がSunfire社と組み、**図5.37**のフローをベースとして、2030年頃までに国内に10万kL／年のE－Fuelsプラントを10か所程度建設する計画もある。

図5.36 Sunfire社の本社敷地内デモプラント（執筆者撮影）

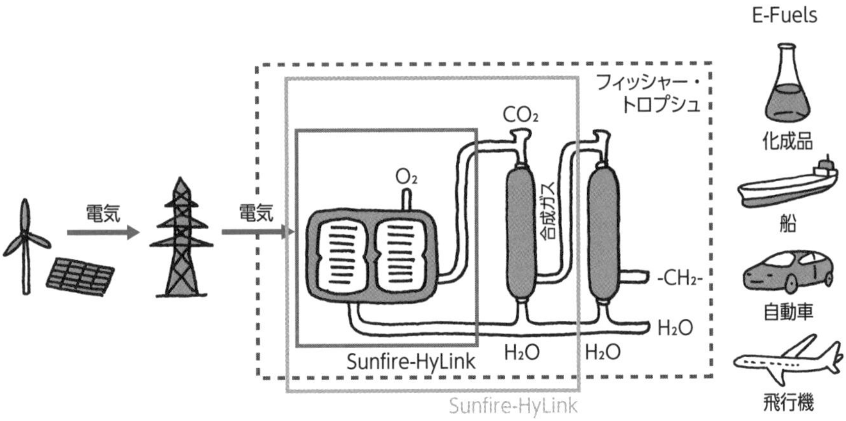

図5.37　Sunfire社のSOECとFT合成を組合わせた液体燃料合成システム
出典：A. Frömmel et al.「Sunfire Company Presentation」(2018)[51]をもとに作成

4　ETOGAS GmbH

ETOGAS社[52]は、Audi e−gas Projectとして2013年にPower to Gasプラントをドイツ国内に建設している（**図5.38**）。2MWeのアルカリ型水電解装置3基から生成する水素と隣接するバイオガスプラントのCO_2 330 m^3N／hを利用してメタンを合成している。合成メタンは、自動車用燃料として利用する計画となっていた。2015年頃、ドイツでは多くのPower to Gasプロジェクトが行われたが、電気代が高く設備利用率が上がらないのが実情である。

図5.38　Audi e−gas Projectの水電解装置（左）とメタン合成反応塔（右）
出典：Hitachi Zosen Inova（ドイツ）[52]

このほかとして、2020年5月に、ベルギーのアンウェルペン（Antwerpen、アントワープ）で、「Power to Methanol」プロジェクトをはじめるとの発表があった[53]。工場地帯であるリロ地区のINOVYN社の化学工場内に8,000t／年のデモプラントを建設し、製造したメタノールは周辺の化学工場で使われるという。

第 6 章

CO_2から化学品を製造する

化学品は有機化合物と無機化合物に分類される。ここでは、CO_2の利用の観点から、炭素を含む化合物で有機化合物と呼ばれる化学品を中心に説明する。その中でも、石油精製プロセスからの副生ガスや石油化学におけるエチレン製造プロセスで製造されているさまざまな化学品原料のうち、比較的生産量の多い基礎化学品と呼ばれる化学品に対し、今後、CO_2から製造できるかどうかの可能性について解説する。さらに、基礎化学品から作られるさまざまなプラスチックや合成繊維などの比較的分子量の大きな化学製品などについても同様に解説する。

6.1 化学品とは

1 化学品の代表ポリオレフィン

化学品の中でもわれわれがよく目にするプラスチックは、一般的にポリオレフィンと呼ばれ、内部に炭化水素の2重結合を持ったオレフィンが重合した樹脂の総称である。ポリオレフィンには、自動車のバンパーや内装品、電化製品の部品などによくみられるポリプロピレン、ポリバケツやプランターおよびレジ袋に使われているポリエチレン、サーフボードなどに使われる発泡ポリエチレンなどがある。さらにスーパーマーケットなどで見かける魚や肉のトレーや住宅の断熱材には発泡ポリスチレンが広く使われ、ソファーなどのクッション材には発泡ポリウレタンが使われている。

ポリオレフィン以外のプラスチックには、雨樋などの建材用に使われるポリ塩化ビニルがある。そのほかにも、CD（Compact Disc：コンパクトディスク）やDVD（Digital Versatile Disc：デジタルバーサタイルディスク）にはポリカーボネートが、ペットボトルやポリエステル繊維にはポリエステルが使われている。量は少ないが、高価で性能の良いエンジニアリング樹脂と呼ばれるプラスチックも、工業的にさまざまな分野で使われている。

2 輸入が進む化学品

このようなプラスチックや合成繊維以外にも接着剤や肥料、洗剤、塗料、溶剤など、さまざまな分野で化学品が使われている。もはや目の前にあるものすべてに化学品が使われているといっても過言ではない。

化学品は鉄鋼と並んで「産業の米」といわれ、プラスチックのほかにもアンモニア、尿素、メタノールなど、ほとんどの化学品は国産化されていた。しかし、常温で液体かつ使用量の多いものを中心に、輸入品に代替されるようになり、その割合が増えると、日本国内での製造設備が余剰となってしまった。特に尿素（$CO(NH_2)_2$）やメタノール（CH_3OH）が、その典型的な例である。尿素はアンモニア（NH_3）とCO_2から作られ、肥料やメラミン樹脂の原料として使われる。かつては、アンモニアや尿素、メラミン樹脂もすべて国内で生産されていた。特に尿素は肥料として東南アジア向けに、大量に輸出していた。ところが、天然ガスを産出する国々で、アンモニア、尿素の大型一貫生産工場が続々と建設され、国産の尿素の競争力は失われた。このため、日本国内の肥料用尿素生産設備はすべて廃止されてしまった。そして、日本では肥料用やメラミン樹脂用の尿素は、天然ガスを産出する国々から輸入するようになった。一方で、アンモニアは常温で気体のため輸送コストが高いため、生産量は半減したものの国内でまだ生産されている。

3 世界のメタノールプラントの現状

メタノールもかつては日本国内でも製造されていたが、アンモニアと同様、天然ガス産出国において大型で高効率なメタノール製造プラントが次々と建設された結果、メタノールの国際価格が大幅に低下し、ナフサあるいはLNGを輸入して製造していた国産メタノールの競争力は失われてしまった。**図6.1**に示すように、天然ガスを原料とした年産100万トン以上のメタノールプラントはすべて天然ガス産出国に立地し、製造コストの高い日本国内のメタノール工場は撤退を余儀なくされた。

天然ガス産出国のこれらメガメタノールプラントは、2000年頃には1プラントで当時の世界の需要量2,000万トンの5%を占めるほどであった。しかし、運転技術が充分とはいえず、2、3か所のプラントがトラブルを起こすと、全世界の生産能力が1、2割減少することが頻繁に起こった。メタノール国際価格は1トン当たり100ドルから800ドルまで乱高下した(**図5.13**)。このため、一時的には国産メタノールでも採算が合う時期があったものの、国際価格の競争力に太刀打ちできず、国内のメタノールプラントはすべて停止した。また、北米や欧州におけるほとんどのメタノール工業も撤退を余儀なくされた。その一方で、近年、アメリカではシェールガスの増産にともない、休止メタノールプラントの再開やメガメタノールプラント新設の動きがある。

一方、中国では、主に内陸の石炭の産地で石炭ガス化によりメタノールを製造している。その装置規模は、年産20～400万トンで、全体では年産9,000万トン程度の設備で5,000万トン程度を生産しており、ほとんどを中国国内で消費している。

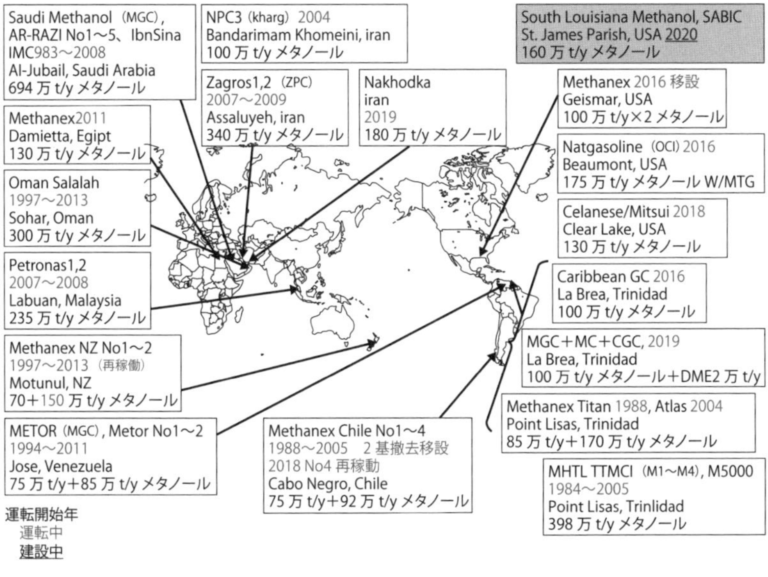

図6.1　天然ガスを原料とした年産100万トン以上の大型メタノールプラント
出典：各種新聞情報などをもとに作成

6.2 含酸素化合物

1 含酸素化合物とは

❶ 含酸素化合物の特徴

炭素原子と水素原子から成り立つ、いわゆる炭化水素に酸素が結合しているものを含酸素化合物と呼ぶ。炭化水素が燃焼する過程で部分的に酸化したものである。

CO_2から含酸素化合物を製造する場合に必要となるエネルギーは、CO_2から炭化水素を製造する場合より少ない。その理由は、CO_2を生成する反応である燃焼反応や部分酸化反応について考えてみれば明らかである。炭化水素を完全燃焼させた時に生じる燃焼熱は、含酸素化合物を完全燃焼させた時に生じる燃焼熱より大きくなる。その差は炭化水素を部分酸化して含酸素化合物を生成する時の反応熱とおおむね同じとなる[2][3]。**図2.3**で示したように、CO_2と炭化水素の生成熱の間に含酸素化合物の生成熱が位置している。

したがって、CO_2から化学品を製造しようとする場合、含酸素化合物を製造する方が、必要となるエネルギーが少なくて済むので有利である。含酸素化合物のうち、メタノールの日本国内の消費量は、年間200万トン程度と少ないものの、世界で最も使用量が多く、また、メタノールを経由して多くの含酸素化合物を合成することが可能であるため、非常に重要な基幹物質であると位置付けられている。そのため、CCUとしての将来の展開（ポテンシャル）を考えると、メタノールをCO_2から合成させることを基準にプロセス設計することが、いろいろな意味で都合が良さそうである。CCUの一環としてCO_2からのメタノール合成については後述する。

❷ 含酸素化合物の輸出入

日本で消費量が比較的多い含酸素化合物には、メタノール、エタノール（C_2H_5OH）、酢酸（CH_3COOH）、酸化エチレン（CH_2OCH_2）、エチレングリコール（CH_2OH-CH_2OH）、フェノール（$\phi-OH$）などがある。日本における、2016年の主な含酸素化合物の製造量及び輸入量を**表6.1**に示す[4][5]。

酸化エチレン以外は常温で液体であり、輸送が容易なため、輸入量が極めて多い。かつてはエチレングリコールも、年間10万トン以上を輸入していたが、現在は年間約5,700トンまで減少している。一方、酸化エチレンは常温で気体のため、専用船が必要となるので輸送コストが高く国内生産が主となっている。なお、石油化学工業協会ホームページ[5]によれば、一部のデータは秘匿のため、2016年の酢酸の国内製造量を不明としている。

表 6.1　含酸素化合物の国内製造量と輸入量（2016年）

含酸素化合物	国内製造量	輸入量
メタノール	0t／年	1,620,000t／年
酸化エチレン	870,000t／年	120,000t／年
エチレングリコール	630,000t／年	5,700t／年
エタノール	4,000kl／年	320,000kl／年
酢酸	不明	120,000t／年

出典：石油化学工業協会「石油化学製品の生産」[5]などをもとに作成

2　メタノールの製造方法と市場

メタノールは木炭製造時に木精として副生する無色透明の液体で、かつては主として酢酸の原料として使われていた。酢酸からはセルロイドを中心とするアセチル誘導体[1]が製造されていた。

現状では、天然ガスや石炭を原料にして合成ガス（水素、CO、CO_2の混合ガス）を製造し、その合成ガスから以下の反応式（①、②）に基づきメタノールが合成されている。水素を余分に使用すればCO_2から製造することができる（製造方法については5章5節参照）。

$$2H_2 + CO \rightarrow CH_3OH \quad ①$$
$$3H_2 + CO_2 \rightarrow CH_3OH + H_2O \quad ②$$

CCUの一環としてCO_2からメタノールを合成する場合には、CO_2フリーの水素を導入して、前述の②式によって合成することができるが、COを原料とした①式より速度が遅い。このため、CO_2を原料とした反応のためにさまざまな触媒の研究開発が行われている。

前述のように、天然ガス産出国で、安価な天然ガスからメタノールを製造するのが世界的にもっとも低コストでメタノールを得られるため、メタノールの製造はほとんど天然ガス産出国で行なわれている。そのため、OECD（Organization for Economic Co－operation and Development：経済協力開発機構）諸国での製造量はわずかである。日本国内でのメタノール製造は、最後に残った三菱ガス化学の製造プラントが1997年に中国に売却され、解体・輸送された。全量輸入になって既に20年以上が経過している[6]。

1　**アセチル誘導体**　酢酸を原料とするアセチル基（$CH_3(=O)-$）を有する化学品を指す。酢酸ビニル、各種酢酸エステル、酢酸セルロースなどが代表的なものである。酢酸セルロースをニトロ化したニトロセルロース（セルロイド）もその一つである。

世界的にみると**図6.2**に示すように、かつては年間4,000万トン程度であった使用量が10,000万トン程度にまで急増している。メタノールの用途はホルマリン、MTBE（Methyl t－butyl Ether）、酢酸向けが主たるものであったが、2010年以降、ガソリンと混合する燃料用およびMTO（Methanol to Olefins）向けが中国において急増している。これは、中国の中でも石炭を多く産出する省で、メタノールを15%混合したM15と呼ばれるガソリンが普及したことによる影響が大きい。

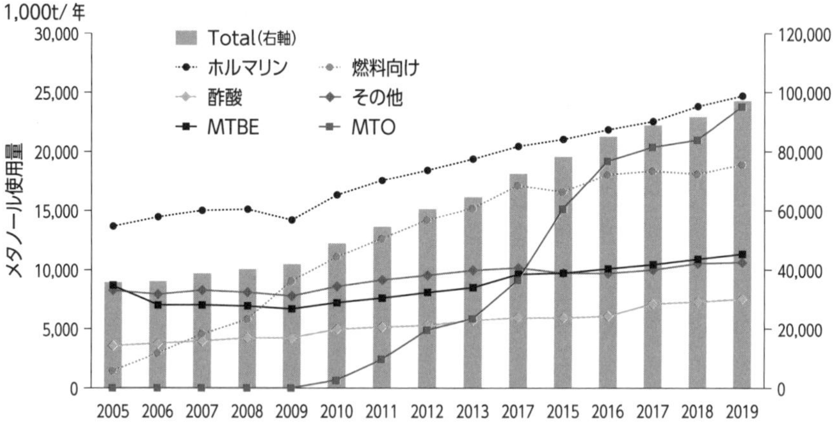

図6.2　メタノールの用途の変遷
出典：Methanol Institute「METHANOL PRICE AND SUPPLY/DEMAND」[1]などをもとに作成

3　ギ酸の利用

❶ ギ酸の特徴

ギ酸（HCOOH）は常温常圧で無色透明の液体で、水に任意の割合で溶解する。非常に腐食性が強いため、取扱いには充分な注意が必要である。具体的には、78%未満の水溶液は消防法による危険物には該当しないが、90%以上では医薬用外劇物に該当する。飼料防腐剤や皮なめし剤として使われているくらいで、生産量は年間50万トン程度である。工業的には、使用量が少ないため、酢酸製造の際の副生成物で需要を満たしている。

❷ ギ酸を活用する研究開発

ギ酸を分解するとCO_2と水素を発生し、また、CO_2と水素からギ酸を製造できるので、水素貯蔵システムとしても検討されている。CO_2と水素を発生することから燃料電池用の水素発生源としての用途も検討されているが、脱水反応も併発してCOも共存するため、固体高分子型燃料電池では触媒毒となるCOが水素中に共存するのが課題であった。

この課題を解決するため、**図6.3**に示すようにギ酸水溶液を利用することが検討されている[7]。イリジウム系錯体触媒により、ギ酸水溶液から高効率で水素とCO_2に分解し、同時に高圧の水素を取り出すことが可能になる。このため水素を取り出した後の圧縮機が不要となり、燃料電池用にそのまま水素を供給することができる。発生するCO_2は貯蔵しておいて、他から供給される水素と反応させてギ酸水溶液の形で水素を貯蔵することも可能となる。イリジウム系錯体触媒の配位子[2]を最適化することで、大幅な活性向上と高選択率を達成することができ、数kPaの圧力でも反応させることができる。固体高分子型燃料電池を搭載した燃料電池自動車向けに、CO_2フリーの高圧水素供給用としての適用が検討されている。

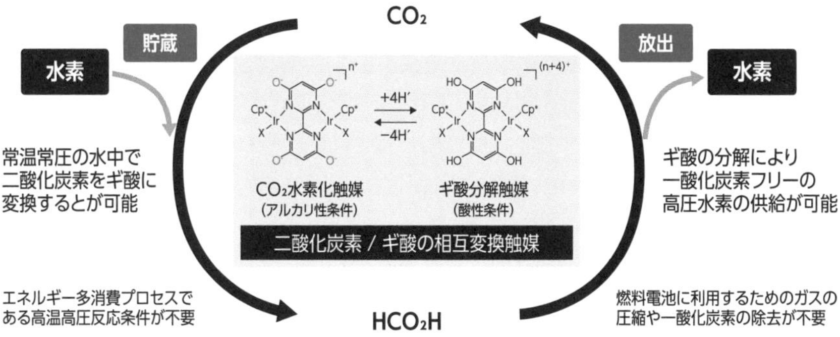

図 6.3　イリジウム錯体触媒による高効率二酸化炭素／ギ酸の相互変換
出典：産総研「二酸化炭素とギ酸を相互変換するエネルギー効率の高い触媒を開発」（2012.3）[7]をもとに作成

最近では、光触媒の特徴を生かして、可視光を照射してCO_2からギ酸へ還元的に変換させる反応についての検討も行われている。東京工業大学では、窒化炭素（C_3N_4）とルテニウム錯体を融合したハイブリッド光触媒を開発している。豊田中央研究所では、p型半導体（インジウムリン／亜鉛）の表面にルテニウム錯体触媒などを混合塗布したハイブリッド型CO_2還元光触媒の開発も行われている。また、大阪市立大学では、燃料電池で発電しながら、同時にCO_2からギ酸を生成するバイオ燃料電池を開発中である。

4　その他の含酸素化合物

❶ 酢酸

酢酸はメタノールとCOから合成される無色透明の液体で、次ページの反応式に基づいて製造される。エチレンの直接酸化によっても製造されているが、将来的には、CO_2フリーメタノールからの製造が主となっていくと考えられる。

2　**錯体触媒の配位子**　金属イオンに配位子が結合したものを錯体と称し、配位子は中心原子に結合しているイオンや分子などを指す。

$$CH_3OH + CO \rightarrow CH_3COOH$$

酢酸はアセチル化学の主原料であり、写真用フィルムの材料であるセルロイド向けに広く使われていた。しかし、セルロイドは可燃性であり、デジタル化の流れも受けて、大量に使われていたフィルム用としては使われなくなり、現在では世界で年間1,000万トン程度しか使用されていない。

❷ 酸化エチレン

酸化エチレンは、常温では気体であり、水と反応させればエチレングリコールとなる。きわめて反応性が高いため、多くの有機物質を合成する時の中間体として広く用いられている。また、殺菌力が強く、殺菌剤としても用いられている。最大の用途はエチレングリコール用で、エチレングリコールの約6割は、PETボトルなどに使われるポリエチレンテレフタレート（PET）の原材料となる。現在では、酸化エチレンは世界で年間2,000万トン程度、エチレングリコールは3,000万トン程度作られている。

酸化エチレンはエチレンの直接酸化により製造されるが、その工程から発生したCO_2は回収され、炭酸飲料などの原料として利用されている。生産量当たりのCO_2排出係数の算定には、回収量を減じた値が使われている。

❸ エタノール

エタノールは常温で無色透明の液体で、廃糖蜜や穀物を原料として、主として発酵法で造られている。発酵法によるエタノールは化粧品、消毒用、飲料用に使用されている。一部、工業用として、次に示す反応式で、エチレンから合成エタノールが造られている。

$$C_2H_4 + H_2O \rightarrow C_2H_5OH$$

工業用エタノールは溶剤としての利用のほかに、各種の酸と反応してさまざまなエステル[3]として工業的に使われている。全世界での生産量は年産約8,000万トン弱であり、アメリカとブラジルでその9割以上が造られている。

一方、CO_2からエタノールを製造する研究も進められている（6章6節参照）。

❹ フェノール

フェノールは石炭酸とも呼ばれ、かつては石炭の乾留時に副生するタールから精製分離して造られ、主に消毒用に使われていた。現在では、ベンゼンとプロピレンからキュメン（ϕ

3　**エステル**　酸とアルコールから水がとれてできる化合物の総称。

$-C_3H_7$）を経由して造られている。全世界の製造量は年産1,500万トン程度である。フェノールは、フェノール樹脂の原料となるほか、ビスフェノールA（HO－ϕ－C(CH_2)2－ϕ－OH)を経由してエポキシ樹脂やポリカーボネートを製造する原料となる。ポリカーボネートについては、CO_2の利用技術が開発されている（6章4節参照)。

なお、フェノールを直接CO_2から製造することはできない。

6.3 オレフィンなどの汎用化学品

1 オレフィンの製造

❶ オレフィンの製造工程

オレフィンはもっとも一般的な石油化学製品で、2重結合を有するため重合して高分子を生成しやすい。このため、ポリエチレンやポリプロピレンなどのプラスチック製品の原料となる。通常はナフサやLPG（Liquefied Petroleum Gas）をエチレン分解炉で熱分解して、エチレン（C_2H_4）やプロピレン（C_3H_6）などのオレフィンを製造している。製油所でガソリンを製造する際の副生ガスとしてもプロピレンが得られる。プロパンの脱水素反応[1]によってもプロピレンを製造することができる。

図6.4にナフサからポリオレフィンを製造している鹿島コンビナート（茨城県）における製造フローを示す。

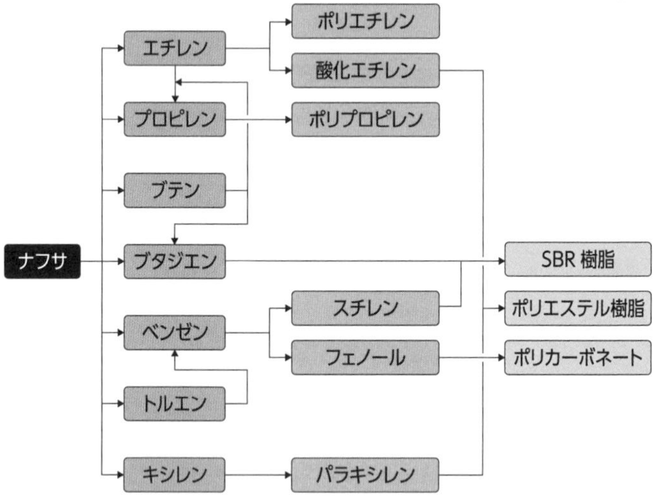

図6.4　鹿島コンビナートにおけるナフサからポリオレフィンへのルート
出典：石油化学工業協会「石油化学コンビナート所在地およびエチレンプラント生産能力」[8]をもとに作成

1　**脱水素反応**　飽和の炭化水素から水素を除去してオレフィンに変換する反応のこと。

❷ オレフィン原料の動向

アメリカにおけるシェールガスの増産にともない、メタンとともに産出するエタンが余剰となり、エタン価格が低迷している。エタンを原料としてエチレンを製造するエタンクラッカー[2]と呼ばれる装置が急増している。このため、北米産のエチレンは、中東産油国の石油随伴ガスからのエチレンに次いで高い競争力を有する。一方、エタンクラッカーからはプロピレンがほとんど生産できないので、プロピレンが不足する傾向にある。このため、エチレンとブテン（C_4H_8）からプロピレンを製造するオレフィンコンバージョンプロセス[3]が導入されて、プロピレン増産に寄与している。

プロピレンはポリプロピレンの原料となるほか、キュメンを経由してフェノールやビスフェノールAが造られる。プロピレンを酸化して造られるアクリル酸（$CH_2CHCOOH$）は吸水性樹脂の原料となるほか、各種溶媒の原料となる。また、アクリル酸の各種エステルからはさまざまなポリマーが造られる。

ブテンはオレフィンコンバージョンプロセス用の原料に使われるほか、脱水素によりブタジエン（C_4H_6）を製造し、重合することで合成ゴムが造られる。

C_5以上のオレフィンは、精製して、エンジニアリングプラスチックの原料になるほか、配合して各種溶剤の原料にもなるが、需要は限られている。

これらオレフィンをCO_2から製造するには、メタノールを経由する方法がすでに工業化されている。

2　メタノールからのオレフィン製造

CO_2からオレフィンを製造する方法として、メタノールを経由するMTO（Methanol to Olefins）プロセスが商用化されている。MTOプロセスでは触媒や反応条件をコントロールすることで、製造するオレフィンの種類やその割合を変えることができる。とくにプロピレンを中心に製造するプロセスをMTP（Methanol to Propylene）と呼んで区別している。

MTOプロセスでは、原料のメタノールの国際価格が製品オレフィンの価格に直接影響する。メタノールの発熱量当たりの価格は、原油に比べて高い傾向にあるが、国際市況は乱高下しており、原油の価格以下になることもある。天然ガス産出国で大量に製造されているメタノールは圧倒的な競争力を持っているため、天然ガス産出国以外ではメタノールはほとんど製造されていない。唯一の例外が、中国の石炭産地に立地する石炭ガス化からの合成ガスを原料とするメタノール製造である。中国では、沿岸地域から距離のある石炭の産地において、石炭から製造したメタノールをガソリンにブレンドして燃料用として使用している。も

2　**エタンクラッカー**　エタンを原料としてエチレンなどの化学品を生産する装置。日本で行われているようなナフサを水蒸気とともに高温で熱分解させる方法に比べて容易である。

3　**オレフィンコンバージョン**　エチレン（炭素数2のオレフィン）とブテン（炭素数4のオレフィン）を反応させ、プロピレン（炭素数3のオレフィン）を合成する反応のこと。不均化反応ともいう。

ちろん製造されたメタノールはMTO用にも使われる。ただし、中国においても、メタノール国際価格が400US$/tを下回ると、メタノールの輸入量が増加し、石炭ガス化プラントの稼働率が下がる傾向にある。

また、1973年、1979年のオイルショックを背景に、MTG（Methanol to Gasoline）プロセスが開発され、1986年にニュージーランドで実用化された。ただし、メタノール価格の高騰により、ガソリンに変換するよりメタノールとして販売する方が利益を出せるようになった。その結果、MTGプラントは運転を停止し、メタノール製造プラントのみ運転を継続したという経緯がある（MTGプラントの実用化の現状については、5章5節を参照）。なお、このMTGプラントの運転条件を改良し、生成物中の芳香族の比率を高めたのがMTA（Methanol to Aromatic）プロセスである。

6.4 CO_2から合成される高分子化合物

1 ポリカーボネート

ポリカーボネートは熱可塑性プラスチック[1]の一種であって、単位モノマー[2]をカーボネート基（－O－(C=O)－O－）で結合するポリマーである。透明性が高くアクリル樹脂などとともに有機ガラスとも呼ばれる。CDやDVDの材料に使われているが、強度が高く透明性も高いわりに価格が安いので、自動車や航空機、輸送機器、電子機器などにも広く使われている。強度が高く、ガラスと比較して軽量であるため、防弾ガラスの代替にも適している。ポリカーボネートは、エンジニリングプラスチックの中では使用量が比較的多い樹脂で、全世界で年間500万トン程度生産されている（ポリカーボネートはその約4割を占める）。一時は大幅な需要の伸びも期待されたが、その後のインターネットの普及により記録媒体（CDやDVDなど）としての使用量が少なくなり、需要があまり伸びていない。2019年の統計では、国内のポリカーボネートは23万トン程度の生産量で、ポリエチレン（2019年国内生産量245万トン）などの汎用ポリマーの需要とはかなりの開きがある。

これまでの製法は、ビスフェノールA（$HO-\phi-C(CH_2)_2-\phi-OH$）とホスゲン（$COCl_2$）を原料としていた。ホスゲンは毒性が高いのでホスゲンを使わない製法が研究され、ジフェニルカーボネート（$\phi-O(CO)O-\phi$、DPC, Diphenyl Carbonate）のビスフェノールAによるエステル交換反応による重合法が開発された。エステルとは、酸とアルコールから水が取れてできる化合物のことで、エステル交換反応とはエステルを構成する酸かアルコールのどちらかを別の酸やアルコールと交換する反応のことである。ここではエステルであるジフェニルカーボネートが二価のアルコールであるビスフェノールAと反応して、フェノールを副生しつつ重縮合することでポリカーボネートが形成される。

2 ジフェニルカーボネート

ジフェニルカーボネートは、**図6.5（上）**に示すように、CO_2とエチレンオキサイド（酸化エチレン）を原料とし、エチレンカーボネート（$(C_2H_4O)CO$）、ジメチルカーボネート（$CH_3-O(CO)O-CH_3$）、ジアルキルカーボネート）を経由して造ることができる。旭化成はこのプロセスを開発したことにより大河内賞を受賞している[9]。

旭化成は、エチレンオキサイド（酸化エチレン）を原料としない新製法であるDRC法DPCプロセスも開発した。そのフローも**図6.5（下）**に示す。岡山県の水島コンビナートで

---

1 **熱可塑性プラスチック**　熱を加えると軟化し、変形するプラスチックのこと。冷却すると硬化し変形した形状を維持する。

2 **単位モノマー**　ポリマーを構成する最小単位のモノマーのこと。

実証プラントを建設し、省エネルギーかつCO_2排出量削減プロセスであることを確認した[10]。ジフェニルカーボネートとビスフェノールAからポリカーボネートが形成される点では両者は同じである。ただし、DRC法DPCプロセスはエチレンオキサイド（酸化エチレン）を原料としないので、石油化学コンビナートに隣接せずにプラントを立地できる。さらに、反応がシンプルで省エネルギープロセスになっている。EO法、DRC法ともに原料にCO_2を使用することから、代表的なCCUプロセスといえる。

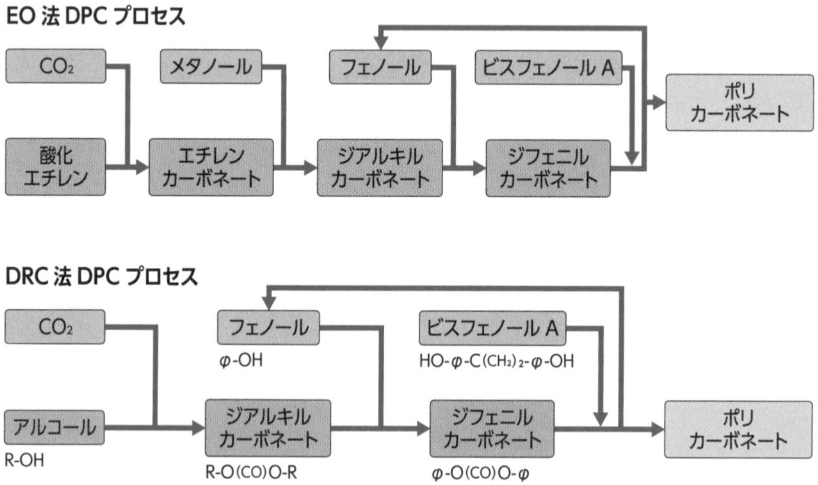

図6.5　ジフェニルカーボネート（DPC）製造のEO法とDRC法プロセス

3　ポリウレタン

ポリウレタンは熱可塑性樹脂であるポリエチレンと異なり、温度を上げても溶けない熱硬化性樹脂である。ただし、熱可塑性ポリウレタンエラストマー（TPU：Thermoplastic Polyurethane）だけは熱可塑性樹脂である。

可塑性とは、固体に力を加えて変形させたとき、その力を除いても元に戻らない性質のことで、熱可塑性とは加熱により可塑性が出るものをいう。熱可塑性樹脂は融点まで加熱すると、やわらかくなる樹脂のことである。

熱硬化性樹脂は成形される際、加熱によって硬化する樹脂で、硬化に際して分子同士が橋のように結合するため高強度の樹脂となり、温度変化による影響を受けにくく、耐熱性に優れている。

熱硬化性樹脂であるポリウレタンはウレタン結合（－NH・CO・O－）をもつ高分子で、水酸基を有するポリオール（HO－R－OH）と、イソシアネート基（OCN－）を有するジイソシアネート（OCN－R－NCO）を化合させて製造される。ジイソシアネートには芳香族ジイソシアネートなど、さまざまなジイソシアネートが使われ、性質の異なるポリウレタンが作られている。グリセリン（$(CH_2OH)_2CHOH$）などのトリオールを使用する場合もある。ジイソシアネートは1級アミンとホスゲンの反応で作られる。

しかし、ホスゲンは毒性の高い気体であり、ホスゲンを使わないポリウレタンの製法が種々検討されている。ホスゲンを用いない合成法としては、これまでにアミンと炭酸ジメチルとの反応で得られるウレタンを熱分解する方法が知られている。これには別途炭酸ジメチルの合成が必要であり、反応プロセスも多段階となるため、より直接的なウレタン合成法の開発が望まれる。**図6.6**の上段は従来のホスゲンや炭酸ジメチルを利用したウレタン合成プロセスであり、同図下段がCO_2を原料として直接的にウレタンを合成できる理想の製造フローである。

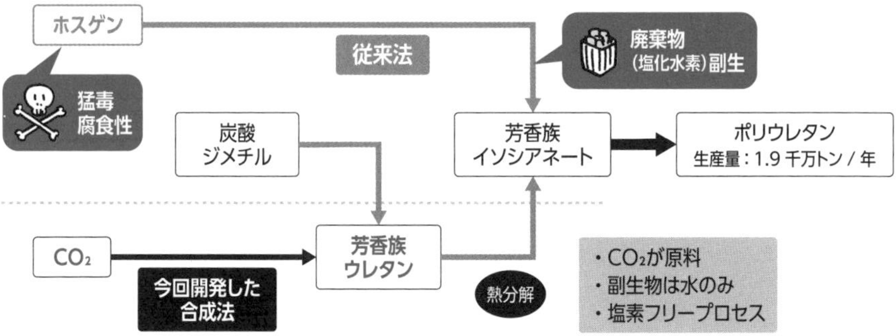

図 6.6　炭酸ジメチルからの芳香族イソシアネート合成法
出典：産総研「二酸化炭素からポリウレタン原料を効率的に合成」(2014.9) [11] をもとに作成

そこで、CO_2と芳香族アミン、スズアルコキシド化合物とを反応させて、芳香族ウレタンを製造する反応プロセスを産業技術総合研究所が開発した[11]。**図6.7**に示すように、反応で使われたスズアルコキシド化合物はアルコールで再生され再利用される。また、反応プロセス全体で消費されるのはCO_2、芳香族アミン、アルコールだけであり、化学式上の副生成物は水だけである。この方法では、原料などに塩素を一切使用しないことも特長である。

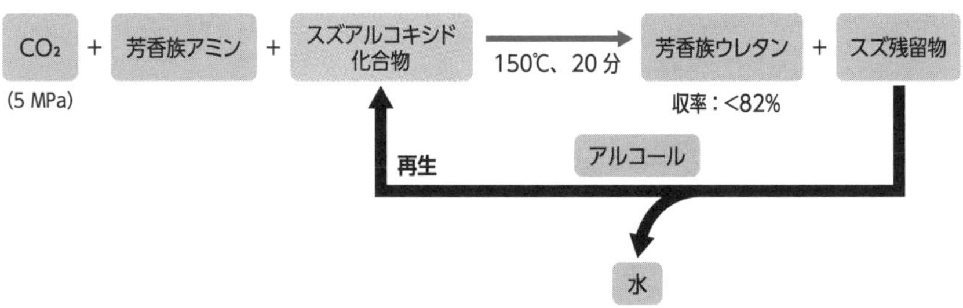

図 6.7　炭酸ジメチルを使用しない芳香族イソシアネート合成法
出典：産総研「二酸化炭素からポリウレタン原料を効率的に合成」(2014.9) [11] をもとに作成

6.5 日本の研究開発プロジェクト

現在、CO_2の有効利用（CCU）を目指して、新エネルギー・産業技術総合開発機構（NEDO）は「人工光合成」と「メタネーション技術」の2つの研究開発プロジェクトを推進している。メタネーション技術は、燃料製造の一環である（5章12節参照）。

また、CO_2を電解水素などと反応させるのではなく、メタンと反応させることで合成ガス（CO+水素）を製造し、化学合成反応の原料にするドライリフォーミングと呼ばれる触媒反応技術も実証を終了している。ここでは、人工光合成とドライリフォーミングを中心に解説する。

1 人工光合成

2012年10月に6企業と1団体によって、「人工光合成化学プロセス技術研究組合（ARPChem）」が設立された。

この研究組合の目的は、図6.8に示すように、太陽光を利用する光触媒を用いて、水を分解して水素と酸素を製造し、分離膜を用いて水素を安全に分離する。分離された水素とCO_2から合成触媒を用いて、化学品原料である低級オレフィン[1]を製造する化学プロセスを確立することを目的としている。

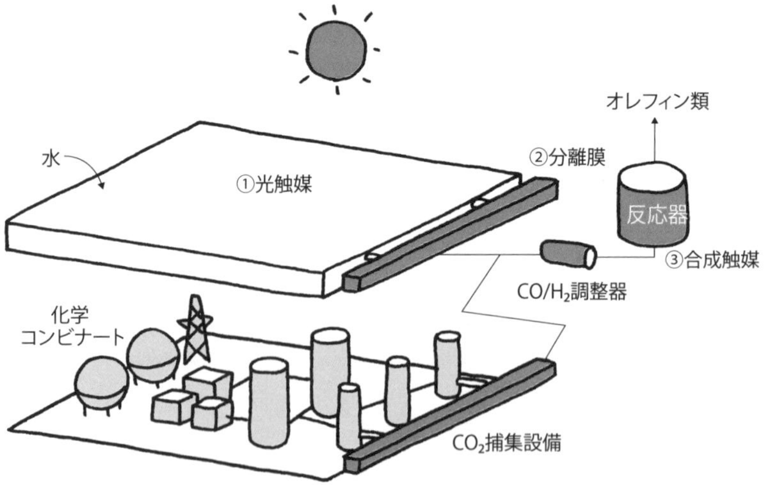

図6.8　人工光合成の概念図
出典：人工光合成化学プロセス技術研究組合[12]の資料をもとに作成

1　**低級オレフィン**　炭素数の少ない（1～5程度）のオレフィン類、対して炭素数が10以上のオレフィンや脂肪酸に高級が使用されている。

このようなプロセスが成り立てば、化石資源からの脱却ができて資源問題・環境問題の解決になるとされており、技術を実用化するには、次の3点が求められている。

①光触媒のエネルギー変換効率の飛躍的向上
②水素／酸素を安全に分離する分離膜技術の確立
③水素とCO_2から低級オレフィンを高選択率で製造する触媒プロセスの確立

これらの技術の組合せによって、ナフサなどの化石資源である石油から製造されているオレフィンと同等以下のコストで、化学品を製造することを目指している。

上記3点の内、③の低級オレフィン製造プロセスは、水素とCO_2から合成されるメタノールを中間原料として、オレフィンを製造するプロセスである。このメタノールを原料としてオレフィンを製造するプロセスはMTO（Methanol to Olefins）と称されている。

合成ガス（CO+水素）からメタノールを合成する化学反応は、合成ガスに含まれる微量のCO_2が大きく関与しており、逆にCO_2がない実験では反応速度が非常に遅いことが知られている[13]。したがって、CO_2からメタノールは容易に製造可能であり、技術的な課題は、メタノールから高効率でC3やC4の低級オレフィンを製造する触媒の開発である。

①の光触媒は、1972年に本多健一先生と藤嶋昭先生の共同研究成果として科学雑誌「ネーチャー」に発表された、「本多－藤嶋効果」として知られる酸化チタン（TiO_2）による光触媒の水の分解が有名であり、人工光合成の端緒となった。

しかし、1日で回収できる水素量は、TiO_2を塗布した1m^2の面あたり約7リットルと少なく、光触媒の実用化研究はその後中断された。酸化チタンの抗菌性や有機物の分解性および超親水性などの研究が進んで多くの実用化事例が知られている。

本プロジェクトでは、光触媒の太陽エネルギー変換効率は、「2021年度に10%」を最終目標としている。新しい光触媒の探索・開発および、実際に触媒を使うための形態にする成型加工技術の研究が進められている。

図6.9に示すような、水素と酸素を別々の光触媒で生成する「タンデムセル[2]型光触媒」では、2016年度に植物の光合成の約10倍となる世界最高の太陽エネルギー変換効率となる3.0%を達成した。さらに2017年度に改善した結果、3.7%が達成されている。

2　**タンデムセル**　タンデムは本来二頭立ての馬車のこと。二人乗り自転車（タンデム車）などのように別の仕事をする装置を直列に配置して全体で1つ装置としての働きをおこわわせるもの。この場合、酸素の発生セルと水素の発生セルをタンデムに配置することで、水素の酸素の分離を容易にしている。

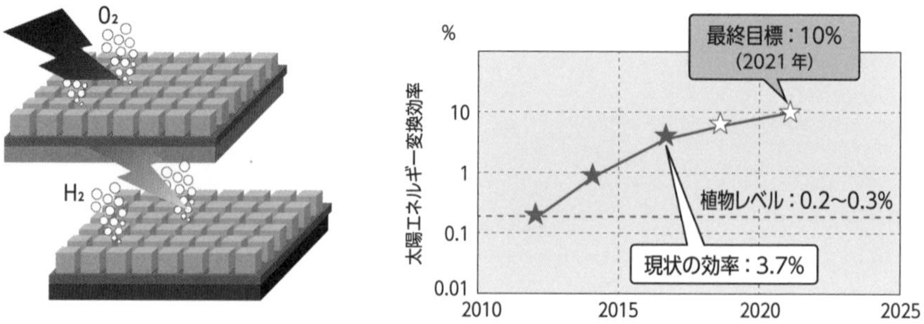

図6.9　タンデムセル型光触媒と太陽エネルギー変換効率の推移
出典：経済産業省 資源エネルギー庁「CO_2を『化学品』に変える脱炭素化技術『人工光合成』」(2018.7) [14] をもとに作成

2　ドライリフォーミング

❶ ドライリフォーミング触媒の利用によるCO_2削減

さまざまな石油化学プロセスにおいて、反応の原料となるCOと水素の混合ガスは合成ガスと呼ばれ、現在は主に天然ガスの水蒸気改質反応あるいは石炭ガス化反応などから供給されている。

天然ガスの水蒸気改質反応は、次式に示すような吸熱反応であるが、水蒸気の代わりにCO_2を用いれば同様の吸熱反応でCOと水素を製造することが可能であり、「ドライリフォーミング」反応と呼ばれている。

$$CH_4 + H_2O \rightarrow 3H_2 + CO \qquad \Delta H = 206\text{kJ/mol}$$
$$CO_2 + CH_4 \rightarrow 2H_2 + 2CO \qquad \Delta H = 249\text{kJ/mol}$$

水蒸気改質反応は、アルミナなどの担体にニッケル金属を担持した触媒によって高温(600℃以上)で行われるため、熱分解によるカーボンの析出が起こりやすく、水蒸気改質では、水蒸気を反応に必要な量より多く用いている。

ドライリフォーミングの触媒は、ロジウム(Rh)やルテニウム(Ru)金属を、ルイス塩基性[3]の金属酸化物(MgOなど)に担持させる組み合せがカーボンの析出が少ないとされて開発されてきた。この触媒では850℃、化学平衡に到達する割合が96%と高い条件で、400時間後のカーボン析出はわずか0.9%と少ないことが報告されている。また、カーボン析出による触媒の活性低下は、水蒸気改質の条件で運転することで触媒活性が再生することが報告されている。

3　**ルイス塩基性**　水素イオンH+に着目し、放出するもの酸(アレニウス酸またはブレンステッド酸)する定義とは異なり、電子の授受によって定義する考え方。「ルイス酸：非共有電子対(ローンペア)を受け取る物質」「ルイス塩基：非共有電子対(ローンペア)を与える物質」。金属原子のイオンは共有電子を受け取る側なのでルイス酸が多い。

この開発触媒は、2007年から独立行政法人　石油天然ガス・金属鉱物資源機構（JOGMEC）のプロジェクトとして、石油会社やエンジニアリング会社で構成される「日本GTL技術研究組合」[15]が行った、天然ガスを原料としたFT合成プロセスの実証運転プロジェクト（新潟県新潟市東港）において使用された。

この日本GTLプロジェクトは、天然ガスに随伴するCO_2を分離して廃棄することなく、炭素源として利用することを目的に開発された技術である。当時、天然ガスを産出しLNGとするプロジェクトでは、天然ガスに10％程度のCO_2を含み、比較的小規模のガス田では採算が悪いので、このような天然ガスに応用することを目標とした。

❷ 日本での普及の課題

日本GTL実証プロジェクトでは、FT合成プロセスに合成ガス（CO+水素）を供給する工程にドライリフォーミングの技術が採用された。そこでは、開発触媒を使用して、プラントの3年間の運転（夏季のみ運転、冬季保守点検）において、化学反応は、100％進み、累積6,600時間の実証運転を達成した。

このGTL実証化プロジェクトで製造される製品は、先行しているカタールなどのプロジェクトと同じく、FT合成でノルマルパラフィンワックスを製造し、水素化分解によって主に軽油が製造される。

GTL技術によるガソリン成分である芳香族化合物の製造は、かつてアパルトヘイト政策によって石油の供給が断たれていた、南アフリカ共和国で行われていた。石炭ガス化で製造された合成ガスを、鉄系触媒による高温条件でFT合成するもので、石炭間接液化（CTL）と呼ばれる。特殊な状況で開発されたもので、反応収率が低く普及していない。

3　化学品を製造する研究

経済産業省は、「カーボンリサイクル技術事例集」[16]に下記のCO_2から化学品を製造する技術開発を示している。

	研究内容	研究機関
①	CO_2からアルコール類を製造する技術開発	・国立研究開発法人　産業技術総合研究所
②	CO_2からオレフィン直接合成	・日本製鉄株式会社 ・富山大学
③	CO_2から炭酸エステル合成技術	・日本製鉄株式会社 ・三菱ガス化学株式会社 ・日鉄エンジニアリング株式会社
④	CO_2から電解還元法によるC2化合物製造技術およびシステムの研究開発	・千代田化工建設株式会社 ・古河電気工業株式会社 ・国立研究開発法人　理化学研究所

そのほか、国内の大学では、合成ガスからメタノール経由で生成されるオレフィンを環化し、パラキシレンなどの芳香族化合物を合成する新たな触媒の開発も行われている。

6.6 海外の研究開発プロジェクト

1 世界のCO_2削減技術

産業界から排出されるCO_2は、これまで消火剤や食品などへの直接の利用が主であったが、化成品原料あるいは燃料製造の原料として利用する技術開発が行われている（3章3節**図3.9**参照）。

CO_2削減に関する世界的な研究所であるThe Global CCS Institute（GCCSI）が、2011年に公表したレポート[17]には、CO_2の有効利用の技術開発分野として10のテーマを挙げており、EOR、コンクリート利用、藻類を利用したバイオ燃料分野など、現在でも行われている分野も多い。

その後、世界最大のCO_2排出国であるアメリカで、民主党のオバマ政権の下でCO_2排出量の大きい産業とされていた石炭業界の協会（NCC：National Coal Council）が2016年8月にCO_2の有効利用に関するレポート[18]を公開している。

このレポートでは、CO_2の利用分野として、CO_2を地下に閉じ込める地質分野の利用（Geological Uses）とそれ以外に分けている。地質以外の分野の利用（Non－Geological Uses）では、以下の4分野に分けて解説されている。

分野	内容	参照
食品・飲料	炭酸飲料や重曹、CO_2超臨界抽出など	1章7節参照
	無機炭酸塩および炭酸水素塩	4章3、4節参照
プラスチック・ポリマー	ポリカーボネートとポリウレタン	6章4節参照
	有機化学品および特殊化学品	6章1～4節

このNCCレポートでは、2015年時点の生産量をもとに、CO_2を原料としてすべての化学品やポリマーを生産したとして計算すると、全世界で年間約6億6,100万トンのCO_2を利用可能であり、アメリカだけでも化学品業界で1億6,300万トンになると試算されている。

3章3節の**表3.3**で世界の2016年時点のCO_2利用の実績を示したが、CO_2の消費量は約2億3,200万トンとなっている。このうち半分以上の1億3,200万トンは、尿素の生産に消費されていることが示されている。尿素（化学式：$(NH_2)_2CO$）は、世界の窒素肥料の使用量の約50%を占めており、2モルのアンモニア（NH_3）と1モルのCO_2から合成される。アンモニア製造時に分離・回収されるCO_2を利用することで尿素が合成され肥料として販売されている。しかし、肥料として利用された尿素は最終的に分解してCO_2が大気に放出される。

さらに、近年では、植物の栄養源として必要なリン酸や硝酸態窒素とアンモニアからの肥料合成も数多く行われており、アンモニアの製造で発生しているCO_2は、液化炭酸ガスの販売に回り、その量も増えていると思われる。

このアメリカの石炭協会の分析でも、CO_2の利用についてはアメリカより欧州の化学産業の方が一歩進んでいるようである。

2 欧州のCO_2利用技術開発

❶ サリチル酸合成

ドイツでは、CO_2を利用した化学品の製造法として、サリチル酸の製造技術が第二次世界大戦後の早くから確立されている。下記の化学式に示さるように、フェノールのアルカリ塩とCO_2を高温、高圧（5–6 気圧、125 ℃）で反応させ、オルト位[1]にカルボキシル基（−COOH）が導入される。この反応は1800年代に発見した科学者ヘルマン・コルベとルドルフ・シュミットの2人の名前をとってコルベ・シュミット反応（Kolbe-Schmitt reaction）[19][20]と称され、これまで実用化されたCO_2を工業的に利用する数少ない例である。

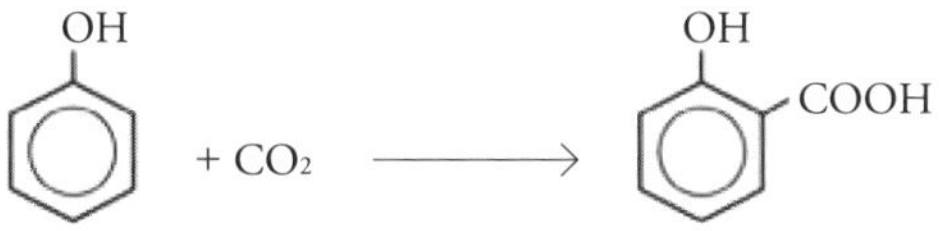

フェノール　　サリチル酸

サリチル酸は常温常圧では固体、無色の針状結晶で、多くの植物内にもエステル体で存在しているが、この合成法の確立によって、現在でも消炎剤や鎮痛薬の原料として多く用いられている。

❷ CCUによる新しい化成品合成プロセス

ドイツでは、前述のコルベ・シュミット反応に続いて、従来、プロピレンの気相酸化で合成されていたアクリル酸[2]を、下の化学式に示す反応によって、CO_2とエチレンから直接合成するプロセスが研究されている。ドイツ政府とBASFの支援のもとで、大学で研究されていると報告されている[21]。

$$CH_2 = CH_2 + CO_2 \quad \rightarrow \quad CH_2 = CH - COOH$$

1　**オルト位**　ベンゼン環で、隣接した位置に置換基が結合しているパターン。

2　**アクリル酸**　容易に重合しポリアクリル酸となる。親水性が高いので、紙おむつなどに用いられる。

また、ドイツのSunfire GmbHは2013-2014年に「Power to Liquid Fuels」プラントを建設し（5章13節参照）、CO_2の水素還元をベースとするFT合成により、日量160リットルの炭化水素燃料を製造しているとも報告されている。FT合成は、化学品製造にも応用できる。

❸ Carbon2Chem

ドイツは世界でもCO_2の利用が活発であり、2016年には「Carbon2Chemプロジェクト」が開始された。

このプロジェクトは、鉄鋼産業から排出されるオフガスの組成が、石炭などから誘導される化学品などの原料となる合成ガス（CO+水素）に近いことから始められたプロジェクトである。ヨーロッパ最大でドイツの産業の柱となっている鉄鋼産業が排出する年間2,000万トンのCO_2を、産業に使用することを目標としており、この量は、ドイツの工業プロセス、または加工業から放出される年間CO_2の10%に相当する。なお、鉄鋼産業から得られる原料のみでは水素の量が不足するので、ドイツのほかのプロジェクト同様、水電解で製造される水素を利用することが想定されている。

プロジェクトは、マックス・プランク研究所（the Max Planck Society）、フラウンホーファー協会（the Fraunhofer Society）および多くの大学と8社の民間企業が参加して、7つのサブプロジェクトによって推進されている[22]。

	プロジェクト内容	担当
L0	プロジェクト管理とシステム統合	thyssenkrupp社
L1	水の電気分解とグリッドの安定性	thyssenkrupp社
L2	持続可能なメタノール生産	AkzoNobel社
L3	ガス浄化と触媒作用	Linde社
L4	高級アルコールと多価アルコール	Evonik社
L5	ポリマー	Covestro社
L6	オキシメチレンエーテル	BASF社

このプロジェクトを推進する連邦教育研究省（BMBF）は、4年間で専用施設の設備や運営に約1,000万ユーロを投資し、2018年9月20日に完成している。

このCarbon2Chemプロジェクトでは、鉄鋼業、発電、化学工業などの分野を越えたネットワークの構築を視野にいれて、ノルトライン=ヴェストファーレン州にとって重要な産業となっており、18万人以上が従事している。

ヨーロッパの鉄鋼業界では、CO_2削減を目的としてSALCOSプロジェクトが推進されている。これは、再生可能エネルギーから製造された水素を鉄鋼で利用する試みで、CCUとは観点が異なっている。

3　アメリカのCO_2利用技術開発

先のアメリカのレポートで触れているように、アメリカにおけるCO_2の化学品への利用研究は、世界の化学技術を常にリードしてきたアメリカにしては、力が入っていないと感じられる。

アメリカは、CO_2をパイプラインによって輸送して石油の三次回収（EOR）などに利用するインフラがほかの地域に比べて特に充実している（4章6節参照）。近年のシェールガス層へのCO_2注入によるEGR（Enhanced Gas Recovery）や、アメリカに豊富に存在する炭層メタン（CBM：Coal Bed Methane）を、CO_2を圧入して回収するECBM（Enhanced Coal Bed Methane）など、短期間での投資回収が見込まれる分野に注力している。

現在のトランプ大統領の就任直後（2017年2月）のレポート[23]でも、今後、天然ガスからの分離・回収や、バイオエタノール製造から回収したCO_2は、パイプラインを増強してEORなどに利用する。その結果、CO_2を地下に封じ込め、同時に収益性の高い産業になるとされている。

一方、基礎研究は、大学や国立研究所で地道に進められている。CO_2を用いたエタノール、プロパノールなどの有機合成の研究がその1つである。カリフォルニア大学バークレー校（University of California, Berkeley）、ローレンスバークレー国立研究所（Lawrence Berkeley National Laboratory）の研究チームは、バクテリアとナノワイヤ[3]を組み合わせた人工光合成システムにより、効率的に酢酸塩などの有機化合物を生産する技術を開発したと報告している[24] [25]。システムとしては、**図6.10**に示されているように銅（Cu）と銀（Ag）の金属

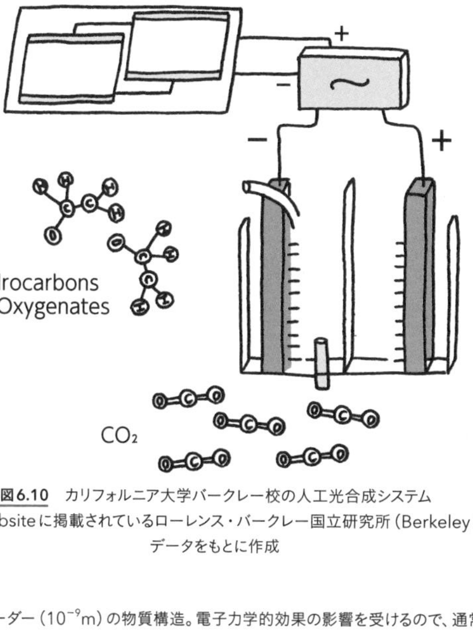

図6.10　カリフォルニア大学バークレー校の人工光合成システム
出典：trendwatcher websiteに掲載されているローレンス・バークレー国立研究所（Berkeley Laboratory）[24]のデータをもとに作成

3　**ナノワイヤ**　ナノメートルオーダー（10^{-9}m）の物質構造。電子力学的効果の影響を受けるので、通常の物質とは大きく異なる物性を持つ。

ナノ構造体からなる新型触媒を利用した電極により、中性の水溶液中でCO_2を還元してエタノールやエチレン、あるいは燃料や薬品の原料となる炭化水素化合物を生成したことが報告されている。

また、オークリッジ国立研究所（Oak Ridge National Laboratory）のチーム[26]は、グラフェン（4章5節参照）の電極を用い、銅のナノ粒子を触媒として、水中に溶解させたCO_2を電気化学的反応により、63%の収率でエタノールに転換することを実験で確認した。このようなCO_2からエタノール製造の研究が進んでいる。

アメリカ、イリノイに拠点を置くLanzaTech社[27]は、カーボンリサイクルを提唱し、リサイクルに組み込まれた物質をCarbonSmartと称している。CO、CO_2、H_2を含むガスからガス発酵でエタノールを生産するプロセスを開発し、商業化している。鉄鋼などのCO濃度が高い排ガスにCO_2を加えたガス、あるいは都市廃棄物をガス化したガスを用いる。エタノールは、エチレンを製造するTechnipFMC社のHummingbird®プロセスと組合わせてATJ（Alcohol to Jet）ルートでジェット燃料の製造が可能である。

第7章

必要な水素の製造

5章、6章では、CO_2から化学品や燃料を製造する際に、水素が使われることを述べた。炭素と水素を主とする化合物、いわゆる炭化水素（Hydrocarbon）である天然ガス、石油、石炭などを燃焼すれば、CO_2と水が生成することは自明の理である。逆に、CO_2から製造される化学品や燃料はいずれも、炭素材料以外では炭素と水素の化合物であることから、CO_2には、必ず、水素を添加する必要がある。

また、2章1節で解説したように、CO_2は持っているエネルギーが低い、いわゆるエネルギー準位が低いので、それを高めるためには、エネルギー準位が高い物質が必要となる。それが水素である。

水素が再生可能エネルギーから製造されたものであれば、その水素とCO_2が反応してできた化学品や燃料、例えば、メタネーション反応により製造されたメタンは、燃焼しても原料であるCO_2と等量のCO_2を発生するだけである。このメタンを製造する過程では、厳密には、CO_2回収工程や製造時の加熱、LNG製造、CO_2やメタンの輸送においてCO_2が発生するものの、CO_2を大幅に削減できる意味は大きい。そこで、このようなメタンは「CO_2フリーメタン」と呼ぶに相応しい。

本章では、従来の水素製造法に続き、再生可能エネルギーからの水素製造法を示し、その場合に、どこの国で製造し、水素をどう輸送するのが適当であるか説明する。さらに、日本の水素戦略を紹介する。

7.1 従来の水素の製造法

1 水素をエネルギーとして利用するには

水素は単体では地球上に存在せず、大部分は水か有機物に含まれている。これは水素が空気と比べて軽量であること、酸素との反応性が非常に高いことといった物性上の理由のほか、約45億年に渡る生物の活動の結果として、大量の有機物が生み出されたことによる。したがって、人類が水素を得るためには、上記の水や有機物にエネルギーを加えて水素を製造する必要がある。

水素は人類が活用している多くの物質に含まれており、水素の製造はさまざまな産業分野で重要な工業プロセスとなっている。また、小規模にはオンサイト型水素ステーションや都市ガス型の燃料電池の内部で水素の製造が行われている。2020年時点でもっとも大量の水素を製造しているプロセスは、石油などの化石資源に含まれる炭化水素と水を原料とする方法である。炭化水素と水とから水素を製造する工業プロセスにはいくつかあるが、**表7.1**のように分子中の炭素分の少ない軽質炭化水素と多い重質炭化水素で適用可能なプロセスが異なる。軽質炭化水素に対しては水（水蒸気）と触媒反応させる水蒸気改質法が、重質炭化水素に対しては部分酸化法が用いられる。このほか水蒸気改質法と部分酸化法を組み合わせたオートサーマル法が使われることがあり、石油精製においては接触改質法と呼ばれるプロセスの副生物として水素が生み出されている。本節で紹介する従来の水素製造法では炭素も同時に得られるが、この炭素を利用してCCUSを行う場合、高純度CO_2が得られるCO_2分離・回収技術が必須となる。

表7.1 水素製造法と適した原料・主な用途

水素製造法	原料炭化水素	用途
水蒸気改質法	・天然ガス ・LPG ・ナフサ ・メタノール	・化学品製造 ・定置用燃料電池 ・オンサイト水素ステーション
部分酸化法	・重質油 ・石炭 ※軽質炭化水素も可	・化学品製造 ・流体燃料製造（石炭液化、石炭ガス化）
オートサーマル法	・天然ガス ・LPG ・ナフサ ・メタノール	・水蒸気改質法の省エネ化
接触改質法	・重質ナフサ	・重油、軽油の水素化脱硫

2 化石資源からの水素製造法

❶ 水蒸気改質法

炭化水素を水蒸気と触媒反応させることで水素を得る方法であり、炭化水素と水蒸気の両方が水素の原料となる。1章8節に述べたように、CO_2の製造方法としても産業上重要なプロセスである。例えばメタンを原料とする水蒸気改質反応は以下の式①で表される。この反応は吸熱反応であるため、継続的に反応させるためには反応器を外部から加熱する必要がある。水蒸気改質プロセスでは式②で表されるCO転化反応（水性シフト反応）も重要であり、有毒なCOを取り除き、目的生産物の水素を増量する。

① $2CH_4 + 3H_2O \rightarrow 7H_2 + CO_2 + CO$

② $CO + H_2O \rightleftarrows CO_2 + H_2$

後述する部分酸化法と比較して、水蒸気改質法は酸素製造と事後の不純物処理が不要で、設備が安価となる。しかし、改質触媒が原料に含まれる硫黄分により被毒されることがあるほか、原料の炭素分が多いと触媒に炭素が析出することから、原料は軽質炭化水素に限られる。

プラントとしては**図7.1**のような構成となり、大きく4つの工程から成っている。第1の工程は水素化脱硫で、後段の水蒸気改質触媒を被毒しないように原料炭化水素を水素と混合し、加熱の後に脱硫装置で硫黄分を取り除く。第2の水蒸気改質工程には改質器と加熱炉が一体となった設備が用いられ、原料炭化水素と水蒸気を反応させる。水蒸気改質後のガスは3段目のCO転化工程に導かれ、COをCO_2に転化すると同時にガス中の水素を増量する。最後に精製して不純物を除去し、高純度の水素を得る。精製方法としては2020年現在では99%以上の水素純度が得られるPSA（Pressure Swing Adsorption）法が主流であり、可燃成分を含むPSAオフガスは加熱炉の燃料とされる。しかしPSA法では得られるCO_2の純度が低いため、CCUS目的では水素純度が97～98%程度と低い代わりに高純度のCO_2を得ることができるアミン法や熱炭酸カリウム法が有用となる（2章2節参照）。

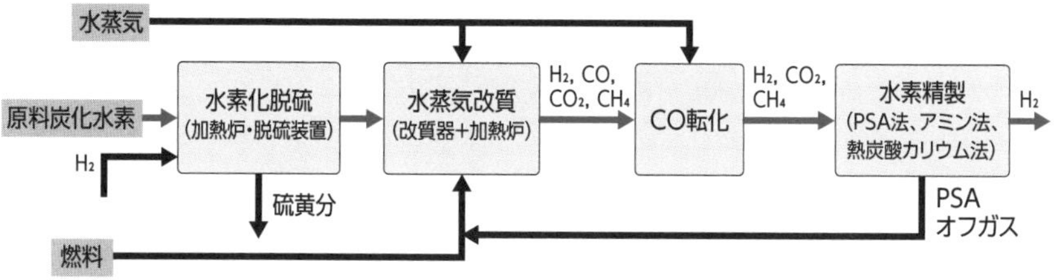

図7.1 水蒸気改質法のプロセスフロー

❷ 部分酸化法

名前の通り、酸化反応＝燃焼反応を途中で止める形の化学反応を用いて水素を製造する。この反応は発熱反応である。メタンを例に取ると、化学反応式③で表現される主反応のほかに、④熱分解反応や⑤燃焼反応、⑥CO転化反応も進行している。

③ $CH_4 + 1/2O_2 \rightarrow CO + 2H_2$

④ $CH_4 \rightarrow C + 2H_2$

⑤ $CH_4 + 2O_2 \rightarrow CO_2 + 2H_2O$

⑥ $CO + H_2O \rightleftarrows CO_2 + H_2$

プラントとしては**図7.2**のような構成となり、ガス化炉で水蒸気と炭化水素と酸素を接触させ、炭化水素を部分酸化させることで一酸化炭素(CO)と水素を主成分とする合成ガスを得る。これを不純物である窒素化合物や硫黄化合物を除去する工程、COをCO_2に転化し除去する工程に通して高純度の水素を得る。1,000℃以上の高温が必要となるが触媒が不要なため、軽質炭化水素から重質炭化水素までを原料とすることができる。また、原料に硫黄分が含まれていても問題なく稼働する。必要な酸素は深冷分離法で得る。不純物を除去されたあとの合成ガスは1990年頃まで都市ガスとして用いられていた[1]。

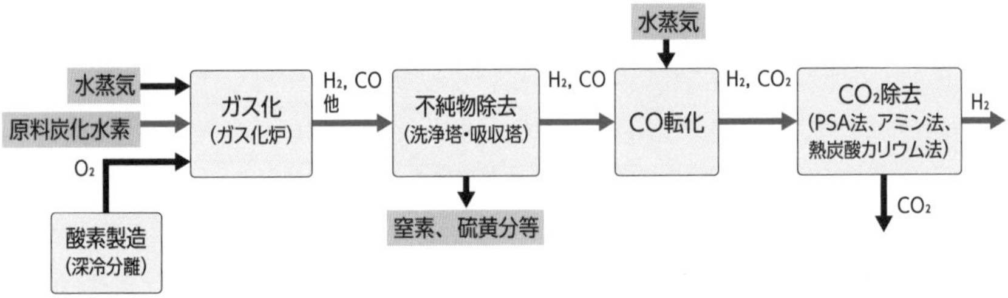

図7.2　部分酸化法のプロセスフロー

❸ オートサーマル法

水蒸気改質法は吸熱反応、部分酸化法は発熱反応である。オートサーマル法は水蒸気改質法が必要とする熱の一部を部分酸化法の反応熱から供給することにより、全体でのエネルギー消費量を抑制することを狙った方法である。水蒸気改質法が含まれる関係で、適用可能な炭化水素は軽質炭化水素である。1つの反応器の前半で部分酸化法を、後半で水蒸気改質法を用いる。

❹ 接触改質法

石油精製プロセスでは、原油を精製して多種多様な石油製品を製造している。その中で副生成物として水素ができるプロセスがあり、それがこの接触改質法である。接触改質法の目的生産物はガソリンの原料（基材）となる芳香族炭化水素である。重質ナフサを原料として白金系合金の触媒に接触させて、その中に含まれる環状飽和炭化水素、鎖状飽和炭化水素を異性化・脱水素してトルエンなどの芳香族炭化水素を得る。高級鎖状炭化水素の水素化分解や分解した低級鎖状炭化水素の異性化も同時に起こり、それらの反応時に余った水素が副生物として発生する。ここで生み出される水素は重油や軽油の水素化脱硫に用いられている。石油製品から不純物を除くことで燃焼排ガス中のSOx、NOxを低減し、大気汚染の防止に貢献している。

7.2 再生可能エネルギーからの水素製造

1 再生可能エネルギーから水素を製造するには

再生可能エネルギーからの水素製造は、地表を循環する水と化石資源以外の有機物に原料を求めることになる。**表7.2**に再生可能エネルギーからの水素製造方法を比較する。規模、効率ともに2020年時点の最大・最良のものである。効率を横並びに比較するのは困難だが、生産された水素やメタンの持つエネルギーを投入エネルギー（水電解に関しては投入電力）で除したものである。

表7.2 再生可能エネルギーからの水素製造方法の比較

水素製造法	用途	規模	効率
アルカリ水電解	太陽光・風力・水力からの水素製造	～数万m^3N／h	～71%
PEM水電解		～数万m^3N／h	～71%
高温水蒸気電解	同上、SOFCとの兼用	～50m^3N／h／台	80%以上
水素発酵	食品加工プラント、ゴミ処理場でのエネルギー回収など	50kg／日の食品残渣より 水素0.5～1m^3／日 メタン5～10m^3／日	55%以上
バイオガス 水蒸気改質	下水処理場でのエネルギー回収、水素ステーション	下水処理場の規模によるが、数百m^3N／h程度	70～85%
バイオマスガス化	バイオマスガス化発電所など	ガス化発電所で10MW程度まで	65～85%
光触媒	太陽光からの水素製造	基礎研究段階	約1%～2%
水の熱分解 （IS法）	太陽熱からの水素製造	0.03m^3N／h	約67%

2 水素製造方法

❶ 水電解

水の電気分解は水を電気化学的に分解して水素を発生させる手法で、液相の水を用いる場合と、気相の水すなわち水蒸気を用いる場合がある。

一般に電気分解を行う設備は電解槽（電解セル）と呼ばれ、陰陽の電極と両極をイオン的に接続する電解質、反応効率を高め両極から発生する物質を分離する役割を果たす隔膜から構成される（**図7.3**）。**図7.3**の上に記載した電気化学反応式からわかるように水素製造量にともなって必要な電子量（=電流量）も増えるため、電解槽は電気機器としては比較的低電圧で大電流を必要とする。

再生可能エネルギーのうち大量供給が期待されるものは、風力や太陽光といった保存の利かない電力の形で得られ、かつ人間の都合に合わせてコントロールすることができない（変動性）ものである。水電解はこの変動性の再生可能エネルギーの使い切れない分を水素の形で貯蔵する手段や、再生可能エネルギーから化学品原料などを製造する手段として期待されている[1]。本書のテーマであるカーボンリサイクル技術においても主要な水素供給方法になると考えられる。

ここでは液相の水を使った電気分解の原理を簡単に説明する。酸性、あるいは塩基性の雰囲気下で反応が異なり、それぞれ両極で以下の反応が起こることで水が電気分解される。

酸性雰囲気	
陽極（アノード）	$H_2O(l) -> 2H^+ + 1/2O_2(g) + 2e^-$
陰極（カソード）	$2H^+ + 2e^- -> H_2(g)$
塩基性雰囲気	
陽極（アノード）	$2OH^- -> 1/2O_2(g) + H_2O(l) + 2e^-$
陰極（カソード）	$2H_2O(l) + 2e^- -> H_2(g) + 2OH^-$

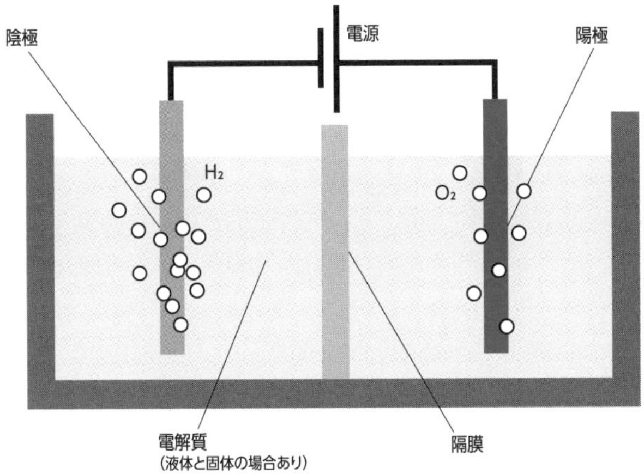

図7.3　電解槽の一般的構造

両極間の理論上の電位差（理論分解電圧）$U_{\Delta G}$は1.223V（25℃, 0.1MPa）で、電子2mol分の電荷量2F（ファラデー定数）[2]を乗じれば水素1molを発生させるのに必要なギブス自由エネルギーΔGが得られる。一方、水電解反応に必要なエンタルピー変化ΔHを起こすのに最低必要な電圧を熱的平衡電圧$U_{\Delta H}$と呼び、以下の**式7.1**で与えられる。

1　**再生可能エネルギーから水素、化学品原料などを製造する**　Power to Gas、Power to Xなどと呼ばれる。

2　**ファラデー定数**　定数の値は「$9.64853321233100184 \times 10^4$ C／mol」。

式7.1

$$U_{\Delta H} = -\left|\frac{\Delta H}{2F}\right| = \left|\frac{\Delta G + T\Delta S}{2F}\right|$$

Tは温度、ΔSはエントロピー変化である。Uの温度上昇に対する変化率は$U_{\Delta H}$に対して$U_{\Delta G}$の方が小さい（温度上昇にともなって$U_{\Delta G}$の方が大きく低下する）ため、温度を上げて外部から熱を供給すれば必要な電力を小さくすることができる。水溶液内をイオンが移動する際の抵抗（液抵抗）などの影響で実際に電解槽に印加する槽電圧は$U_{\Delta H}$より高くなる。液抵抗を下げるため、高濃度の電解質水溶液が用いられる。電極の単位面積あたりに流す電流量を表す電流密度を小さくすると槽電圧も下がるが、単位設備からの水素製造量は小さくなる。

実用、あるいは将来的に実用化を目指した研究開発が行われている水電解装置の方式には大きく分けて3つの方式がある。それがアルカリ水電解、固体高分子型水電解、高温水蒸気電解である。以下でそれぞれの特徴を述べる。

❷ アルカリ水電解

塩基性水溶液を用いる方式で、20～30％のKOH（水酸化カリウム）水溶液を一般に用いる。鉄やニッケルが電極に用いられ、鉄やニッケル系合金の触媒が担持される。隔膜には親水化したPTFE（ポリテトラフルオロエチレン）などの多孔質膜が用いられる。運転温度は70～90℃程度で、槽電圧1.7～2.3V、電流密度0.1～0.5A／cm^2となり、水素製造の電力原単位は4.2～5.9kWh／m^3Nとなる。**図7.4**の①のような構造をしており、KOH水溶液をポンプで循環させ、水素の製造にともなって消費される水の代わりに純水を補給して水溶液の濃度を保つ。液抵抗を下げるために隔膜と両極間の距離をできるだけ小さく取るが、生成した酸素と水素の再結合や混合が起こり特に低出力時に効率が低下する。実機製作において電解槽を並列化した際の槽間リーク電流や電解槽を停止した際の逆電流などで電極の劣化が起こりやすい。ノルウェーのNel社[2]など、欧州メーカーが大型アルカリ水電解設備の導入

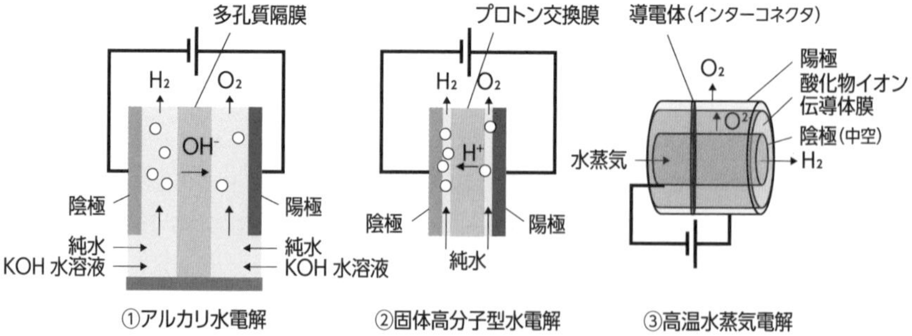

図7.4　方式別電解槽の構造模式図

実績を有する。日本の旭化成株式会社は国策で高効率なアルカリ水電解設備の研究開発を実施している[3]。

❸ 固体高分子型水電解

図7.4の②のように、フッ素樹脂系のプロトン交換膜（PEM：Proton Exchange Membrane）が隔膜と固体電解質を兼ねる方式で、水素の原料として純水を供給する。PEM型水電解とも呼ばれる。プロトン交換膜が強酸性であるため、水電解反応は酸性雰囲気の反応となる。このためアルカリ水電解で使ったような鉄・ニッケル系の材料が使えず、陽極はチタン、陰極は炭素が用いられることが多い。触媒としては白金が耐久性、活性ともに優れるが、希少資源で高価であることがしばしば問題とされる。運転温度は80℃程度、槽電圧1.8～2.2V、電流密度0.6～2.2A／cm^2で、電力源単位は4.2～5.6kWh／m^3Nである。純水の電気抵抗が大きいため逆電流やリーク電流が小さく、上述の通り電流密度を大きくできるため、アルカリ水電解と比べて同じ水素製造規模の設備を小さく作ることができる。また、出力の変動にも強く変動性再生可能エネルギーとの相性が良い。独Siemens社が最大で20,000m^3N／h級まで拡張可能な大型機の製品化を行っており[4]、日本では日立造船株式会社が200m^3N／h級のPEM型水電解装置を製品化している[5]。

❹ 高温水蒸気電解

式7.1に関連して説明したように、高温で熱から必要なエネルギーを供給し、電力消費を小さくすることができる方式である。使用される材料から固体酸化物型水電解（SOEC：Solid Oxide Electrolysis Cell）とも呼ばれる。2020年現在、研究開発中の方式で、発電所や化学プラントなどの近傍で定常的に廃熱が得られる場所での運転が想定されている。両極での化学反応式は以下の通りである。

陽極	$O^{2-} \rightarrow 1/2O_2(g) + 2e^-$
陰極	$H_2O(g) + 2e^- \rightarrow H_2(g) + O^{2-}$

電解槽の構造の一例としては**図7.4**の③のように内側から陰極－隔膜（＋導電体）－陽極と三層が重ねられたチューブ状のものがあり、チューブに水蒸気を通し、チューブの軸方向に水素を取り出す。酸化物イオン伝導体を隔膜に用いるため、酸素は隔膜を透過してチューブの半径方向に排出される。運転温度は700℃～1000℃が想定されており、各部材には熱に強いセラミック系の材料が用いられる。2020年時点のセルでは槽電圧1.3V、電流密度0.5A／cm^2の性能が実現されており、電力源単位の目標は4.0kWh／m^3N以下となっている。1機でSOFC（固体酸化物型燃料電池）と兼用することが想定されており、独Sunfire社がSOFCとの兼用機を 実用化しているほか（5章13節参照）[6]、日本では東芝株式会社が研究開発を実施している[7][8]。

⑤ 水素発酵

有機物を分解して水素を発生させる代謝プロセス（水素発酵）を持つ微生物を増殖させ、そのプロセスを利用する水素製造方法である。適した原料としては水分の多い食品廃棄物や農畜産廃棄物などとなる（**図7.5**）。水素発酵プロセスは酸素のない環境で起きる嫌気性発酵で、酢酸などの有機酸が副生する。実用においては複数の菌種が集まった微生物群を使い、生成した水素が群の中にいるメタン生成古細菌などに利用されないように発酵温度などを管理する。副生する有機酸をメタン発酵させて有用なメタンや水素の収量を増やす二段発酵法の研究開発も行われている。日本で最大の二段発酵設備は、ある程度性状のそろった食品工場からの廃棄物用のもの[9]で発酵槽サイズ$5m^3$、食堂の残飯などを原料とするもの[10]で$1m^3$となっている。

⑥ バイオガス水蒸気改質

メタンは天然ガスの成分であるが、下水処理で生じる汚泥などから容易に発生する物質でもある。これらのガスはバイオガスやバイオメタンと呼ばれ、精製して不純物を取り除けば水蒸気改質法により（1章8節、7章1節参照）、水素を得ることができるほか、⑤水素発酵で紹介した二段発酵法で生じたメタンを改質することで水素の収量を増やすことができる（**図7.5**）。このようにバイオガスから作られた水素は精製したのち定置用の燃料電池で用いるほか、水素ステーションからFCV（燃料電池自動車）への供給も行われている。小型の水蒸気改質装置は日本の三菱化工機株式会社が製品化し[11]、この装置を使って下水バイオガスを改質して水素ステーションに供給する実証事業が行われていた[12]。

⑦ バイオマスガス化

部分酸化法（7章1節参照）を用いてバイオマスに熱を加えることで分解し、水素を含む合成ガスを発生させる方法である。発生した合成ガスをさらにCO転化反応させて水素を増量し、精製することで純水素を得る。原料は**図7.5**に示すように木質バイオマスといった含水量の少ないものが主である。

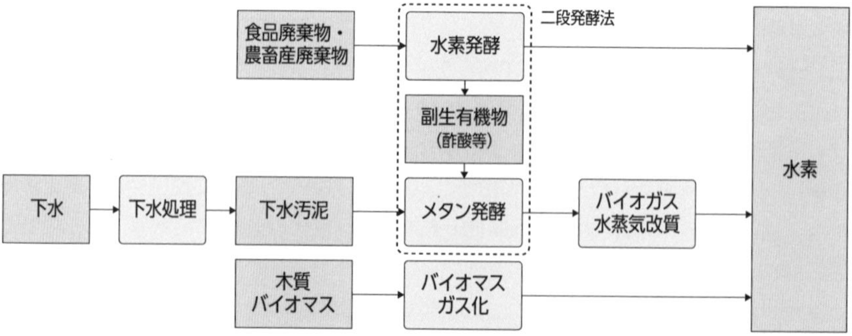

図7.5　バイオマス原料からの水素製造プロセス

2020年現在、木質バイオマスは部分酸化法でガス化してバイオマスガス化発電に用いられている。木質バイオマスは成分や性質が化石燃料以上に多様で、ガス化プラントの長期安定運用には原料ごとに個別のノウハウを要する。バイオマスガス化プラントおよびガス化発電プラントの納入実績は欧米メーカーが豊富である。

❽ 光触媒

水中に置かれた二酸化チタン系の触媒に紫外線を当てると、光電効果（本多－藤嶋効果）で電子が励起されて水が分解され、水素と酸素が発生する。実用化に向けた課題は光電変換効率の低さと、同じ触媒表面上で水素と酸素が同時に発生するため、両者を分離する必要があることである。世界的に見ても日本は研究が盛んで、2020年現在では入射した光エネルギーの約2%を水素として取り出すことができる程度であるが、目標は10%以上とされている[13]。

❾ 水の熱化学分解

水は4,000℃あれば熱エネルギーだけで水素と酸素に分解できるが、この温度に耐える装置を作ることは困難である。そこで複数の吸熱反応や発熱反応を組み合わせた熱化学サイクルを用いて、実質的な水の熱分解を現実的な温度で引き起こし、水素を製造するのが水の熱化学分解である。熱化学サイクルを用いた水の熱分解反応を簡単に表すと、以下のようになる。

吸熱反応	$H_2O + X \rightarrow H_2 + XO$
発熱反応	$XO \rightarrow X + \frac{1}{2}O_2$

物質Xをサイクル物質と呼び、熱化学サイクルの中で繰り返し使われる。2020年時点で研究開発が行われているサイクルはヨウ素（I_2）と硫酸（H_2SO_4）をサイクル物質とするIS（Iodine－sulfer）法である（**図7.6**）。IS法の反応温度は最大で900℃である。熱源としては太陽光を鏡で1箇所に集中させて高温を作り出す方法（太陽熱利用：5章10節参照）のほか、再生可能エネルギーではないが原子炉の1種である高温ガス炉を使う方法が考えられている。日本がIS法の研究開発を継続しており、金属製の設備で$0.03m^3N$／h規模の水素製造を150時間連続して行うことに成功している[14]。

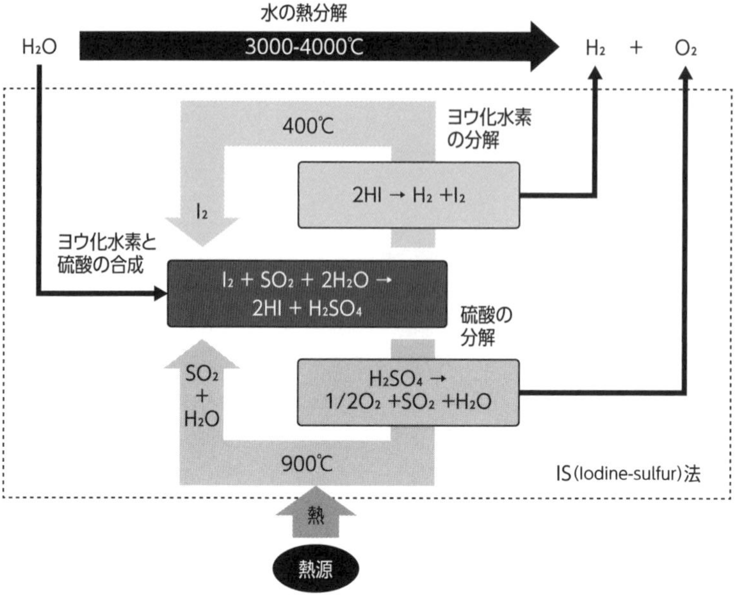
水の熱分解
H₂O
3000-4000℃
H₂ + O₂
400℃
ヨウ化水素
の分解
2HI → H₂ +I₂
I₂
ヨウ化水素と
硫酸の合成
I₂ + SO₂ + 2H₂O →
2HI + H₂SO₄
硫酸の
分解
SO₂
+
H₂O
H₂SO₄ →
1/2O₂ +SO₂ +H₂O
900℃
IS(Iodine-sulfur)法
熱
熱源

図7.6 IS法の概要

7.3 水素の輸送方法

1 水素輸送に関する基本的な考え方

❶ エネルギーとしての水素の課題

水素は酸素と反応（燃焼）させることで質量1kgあたり121.0MJ（LHV基準 以下同）の熱量を発生する。それに対して都市ガスの1規格である13Aガスは、おおむね1kgあたり49.0MJを、自動車用液体燃料の代表であるガソリンは1kgあたり44.9MJを発生する。他方、水素は標準状態すなわち0℃、0.1MPa（1気圧）において1m^{3}で約0.089kgの質量があり、この量の水素を燃焼させると10.8MJを発生する。それに対して同じ1m^{3}の13Aガスは0.847kgで41.5MJ、ガソリンは723kgで、32,900MJを発生する。つまり、水素は燃焼したときの質量あたりのエネルギー発生量（質量エネルギー密度）は大きいが、標準状態での体積あたりのエネルギー発生量（体積エネルギー密度）は炭化水素系燃料に比べて低く、特に液体燃料との差は著しい。水素のエネルギー活用、特に輸送・貯蔵においてはこの体積エネルギー密度の低さが常に問題となる。

❷ 水素の輸送方法

水素に対しては多くの気体・液体物質と同様にパイプラインによる輸送が行われているほか、水素特有の輸送方法としてさまざまな「キャリア」[1]と呼ばれる形態に変化させることで体積エネルギー密度を高める方法が考えられている。ここでは、水素をキャリアに変化させた上で一定の容積を持つ容器に入れ、その容器を輸送する方法をキャリア輸送と呼ぶ。このキャリア輸送は特に国際的な長距離輸送が念頭にあり、例えば海外で製造した水素を日本国内の荷揚げ地近傍にある発電所に供給するサプライチェーンを想定すると、**図7.7**のようになる。例えばオーストラリアから日本に水素を輸送する場合、積み地から揚げ地までの海上輸送距離は約9,000kmとなる。図の中ではアンモニアとメタンについて、キャリアをそのまま発電所に供給するルートについても記載している。

1　**キャリア**　輸送媒体などの用語と同じ意味である。エネルギーキャリア、水素キャリアといった使われ方もする。

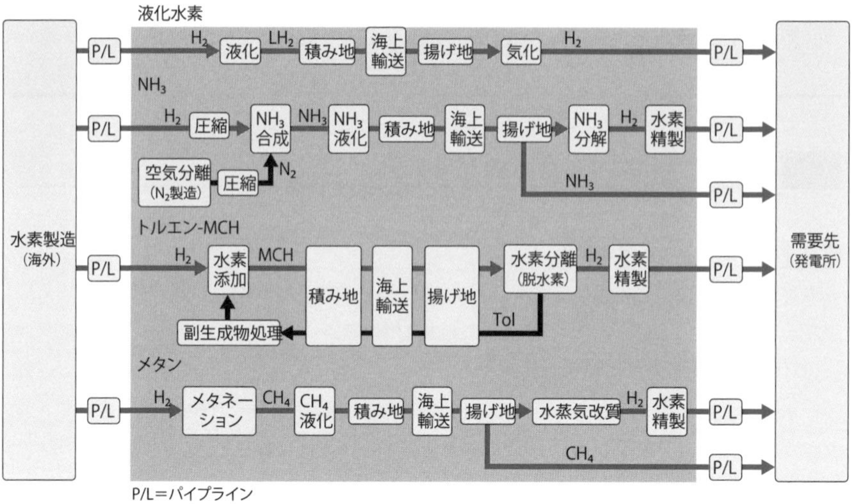

図7.7　海外で製造した水素を揚げ地近傍の発電所に供給するサプライチェーンの例

2　パイプラインによる輸送

ほかの物質と同様、一度パイプラインを敷設してしまえば輸送にかかる労力を小さくすることができる。しかし、水素は原子半径が小さいが故に漏洩しやすい、材料によっては高圧下で水素脆化を起こすなどの特有の性質を有するため敷設コストが大きくなりがちで、距離が長くなれば保守コストも大きくなる。欧米では2020年現在でも大規模な水素パイプラインが敷設されており、アメリカメキシコ湾岸の石油精製工場地帯では水素はパイプラインで供給されている。日本でも神奈川県川崎市の臨海工業地帯に水素パイプラインが存在する。

3　キャリアによる輸送

ここでは圧縮水素、液化水素、有機ハイドライド（トルエン－MCH系)、アンモニア、メタンの5つの形態を主要なキャリアとして取り上げる。それらの輸送効率、供給コスト例（エネルギー総合工学研究所による共通の条件に基づく独自試算結果）を**表7.3**に比較する。

水素$1\mathrm{m^3N}$あたりのコストで比較すると、メタンがほかの3キャリアに比べて安価であり、メタンとアンモニアは直接利用すると脱水素にかかるコストをカットできるためより安価になる。しかし実のところ各キャリアは一長一短であり、生産地の条件や日本での使い方や既存のインフラの有無なども踏まえて、条件に合ったキャリアを選択していくことになる。

例えば「キャリア質量あたりの水素密度[2]」でいうと、

2　**キャリア質量あたりの水素密度**　1kgのキャリアを運ぶと水素を何kg運んだことになるかの指標。

圧縮水素＝液化水素＞メタン＞アンモニア＞MCH

であるが、「輸送形態の水素密度[3]」では、

メタン＞アンモニア＞液化水素＞MCH＞圧縮水素

となる。

メタンとアンモニアは輸送の効率が良く、既存のインフラを流用し、脱水素せずに使うことでコストメリットが最大化されるキャリアである。液化水素は気化させるだけで燃料電池に導入できるほど高純度の水素が得られるメリットがあるが、蒸発するため長期間保存ができない。MCHはキャリアとしての輸送効率が悪いように見えるが、メタンと異なりCO_2が不要で、アンモニアと比べて毒性が低く、常温常圧で安定な液体のため石油のように長期間保存が可能である。しかし、トルエンを返送する必要があり、利用のためには水素取出の熱エネルギーが必須である。

表7.3 主要なキャリアの性質表

キャリア	輸送形態	輸送形態の密度（kg／m^3）	キャリア質量あたりの水素密度（kg−H_2／kg）	輸送形態の水素密度（kg−H_2／m^3）	常温常圧下での状態	輸入コストの目安（円／m^3N−H_2）[4]
圧縮水素	圧縮水素	12.5（19.6MPa） 16.7（35MPa） 25.0（70MPa）	1.000	12.5（19.6MPa） 16.7（35MPa） 25.0（70MPa）	気体	−
液化水素	液化水素	70.8（−253℃：飽和状態）	1.000	70.8	気体	27.5
有機ハイドライド（トルエン−MCH）	MCH	770（25℃）	0.061	47.0	液体（MCH）	24.2
アンモニア	液化アンモニア	603（25℃：1MPa）	0.176	106.1	気体	24.6 15.7（直）
メタン	液化メタン	442.5（−162℃：飽和状態）	0.251	111.1	気体	20.4 12.9（直）

❶ 圧縮水素

圧縮により体積を減少させ、体積エネルギー密度を上げる手法で、2020年現在は14.8MPa（146気圧）、19.6MPa（193気圧）、35MPa（345気圧）、70MPa（691気圧）の4つの圧力が用いられている。圧縮水素輸送は比較的短距離の輸送で用いられる方法である。14.8、19.6MPaは高圧シリンダーカードルなどを使った一般的な水素の供給に、35MPaと

3 **輸送形態の水素密度** 1m^3のキャリアを運ぶと水素を何kg運んだことになるかの指標。

4 **輸入コストの目安** いずれも水素製造コストは含まず全設備を新設したという想定。有機ハイドライドはトルエンの返送コストを含む、メタン、アンモニアコストの（直）は直接利用コストを表し、水素コストから脱水素コストを差し引いたもの（単位＝円/m^3N−H_2）。

70MPaは燃料電池自動車の車載タンクに用いられており、日本では70MPaが主流である。車種にもよるが、燃料電池自動車1台あたり約5kg程度の水素を保持している。車載用水素タンクは高圧に耐えるため炭素繊維で高強度に作られているが、現在は製造できるメーカーが限定され高価であるため、検査方法の合理化などのコスト低減策が検討されている。

❷ 液化水素

相変化により体積エネルギー密度を高める方法であり、天然ガスに対するLNG（液化天然ガス、Liquefied Natural Gas）の関係で理解しやすい。水素の沸点は－253℃（20K）であり、体積エネルギー密度は標準状態の約800倍となる。一般的には圧縮機を使った熱サイクルを組み合わせて冷却・液化するが電力消費が大きく、2020年時点の技術だと水素が燃焼で生じるエネルギーの約40%のエネルギーが液化に必要となる[15]。中小規模の液化プラントを想定して、磁気熱量効果[5]と呼ばれる物理現象を利用した液化方法の研究が行われている[16]。輸送は高度に断熱された容器を使って行われ、川崎重工業株式会社が真空断熱タンクを有する液化水素輸送の実証船を2019年に進水させている[17]。燃料電池車用の車載タンクとして、上記の圧縮と冷却を組み合わせた低温圧縮（Cryo－Compressed）と呼ばれる形態の利用もドイツの自動車メーカーBMWが検討していた（水素保持量7.8kg／台）[18]。

❸ 有機ハイドライド

炭化水素の一種であり、触媒を使った化学反応により分子中の一部の水素を可逆的に添加・分離できることを特徴とする。水素の添加と分離により飽和環状炭化水素と芳香族炭化水素の間を化学変化する。有機ハイドライドを直接燃料とするのではなく、触媒反応で水素を分離して用いる。過去に密度と流動性による扱いの容易さを考慮して液体炭化水素[6]が複数候補として検討された。現在実用化が進められているのは下記の反応式で示されるトルエン（Toluene　分子式：$C_6H_5CH_3$）とMCH（Methyl Cyclohexane：メチルシクロヘキサン　分子式：$C_6H_{11}CH_3$）の間の化学反応系を利用する方法である。

水素添加	$C_6H_5CH_3 + 3H_2 \rightarrow C_6H_{11}CH_3$
脱水素	$C_6H_{11}CH_3 \rightarrow C_6H_5CH_3 + 3H_2$

5　**磁気熱量効果**　磁性体に強い磁場がかかると分子の電子スピンの向きが揃う（エントロピーが下がる≒周囲に熱を放出し、温度が下がる）、その磁場が消えるとスピン向きが乱雑になる（エントロピーが上がる≒周囲から熱を奪い、温度が上がる）、この磁場の変化と流体を使った熱交換を交互に行うことで低温を作り出す。

6　**液体炭化水素**　ベンゼン-シクロヘキサン系、デカリン-ナフタレン系も検討されたが前者はベンゼンに発がん性があり、後者はナフタレンが常温常圧で固体であるため採用されなかった。

この系は水素添加の際に発熱し、MCHから水素を分離しトルエンに変化させる反応が吸熱反応（ΔH=＋205kJ／mol）で、400℃程度に昇温する必要がある。輸送には現在石油製品の輸送に使われているタンクローリーやタンカー船が使えることが利点であり、石油のように長期間安定的に保存できる。日本では2020年現在、千代田化工建設株式会社がトルエン－MCH系の国際サプライチェーンの実証事業を実施している[19]。

❹ アンモニア

分子式はNH_3で、空気の7割を占める窒素と水素を化合させた形態といえる。20世紀初頭にドイツで発明されたハーバー＝ボッシュ法により人工的に大量生産することができるようになった。ハーバー＝ボッシュ法は窒素と水素を400～600℃の高温と20～40MPaの高圧で鉄系触媒の存在下で反応させる方法である。利用方法としてはアンモニアを分解して水素を取り出して利用する方法と、直接ガスタービンなどの燃料として用いる方法がある。アンモニアを大規模に分解して水素を取り出す工業プロセスは2020年現在一般的ではない。また、アンモニアを継続的に燃焼させるための技術も研究開発が進められている[20]。室温でも加圧するだけで液化できるため（20℃、0.857MPa）、液化して輸送する。アンモニアは2020年時点で肥料や化学品の原料のほか、発電所や工場の廃ガス脱硝に使われており、世界のアンモニア生産量は約1.8億トン、その1割が国際取引されているといわれている[21]。それら既存のインフラを利用できることが利点であるが、塩基性で生物に対して毒性を持つため安全管理が課題となる。

❺ メタン

メタンという化合物をカーボンリサイクルの手段と捉えるか、水素輸送の手段（キャリア）と捉えるかの境界は曖昧である。天然ガスの主成分であり、天然ガスパイプラインやLNGサプライチェーンに組み込むことができることが最大の利点である。2018年の日本のLNG輸入量は8,055万トンであり[22]、LNGタンカーの最大サイズは200,000m^3（約10万トン）を超える。その合成方法はメタネーション反応などで行われ（5章3節参照）、メタンから水素を取り出す方法は水蒸気改質（7章1節参照）が高効率である。本節で挙げるところのキャリア輸送の形態としては－162℃で液化した上での断熱容器での輸送が考えられる。メタンを含む天然ガスから水素を経由して再びメタンを製造するのは非合理的であるため、メタンを使った水素サプライチェーンにおいては天然ガス以外を原料とする水素とCO_2からメタンを合成することとなる。

❻ その他のキャリア

NiやTiといった遷移金属[7]から成る合金の結晶の中に水素を含ませる水素吸蔵合金は、常温常圧で安定的に水素を保持できる。しかし、体積エネルギー密度は代表的な合金で90kg－H_2／m^3以上と高いが、質量エネルギー密度は0.036kg－H_2／kgと低く、長距離輸送や自動車用のタンクには向かない。そのほか、基礎研究段階にある錯体系水素化物、カーボンナノチューブやグラフェン、ゼオライトといった分子レベルの空隙を多く有する物質に吸着させる方法などがある（カーボンナノチューブやグラフェンについては4章5節参照）。

7　**遷移金属**　元素周期表の第3族から第11族あるいは12族の元素。

7.4 どこで水素を製造するか

地球上において水素は何かしらのエネルギー源と原料である水か有機物から製造する必要がある。したがって、水素を製造する場所については、エネルギー源と原料が豊富に手に入る場所を選定する必要がある。水素の製造を21世紀の産業として確立させるためには、さまざまな要因を勘案して経済的に成立し、かつ気候変動対策として意味のあるスキームを構築することが求められる。

1 化石資源からの水素製造に適する地域の要件

水素の輸送技術は2020年時点で未成熟のものがあるため（7章3節参照）、現状化石資源からの水素製造は資源の消費国で行われている。気候変動対策のためには、水素製造で発生するCO_2の処理が必要となるため、今後はCO_2の地中貯留(CCS)に適した地質的条件も化石資源からの水素製造に必要な「資源」になると考えられる。日本のようにCO_2地中貯留に適した地質的条件を備えない地域で化石資源由来の水素を用いる際には、化石資源の産地側で水素製造とCO_2地中貯留を行い、水素を輸送するといった新しいスキームの構築が必要となる。

2 再生可能エネルギーからの水素製造に適する地域の要件

再生可能エネルギーというのは、一般に化石資源や原子力といったエネルギーに比べて単位面積の設備から得られるエネルギーが少ないため、現代の都市が必要とするくらいの量を供給しようとすると広大な面積が必要となる。世界にさまざまな気候の土地があるように、人間にとって利用しやすい再生可能エネルギーは偏在（偏って存在）している。地表の面積は有限であり、生態系の保全や農耕地・居住地の確保といったエネルギー用途以外の土地利用とのトレードオフとなる。バイオマス資源のうち農畜産物残渣といったものは土地利用が直接問題とはならないが、一次産品である農畜産物などの生産量や生産パターンに制約を受け、水素製造設備への集積にもコストがかかる。当然のことながら自然や生物の再生・成長速度を無視して利用すると枯渇してしまう。

再生可能エネルギーの産地と大需要地（都市部）は離れていることが多いため、両者の間の輸送も考慮する必要がある。水素を製造した場合は7章3節に示す輸送方法のどれかを使う必要があり、電力の形であれば送配電網の増強が必要になる場合もある。両者のコストを比較して水素製造が合理的であるかを判断しなければならない。

風力や太陽光といった変動性の再生可能エネルギーからの水素製造については、設備面積の確保の課題に加えて設備利用率とコストが問題となる。2020年現在の水電解の電力原単位は4〜6kWh／m^3N-H_2であり、水素製造コストは単純に電力コストの4〜6倍となる。

したがって経済的な水素の製造には再エネを直接利用するよりもさらに安価な電力コストが求められる。変動性再生可能エネルギーの設備利用率は場所によって大きく異なり、生み出される電力1kWhあたりのコストに影響を与える。変動性再生可能エネルギーに対して、発電時間帯に応じて値付けするダイナミックプライシング[1]を行った場合、買い手の付かないいわゆる「余剰電力」は安価に入手できるだろう。しかし、余剰電力は得られる時間帯が限られており、それのみでは水素製造設備の設備利用率が下がるため、それが翻って製造される水素のコストに影響を与えることとなる。

3 水素製造地域の例

ここでは世界の国と地域の中からいくつかの例を取り上げて、水素製造の可能性について解説する。

❶ 日本国内

日本は化石資源には恵まれておらず、再生可能エネルギーについても諸外国と比べて豊かな国であるとはいいがたい。ここでは、日本国内の再生可能エネルギーからの水素製造の可能性について簡単に考察する。

太陽光発電は冬期の積雪がない太平洋側が比較的高いポテンシャルを有する。しかし、日本は昼の時間がもっとも長くなる夏至の日近辺に梅雨という長雨期間があるため、太陽光発電の設備利用率が低め（全国の実績データの中央値で13〜14%[23]）という難点を抱える。2020年現在日本最大の再生可能エネルギー由来の水素製造設備は太陽光発電設備が併設されている[24]。

風力発電に関して高いポテンシャルを有するのは、東北から北海道の特に日本海側である(全国平均約20−24%[23]に対して北海道は〜28%[25])。ただし、日本は大陸東岸に位置する季節風地帯であり、欧州のように風向が一定しない。また、夏から秋にかけては台風の影響を受けるほか、国土も山がちで陸上の風速・風向共に乱されやすい。日本は海岸線が長く洋上風力が期待できるが、岸から比較的短距離で水深が深くなるため、世界でも例がない浮体式の洋上風力発電の研究開発が行われている。関東地方の太平洋側沿岸は比較的遠浅で、国による洋上風力の実証事業が行われている。

現状、日本の再生可能電力価格はFIT制度で固定されており、2020年に開業する発電所の買取価格は大規模太陽光発電で14円／kWh以下、陸上風力で16〜18円／kWhとなっている。この価格の電力から水素を作ることは経済的でないため、電力価格を下げる制度設計が求められる。実際に九州電力管内では、**図7.8**のように「余剰電力」の発生が起こっており、価格を下げる余地が出てきていると考えられる。この日は10時から14時の時間帯に原子力

1 **ダイナミックプライシング**　時間帯によって電力価格に差をつけること。特にコントロールできない再エネの発電状況に影響を受け、発電量 > 需要量の時間帯は電力価格が安くなる。

と再生可能エネルギーで電力需要を超える電力供給がある。そこで、火力発電の出力抑制に加えて揚水発電所の動力で消費することにより電力の需給調整を行っているが、さらに再生可能エネルギーが増加すると電力系統の需給調整能力を超過することが考えられる。

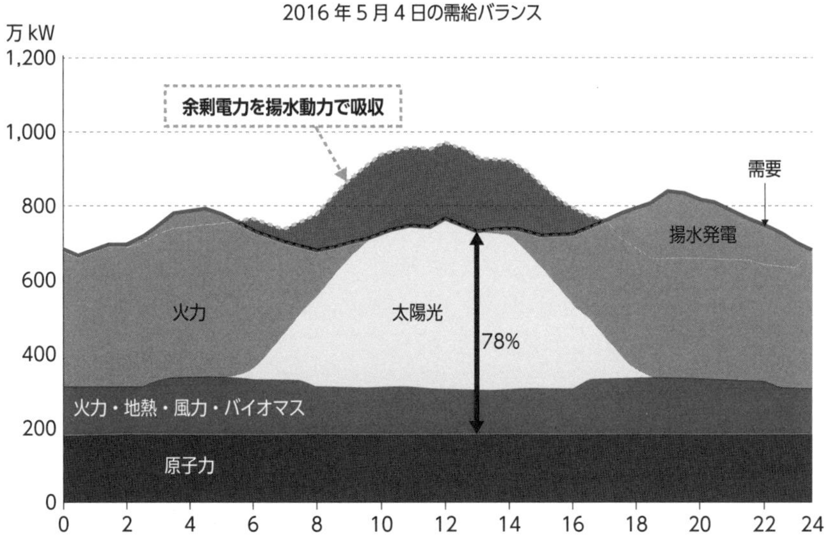

図7.8　余剰電力発生時刻の実例
出典：九州電力「九州電力における再エネ接続の現状と今後の対応」(2017) [26] をもとに作成

❷ オーストラリア

オーストラリアは石炭と天然ガスという化石資源の輸出が主要産業の1つとなっており、気候変動対策にともなう石炭資源への投資の引き揚げにともなって雇用の消失など経済への影響が懸念されている。そこで、化石資源からの水素製造設備にCCS設備を組み合わせてCO_2フリー水素を製造、輸出することが考えられている。オーストラリア南部ラトロブバレーの露天掘りで安価な褐炭（Brown coal／Lignite）を原料に水素を製造し、液化水素の形で日本に輸出する実証プロジェクトが推進されており [27]、将来的にオーストラリアから日本へ水素を輸出する計画がある。

再生可能エネルギー由来の水素については、オーストラリア大陸中部に広大な砂漠が広がり、設備利用率 [28] は太陽光発電では28%、風力発電では40%と高く、太陽熱発電も良好である。オーストラリアは人口の分布が偏っており、特に中南部は人口密度と送配電網の容量が小さいため、新たに送配電網を整備する代わりに水素を製造して輸出することが想定されている [28]。

❸ 中東

中東は石油・天然ガスといった化石資源の輸出を主要産業とする地域であり、今後気候変動対策の進展にともなって化石資源の需要が減少することで、国家経済に大きな影響を受けることが想定される。中東諸国の中でもサウジアラビアはこのことを自覚しており、化石資源とCCSを組み合わせたCO_2フリー水素製造・輸出の検討を行っている。油田・ガス田開発によって生まれた廃油田・廃ガス田がCO_2の地下貯留先として使える。

また、将来的に再生可能エネルギー由来の水素にも期待が持てる。中東には生態系が貧しく農耕地としての利用が困難な広大な砂漠地帯があり、太陽光は強烈で遮るものがないので、設備利用率は太陽光発電では平均29%、太陽熱発電では平均62%と高い[28]。2019年に丸紅株式会社がアラブ首長国連邦（UAE）において1.17GWの太陽光発電所を稼働させており、発電コストは2.65～2.66円/kWh程度とされている[29] (Column 6参照)。原料の水は海水から淡水化装置で真水を製造する必要があるが、1m^3当り1～2US$程度といわれており、水素製造コストに占める割合は大きくない。

Column 5 オーストラリアの太陽光発電電力をシンガポールへ

シンガポールに拠点を置くサン・ケーブル社（Sun Cable社）は、3,750km離れたオーストラリアの北部、ノーザンテリトリー州のテナント・クリークという町周辺で太陽光を利用した発電を行い、海底送電線を使って電力を送る計画を進めている。下図はその計画図である。これにより国内電力の1／4をこの太陽光発電で賄うとしている。

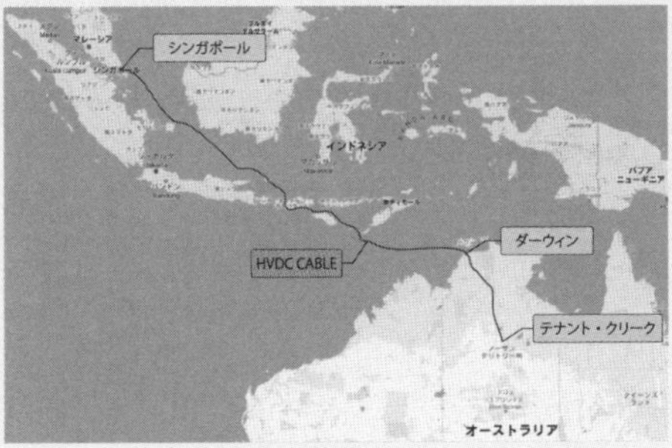

コラム図7.1
出典：Sun Cable Pte Ltd／Map data@2020 Google

その主な計画仕様は以下の通りである。

発電出力	10 GW（当面3 GW）
設備利用率	14%
費用総額	200億AUドル（約1兆5,000億円）
送電容量	2.5 GW
送電距離	3,750 km
設置面積	1万5,000ha
太陽電池メーカー	5B社
建設工期	2023年着工～2027年完工
電力供給期間	25年間（仮定）

この設備投資額に対する発電電力単価を試算すると次の通りとなる。

1兆5,000億円／（10 GW×8,760Hr×14%×25年）＝4.9円／kWh

シンガポールの電気代は、現在約17.7円／kWh程度であり、送電線費用、太陽電池費用は十分経済性が成り立つ条件にある。

オーストラリアのような日本にもっとも近い再生可能エネルギーの導入ポテンシャルの高い地域の活用計画を、日本も早期に立案すべきではなかろうか。

7.5 日本の水素戦略

日本は世界に先駆けて水素エネルギーを国家レベルの戦略の中に取り入れてきた国の1つである。従来の政策は主に燃料電池技術の開発戦略・性能向上のロードマップ[30]であったが、2017年に策定された水素基本戦略[31]で、日本全体の包括的な取り組み方針が示された。また、2018年に策定された第5次エネルギー基本計画[32]においては、水素は2030年に向けた取組みの対象として、原子力や再生可能エネルギーと同様に扱われている。ここではそれらの水素を取り扱った諸政策について解説する。

1 政府主導の水素基本戦略

水素基本戦略は再生可能エネルギー・水素等関係閣僚会議によって2017年に策定された省庁横断的な戦略である。従来モビリティを中心としていた視野を広げ、2030年を1つのマイルストーンとして将来に向かって水素の供給から利用までを含めた包括的な普及戦略を定めている。この戦略の全体を概観するシナリオと呼ばれる図を**図7.9**に示す。

この戦略はエネルギーセキュリティ／自給率向上とCO_2排出制約の達成という日本が抱えるエネルギーに関する課題の解決のために、調達先・用途の多様化が可能な水素の特徴に着目している。そして水素をエネルギーの3E＋S（Economy, Energy Security, Environment＋Safety）を実現する手段として、日本の新たな成長産業の1つにすることを目標としている。

全体として公的資金による研究開発や、各種規制改革、水素を利用するためのインフラの戦略的整備により水素需要側の経済的自立化を促し、同時に国内外から水素を大規模に供給する体制を整えて、水素の供給コストを下げることが考えられている。将来的にはCO_2フリーの水素により、2020年現在、社会を支えているエネルギー、自動車であればガソリンやディーゼル燃料、発電であれば天然ガスの一部を代替することを目標としている。具体的な数値目標もこの考え方に準じており、2030年に30万t／年の輸入水素量と30円／m^3Nの水素コストが、2050年に1,000万t／年と20円／m^3Nが示されている。2030年の導入目標は設備容量100万kWの火力発電所の年間水素需要とされており、国内に1カ所商用の火力発電所を作り、そこで輸入水素を消費することを想定していると考えられる。2050年の導入量は、30GW分の火力発電所に供給しうる水素量であり、日本にある火力発電所のおおよそ1／4を水素で動かすことに相当する。20円というコスト目標は、発電コストに直すと12円／kWhとされており、LNG火力発電所の代替を考えていることがうかがえる。

歴史的に見ると、日本が世界に先駆けて1969年に輸入したLNGの量は96万t／年で、LNGの体積に直すと約210万m^3となる。2030年目標の30万トンは液化水素の体積に直すと420万m^3となり、液化された気体燃料の輸入体積として、規模は大きく異ならない。この96万t／年から始まったLNGは、2020年現在、世界各国間で取引されており、各種機器設備の大型化や効率化、気候変動対策などの社会的要請次第では、水素もLNG同様に世界中で使われるようになる可能性があると考えられる。

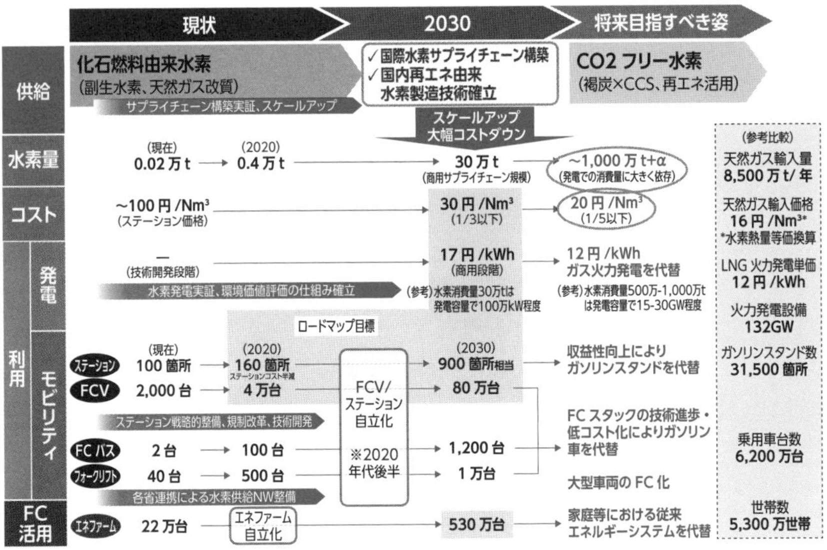

図7.9 水素基本戦略のシナリオ

出典：内閣官房　再生可能エネルギー・水素等関係閣僚会議「水素基本戦略（概要）」（2017）[33]をもとに作成

2 水素・燃料電池戦略ロードマップ

このロードマップは水素・燃料電池戦略協議会が2014年に初版を発表したもので、当時は水素社会の意義と水素社会を実現するための方向性から燃料電池・水素関連技術の開発・普及のロードマップを示したものであった。2016年と2019年に改訂が行われ、最新版の2019年版では、水素社会実現のための戦略部分は水素基本戦略に任せる形として、**図7.10**のように水素燃料電池関連の国産技術の直近の性能・コスト目標とその実現方針を包括的に示している。改訂に当たっては、国家プロジェクトとして行っている技術開発の状況を踏まえて適宜性能やコストの目標や、その実現時期の見直しが行われている。

例として水電解装置を挙げると、7章2節に記載したように従来、日本企業に比べて欧米企業の方が大型システムの構築などでリードしていた。4.3kWh／m^3Nという電力源単位の目標はアルカリ、PEM型水電解の効率の上限に近い値であり、効率面で世界トップクラスを目指していることがうかがえる。7章2節で紹介した各日本企業は、このロードマップに基づいて日本政府の支援を受けつつ研究開発を実施している。

		基本戦略での目標	目指すべきターゲットの設定		ターゲット達成に向けた取組
利用	モビリティ	FCV 20万台@2025 80万台@2030	2025年	●**FCVとHVの価格差**（300万円→70万円） ●**FCV主要システムのコスト**（燃料電池 約2万円/kW→0.5万円/kW 水素貯蔵 約70万円→30万円）	・徹底的な規制改革と技術開発
利用	モビリティ	ST 320か所@2025 900か所@2030	2025年	●**整備・運営費**（整備費 3.5億円→2億円 運営費 3.4千万円→1.5千万円） ●**ST構成機器のコスト**（圧縮機 0.9億円→0.5億円 蓄圧器 0.5億円→0.1億円）	・全国的なSTネットワーク、土日営業の拡大 ・ガソリンスタンド／コンビニ併設STの拡大
利用	モビリティ	バス 1200台@2030	'20年代前半	●FCバス車両価格（1億500万円→5250万円）	・バス対応STの拡大
利用	モビリティ			※トラック、船舶、鉄道分野での水素利用拡大に向け、指針策定や技術開発等を進める	
利用	発電	商用化@2030	2020年	●水素専焼発電での**発電効率**（26%→27%） ※IMW級ガスタービン	・高効率な燃焼器等の開発
利用	FC	グリッドパリティの早期実現	2025年	●業務・産業用燃料電池のグリッドパリティの実現	・セルスタックの技術開発
発電	化石+CCS	水素コスト 30円/Nm³@2030 20円/Nm³@将来	'20年代前半	●製造：褐炭ガス化による**製造コスト**（数百円/Nm³→12円/Nm³） ●貯蔵・輸送：液化水素**タンクの規模**（数千m³→5万m³） 水素**液化効率**（13.6kWh/kg→6kWh/kg）	・褐炭ガス化炉の大型化・高効率化 ・液化水素タンクの断熱性向上・大型化
発電	再エネ水素	水電解システムコスト 5万円/kW@将来	2030年	●**水電解装置のコスト**（20万円/kW→5万円/kW） ●水電解効率（5kWh/Nm³→4.3kWh/Nm³）	・浪江実証成果を活かしたモデル地域実証 ・水電解装置の高効率化・耐久性向上 ・地域資源を活用した水素サプライチェーン構築

図7.10　水素・燃料電池戦略ロードマップ（2019年版）のロードマップ概要
出典：経済産業省　水素・燃料電池戦略協議会「水素・燃料電池戦略ロードマップ ～水素社会実現に向けた産官学のアクションプラン～（概要）」（2019）[34]をもとに作成

第 8 章

世界の視点からすべきこと

最近の太陽電池による発電コストは、カタールでは800MW規模で0.016US$／kWh（1.7円／kWh＠1US$=107円）ともいわれており[1]、日本のFIT制度(固定価格買取制度：Feed-in Tariff)における12円／kWhや、火力発電による発電コストに比べても大幅に安価な状況である。

再生可能エネルギーは地理的特性を反映しており、日本と世界では全く状況が異なることを理解しておく必要がある。本章では、世界の状況を踏まえて何をするのが良いか考えてみたい。

EUでは、2050年にCO_2排出量をゼロにするとの目標に取り組んでいる。そのためには、CO_2排出量をマイナスにする、ネガティブ・エミッションが必要と考えられている。その方法として、バイオマス発電からのCO_2回収や空気中のCO_2を直接回収するDAC（Direct Air Capture）の技術開発が進んでいる。

CCU にはCO_2回収だけではなく、燃料製造、化学品製造、炭酸塩化、光合成転換、炭化など幅広い技術が含まれている。CO_2固定化・有効利用分野の研究では、欧米、中国に比べて論文数が少なく、世界の6%程度に過ぎない。研究開発において、世界と連携し、国際共同研究により、日本の存在感を示していく必要があろう。

8. 1 再生可能エネルギーの共有

1 日本の再生可能エネルギーの現状

日本の再生可能エネルギーによる発電量のポテンシャルは、風力が年間693TWh、太陽光294TWh、地熱172TWh、バイオマス、中小水力の順で、合計が年間で1,266TWh [2] である。それに対して、電力消費量は、2018年には年間で1,052TWh [3] であり、ポテンシャルと同程度である。しかし、現実に発電できる電力量は、昼夜、天候や季節変動がある上に、コストが低く抑えられるケースに限られる。その結果、ポテンシャルからは大幅に下がることから、再生可能エネルギーだけで電力消費を賄うことは不可能である。また、**図8.1** [2] に示すように、それでも北海道、東北地方では消費電力以上の発電ポテンシャルがあるものの、多くの都道府県、特に大都市圏では不十分である。再生可能エネルギーは、このように偏在しているので、発電した電力を地域間で送ることになり、そのための膨大なインフラ投資が必要となる。

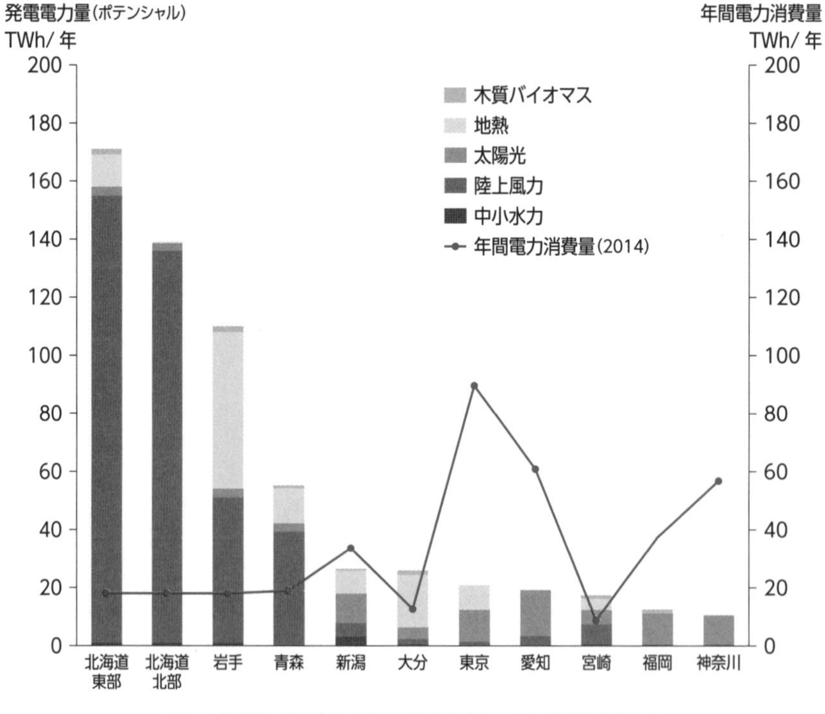

図8.1　代表的な地域ごとの年間発電電力量ポテンシャルと年間消費電力量
出典：国立研究開発法人 科学技術振興機構　低炭素社会戦略センター
「主要再生可能エネルギーの都道府県別ポテンシャル分布と発電所建設コスト低減」[2] をもとに作成

世界の電力消費量は、2018年に年間26,600TWh [3] である。太陽電池で発電した場合、太陽電池パネルの面積にして350km四方程度であり、地球上の面積から比べれば十分に小さい。アメリカだけでも、技術的に可能な太陽電池による発電ポテンシャルは197,000TWhといわれており、日本の1,000倍近くである [4]。また、太陽光の強度を示す年間の全天日射量は、日本では1,200～1,600kWh／m^2に対して、オーストラリアや中近東では2,000kWh／m^2以上と高く、また、これらの地域は設置に有利な広大な平地に恵まれ、自然災害も少ないことから、発電コストは低い。

2　世界の再生可能エネルギーの現状

世界の再生可能エネルギーの状況は、IRENA（International Renewable Energy Agency、国際再生可能エネルギー機関）が詳細に報告している [5]。**図8.2**に示すように、世界では再生可能エネルギーによる発電コストは急激に下がっている。世界の電力供給事業者による発電コストは、太陽電池では、2010年時点で平均0.378US$／kWhが2019年では0.068US$／kWhに、5～95%のコストの範囲では0.05～0.19US$／kWhであり、中東では0.02US$／kWh以下との話もある。2018年に対して2019年には平均で13.1%低下しており、さらなる低下が期待される。日本のFIT制度[1]（固定価格買取制度：Feed-in Tariff）による買取価格が2020年時点で（12円＋税）／kWhであることに比べて、大幅に安価である。

また、風力発電においては、アメリカだけで年間30,800TWh [4] のポテンシャルがある。特に、中西部では発電コストが0.05US$／kWh程度 [6] に下がっている。世界では、**図8.2**に示すように、陸上風力では、2019年には平均0.053US$／kWhであり、多くの火力発電の発電コスト以下となっている。日本のFIT制度で決められている陸上風力の（18円＋税）／kWhに比べて大幅に低い。

地域により大きな差が見られるものの、規模の大きな発電施設では、今後とも低下するであろう。

このような状況にあって、日本では、自国で発電するだけではなく、海外の安価な電力を効率よく利用することが望ましい。日本から見た場合、安価な電力が得られる地域の有力候補はオーストラリアであるが、距離が離れていることから海底ケーブルで運ぶには無理がある。そこで、次のようにCO_2フリーの燃料に変換し、輸送する方法が考えられる（**表8.1**）。

1　**FIT (Feed-in Tariff) 制度**　固定価格買取制度のことで、太陽光、風力、水力、地熱、バイオマスの再生可能エネルギー源を用いて発電された電気を、国が定める価格で一定期間電気事業者が買い取ることを義務付ける制度のこと。

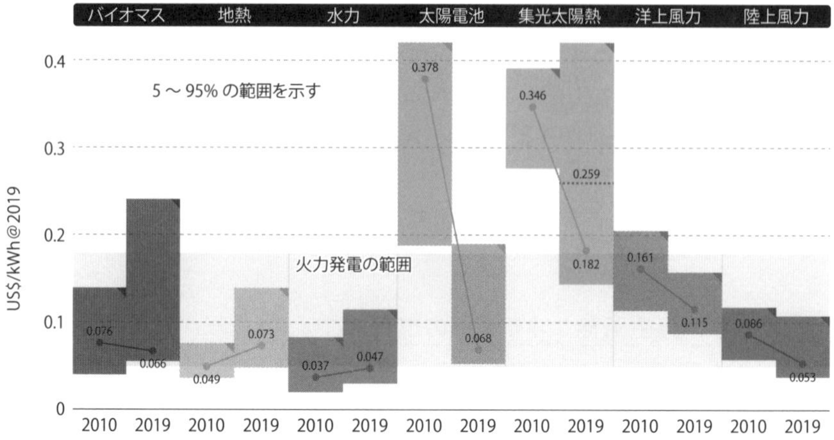

図8.2　再生可能エネルギーごとの発電コストの推移
出典：IRENA「Renewable Power Generation Costs in 2019」[5]をもとに作成

表8.1　再生可能エネルギーの輸送方法

輸送方法	参照先
再生可能電力により水素（H_2）を製造し、液体水素やアンモニアなどの輸送しやすい形態に変えて輸送する。	7章3節
水素とCO_2からメタン（CH_4）を製造し、ガス井から産出したメタンとともに既設のLNG（液化天然ガス：Liquefied Natural Gas）プラントにより液化し、LNGとして輸送する。	5章3節
水素とCO_2からメタノールなどのCO_2フリー液体燃料を製造し輸送する。	5章5節

日本のエネルギー自給率は、2017年時点で9.6%であり、残りの90%は、海外から輸入している原油、天然ガス、石炭である[7]。5章9節に述べたように、日本で消費する石炭から発生するCO_2をメタンに転換した場合、オーストラリアなどの100km四方程度の面積で可能と試算され、十分にあり得る広さである。

日本は、永年、海外から、化石燃料を輸入することで経済成長を果たしてきた。今後は、海外の再生可能エネルギー由来のエネルギーを燃料の形で輸入する時代が来るであろう。

Column 6　地球上最安値の再生可能エネルギー発電電力単価

カーボンリサイクルエネルギーシステムを考える上において、再生可能エネルギーの電力単価は非常に気になるところである。現状いくらなのであろうか。

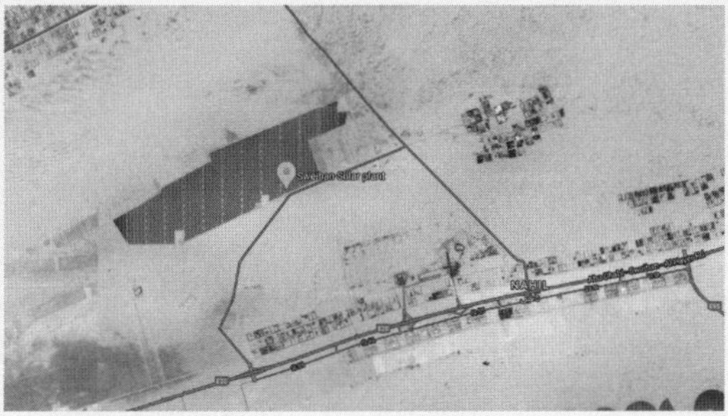

コラム図8.1／8.2　スワイハン太陽光発電事業、東京ドーム166個分の土地に太陽光パネル300万枚を敷きつめる
出典：日経新聞「丸紅のUAE太陽光　天然ガスより安く、発電コスト2円台」（2017.6.19）／Map data@2020 Google

写真は、アラブ首長国連邦のスワイハン太陽光発電所である。

ここは、同国のアブダビ水電力庁（ADWEA：Abu Dhabi Water and Electricity Company）、丸紅、JINKO SOLAR（中国）がそれぞれ60%、20%、20%出資して特定目的会社（SPC）Sweinhan Solar Holding社を設立し、発電電力をADWEAに25年間供給する契約を結んでいる。総工費は約8億7千万ドル（957億円@110円／$）、発電出力は1,177MW（DC）である。この場合、太陽光発電設備単価と設備利用率を14%に仮定した場合の発電電力単価は以下の通り試算される。

957億円／1,177MW≒8万円／kW
957億円／（1,177MW×8,760Hr×14%×25年）＝2.65円／kWh

このように、世界の再生可能エネルギー、とりわけGWクラスの太陽光発電の発電電力単価はすでに2円／kWh台に突入している。

また、ADWEAから太陽光発電業務を継承したエミレーツ水電力公社（EWEC：Emirates Water and Electricity Company）は、2022年半ばまでに2GWアルダフラ太陽光発電所を建設予定で、その発電電力単価は地球上最安値の1.43円／kWhの予定である。

ともあれ、日本で大規模と称されているMWクラスの1,000倍のGWクラスが世界のスタンダードなのである。

8.2 ネガティブ・エミッション

1 CO_2排出量をマイナスにするネガティブ・エミッション

2015年に開催された国連気候変動枠組条約第21回締約国会議（COP21）では、21 世紀末の温度上昇を、「工業化以前と比して2℃を十分に下回る水準に抑制し、1.5℃に抑制するよう努力する」ことが合意された。また、EU諸国では、2050年にCO_2排出量をゼロにするとの目標に取り組んでおり、そのためには、CO_2排出量をマイナスにする「ネガティブ・エミッション」が必要と考えられている。

発電の場合は、経済性に課題はあるとしても、再生可能エネルギー電力に蓄電システムを設けてCO_2排出量を大幅に削減することは可能である。しかし、農業、産業分野や小規模排出源からのCO_2を削減する余地は限られている。国としてネットゼロとするには、CO_2排出量をマイナスとするネガティブ・エミッション技術が欠かせない。

2 ネガティブ・エミッションの仕組み

図8.3に2℃の上昇を想定した場合に、2070年頃に世界でネットの排出量をゼロにするためのネガティブ・エミッションの概念を示した[8]。IPCC[1]（国連気候変動に関する政府間パネル：Intergovernmental Panel on Climate Change）が設定した、累積排出量が最大となるケースである。2035～2040年にネガティブ・エミッション技術が実用化される場合、2100年に向けて、ネガティブ・エミッション量が毎年、100億トン以上となることを示している。

ネガティブ・エミッションには、**図8.4**に示すように、植林のような生態系を活用するだけではなく、次に挙げるエネルギーシステムに組み込まれる技術が考えられる（**表8.2**）。

表8.2 エネルギーシステムに組み込まれるネガティブ・エミッション技術

	技術内容
①	土壌の有機炭素は深さ1m分に1兆5,000億トン存在しており、年間で20～30億トンの炭素、CO_2にして73～110億トンを吸収するともいわれている[8]。植物残渣や堆肥により土壌炭素蓄積を増やす効果が大きい。
②	バイオマスからチャー[2]を製造し、土に埋めるバイオ炭（BC：Biochar）を製造する。
③	バイオマスから製造した燃料を燃焼した排ガスからCO_2を回収、貯留する。BECCS（Bioenergy with Carbon Capture and Storage：バイオマスCO_2回収・貯留）と呼ばれ、実証段階である。
④	大気中からCO_2を回収し、貯留。DACCS（Direct Air Capture with Carbon Storage）と呼ばれ、研究が進んでいる。
⑤	陸域のケイ酸塩岩の風化を促進し、溶存炭酸塩を海洋に運び、海洋に炭酸塩を増やすことのような地質学的過程による。
⑥	海洋に栄養を追加し、海洋表層での生産性を高めて海洋での生物起源の炭素を増やす、海洋肥沃化。

1 **IPCC** 世界気象機関（WMO）と国際連合環境計画（UNEP）が共同で1988年に設立した組織。国際的専門家による地球温暖化に関する科学的研究の収集、整理のための政府間機構。

2 **チャー** 石炭やバイオマスを蒸焼にして得られる炭素と灰分からなる残留物。

①から⑥のネガティブ・エミッション技術の中では、BECCSが実用化に近い。ただし、期待されるCO_2削減量は毎年、120億トンにも及ぶので、それだけのバイオマスが生産できるか、また、回収したCO_2を貯留できるかが課題である[8]。空気からのCO_2回収・貯留（DACCS）については、次節で詳述する。

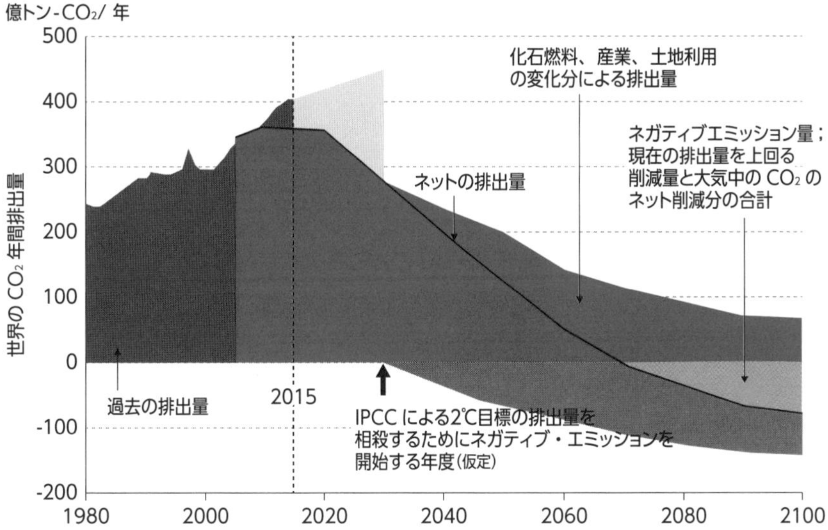

図8.3　ネガティブ・エミッションによる世界のCO_2排出量の推移
出典：EASAC（European Academies' Science Advisory Council）「Anderson and Peters」（2016）[8] をもとに作成

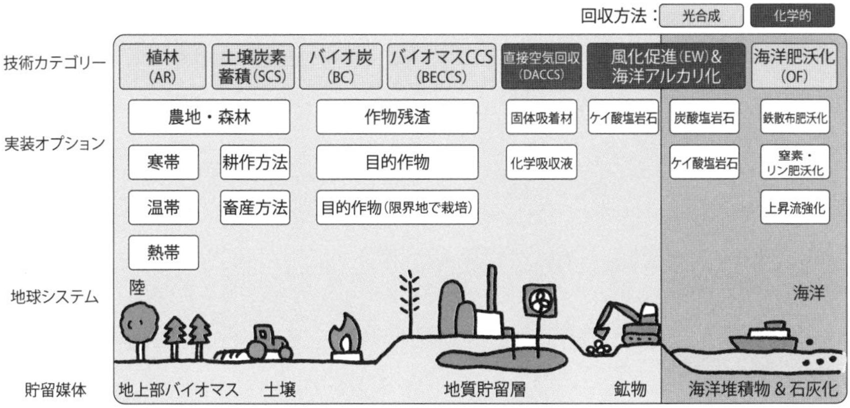

図8.4　ネガティブ・エミッションの分類
出典：Jan C Minx et al.「Negative emissions—Part 1: Research landscape and synthesis」（2018）[9] をもとに作成

8.3 空気からのCO_2回収

1 なぜ空気から回収するのか

空気からCO_2を直接回収する。これはDAC（Direct Air Capture）システムといわれるものである。前節に述べたネガティブ・エミッションとしてのDACCS（Direct Air Capture with Carbon Storage）は、DACで回収したCO_2を貯留するところまで含んだシステムである。

なぜ、そのような技術が必要になるのか。ヨーロッパでは、将来、化石燃料の使用がなくなり再生可能エネルギー、水素の時代が来ると、CO_2の入手が困難になるため、その時のCO_2入手法を考えなくてはならないと聞いたことがある。

なぜそこまでして難しいことをするのか。世の中では、炭酸飲料、ドライアイス、溶接のシールガス等々でCO_2を必要とする分野は多々ある。現在、これらCO_2は、石油の製油所における水素製造装置で回収されるCO_2を活用しているが、石油の需要量が下がると回収していたCO_2も減る。火力発電所の排ガスからCO_2を回収すれば、十分なほどの量がすぐ調達できるが、電力が再生可能エネルギーで賄われるとそれも期待できなくなる。前述の製品などに利用されるCO_2量は、エネルギー起源から排出されるCO_2量に比べれば遥かに少ない。一方で、ネガティブ・エミッションを考えるならば桁違いに大きな量となる。ここでは、空気からCO_2回収するためにどれだけの労力が必要か試算してみた。

2 DACの技術

現在、世界的には、スイスのClimeworks社、カナダのCarbon Engineering社、そして、アメリカのGlobal Thermostat社、Prometheus Fuels社が開発に取り組んでいる。

❶ Climeworks社

現在、実証プラントなどで開発の進んでいる会社が、Climeworks社とCarbon Engineering社である。Climeworks社のCO_2回収システムは、基本的にはアミン系吸収液を用いた化学吸収法である[10]。**図8.5**にDACシステムの仕様を示す。これを火力発電、特に100万kWの石炭火力発電所から排出されるCO_2を回収するための規模はどれくらいになるであろうか。排出されるCO_2量は、約600万トン／年程度である。これを例えば**図8.5**に示すDAC-18システムを並べて回収するとなると、その能力から6,682基必要となる。これは設置面積からすると、理論上150kmもの装置長さとなる。このプロセスには必ず吸収液の再生工程が入るため、常時、吸収していることはあり得ない。もし、常時、吸収させるためには2系統の化学吸収器のラインが必要となる。

将来のコスト目標として約10,000円／トン-CO_2が掲げられているが、前述の排出CO_2量に対し、果たして総額9,000億円（15年償却の場合）、DAC-18システム1基当たり約1.3億円で吸収液代、建設費など込みで建設できるであろうか。よほど吸収効率のよい吸収液を開発し、装置のコンパクト化を図らない限り実現は困難と思われる。

課題はこれだけではない。消費動力の問題である。将来的な目標として、電力400kWh／トン-CO_2、熱1,600kWh／トン-CO_2が掲げられている。これは、たとえ再生可能エネルギーが安くなり電力単価が2円／kWh、熱単価が6.5円／kWh [11] になったとしても、ユーティリティ費で11,200円／トン-CO_2が必要となり、機械装置費と同等のコストがかかる。この費用をいかに下げるかも大きな課題である。

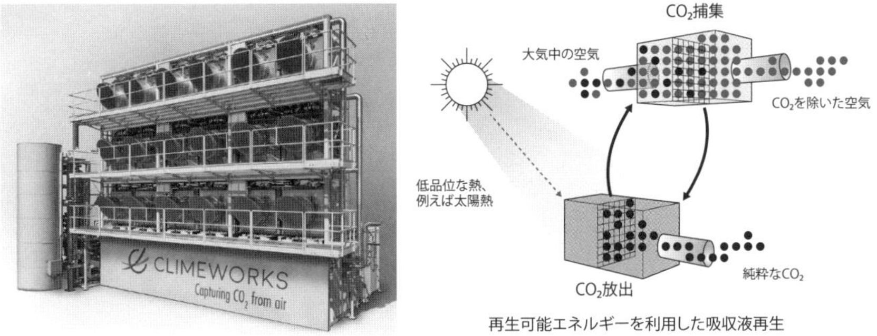

型番	DAC-1	DAC-3	DAC-18	DAC-36
CO_2吸収器の数	1	3	18	36
CO_2回収量（kg／day）	135	410	2,460	4,920
設置面積（m^2）	20	20	90	180

図8.5　DACシステム仕様
出典・資料提供：Climeworks社のウェブサイト[10]をもとに作成

❷ Carbon Engineering社

Carbon Engineering社のCO_2回収システムは、CO_2吸収工程とCO_2脱着工程が同時進行に行われるため連続運転が可能である [12]。**図8.6**に示すように、炭酸カリウムと水酸化カルシウムとの間のアニオン交換により炭酸カルシウムを生成させ、最終的にこれを焼成することでCO_2を分離・回収する。この焼成プロセスは、1,000℃前後の温度で行われるため、通常、天然ガスを燃焼させて高温場を得る。ただし、この燃焼時にCO_2を発生するので、これも回収しなければDACシステムの意味はない。この時のCO_2の収支図を**図8.7**に示す。大気より1トンのCO_2を吸収して、1.3～1.5トンのCO_2が回収される。すなわち、天然ガスで$CaCO_3$を焼成するために、0.3～0.5トンの余分のCO_2を回収することになる。この時、天然ガスの燃焼で8.81GJを要するので、約5,800 円（US$5／MMBtuの時）に相当する。同図で示される94～232$USD／トン-$CO_2$の大きな割合を占めることが伺える。

いずれにしても、**図8.8**に示すような大型DACシステムには、装置費（それも開発目標値）と同等規模のユーティリティ費が毎年必要になるということを見落としてはならない。果たして、DACシステムの時代は来るのであろうか。今後の開発に注視していきたい。

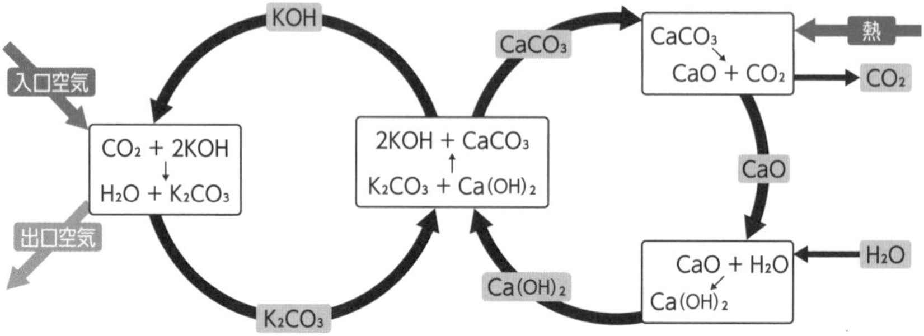

図8.6　DACシステムのプロセス
出典・資料提供；　Carbon Engineering社「Our Technology」(2020)[12]をもとに作成

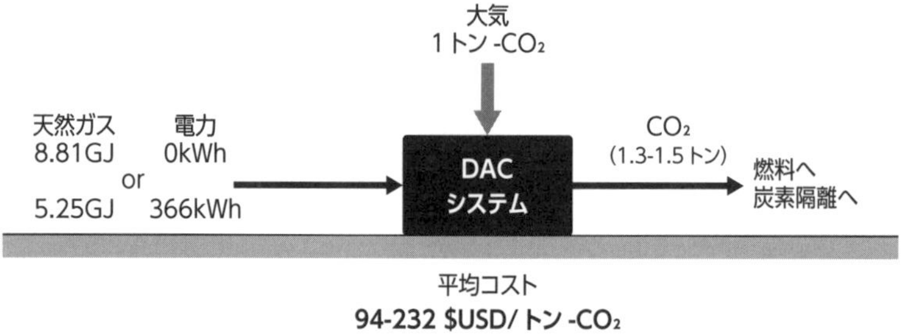

図8.7　DACシステムのCO_2収支と費用
出典：David. W. Keith et al.「A Process for Capturing CO_2 from the Atmosphere」(2018)[13]をもとに作成

図8.8　大規模DACシステムのイメージ図
出典・資料提供；　Carbon Engineering社「Our Technology」(2020)[12]をもとに作成

❸ Global Thermostat社

Global Thermostat社の特徴は、アミン系の化学吸収剤をカーボンでできた多孔質ハニカムに仕込み、大気中のCO_2を吸着・吸収させた後、85～100℃の低温蒸気で脱着・再生させるプロセスとなっている。いわゆる、化学吸収と物理吸着を合わせたような仕組みと思われる[14]。実証プラントなどは製作されているようだが、その性能については明らかにされていない。

❹ Prometheus Fuels社

Prometheus Fuels社は、大気中のCO_2を、電気を使って電解質膜上の電解触媒（銅系）でエタノールを合成し、最終的にガソリンやジェット燃料を合成する技術を開発しているベンチャー企業である。いわゆる、CO_2フリー燃料を、大気中のCO_2と水分から電気化学的に合成しよう（Air to Fuel、Air to Gasolineともいわれる）というもので、その反応のイメージを**図8.9**に示す[15]。すでに、銅系の触媒を用いれば、電気化学反応により炭化水素系燃料が合成されることが報告されている[16]。しかしながら、この分野は、まだ先導的研究に類する領域であり、実用化にはまだ相当の時間を要すると思われる。

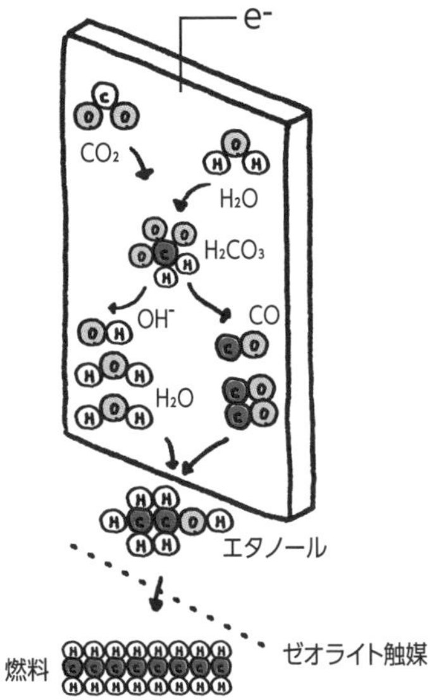

図8.9　銅系触媒を用いた大気中CO_2と水分からの炭化水素燃料合成のイメージ
出典：Robert F. Service「This former playwright aims to turn solar and wind power into gasoline」Science (2019.7) [15]をもとに作成

8.4 日本へのCO_2フリー燃料の導入

1 日本のエネルギーフローにおけるカーボンリサイクル

日本のエネルギーフローにおいて（5章1節の**図5.2**参照）、発電部分における石炭と天然ガスから排出されるCO_2を、メタンや、メタノールに変換してカーボンリサイクルエネルギーシステムを構築するに要するエネルギーを試算してみよう。天然ガスから排出されるCO_2はメタンに、石炭から排出されるCO_2はメタノールに転換するものと仮定する。

❶ 天然ガス／メタンの場合

次の条件で計算する。

反応式	$CO_2 + 4H_2 \rightleftarrows CH_4 + 2H_2O$
発電に使われる天然ガス	2,947 PJ
天然ガスの発熱量	54.5 GJ／t
天然ガス単位当たりのCO_2排出量	2.698 kg-CO_2／kg

これらより、天然ガスからのCO_2排出量は年間で1億4,600万トン、メタン合成量は5,300万トン（2,950 PJ相当）と計算される。また、必要水素量は2,973億m^3Nと計算され、水素1 m^3Nを製造するに必要な電力（製造原単位）を4.5kWh ／m^3N-水素とすると、必要電力量は4,820 PJとなる。

これらの検討結果を日本のエネルギーフローに組み込むと**図8.10**になる。合成したメタンを導入することで、天然ガスの輸入量が4,219 PJから1,478 PJにまで削減されている。こ

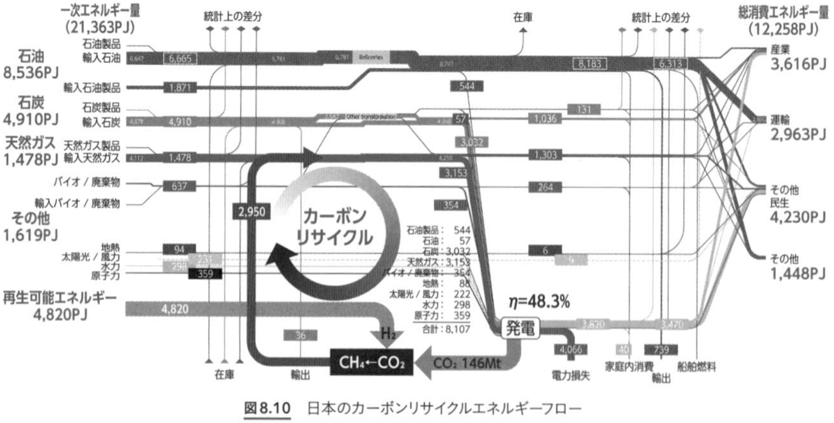

図8.10 日本のカーボンリサイクルエネルギーフロー
（メタンの場合）

れによるCO_2削減量は、年間約1.36億トン（天然ガスの単位発熱量／CO_2排出量：54.5GJ／t／2.698kg-CO_2／kg）に相当する。

なお、天然ガス火力については、GTCC（ガスタービン複合発電）を想定しCO_2回収装置が付設されることで所内動力が増すので、7%の燃料消費量の増加を見込んでいる。

❷ 石炭／メタノールの場合

次の条件で計算する。

反応式	$CO_2 + 3H_2 \rightleftarrows CH_3OH + H_2O$
発電に使われる石炭	3,032 PJ
石炭の発熱量	26.6 GJ／t
石炭単位当たりのCO_2排出量	2.409 kg-CO_2／kg

これらより、石炭からのCO_2排出量は2億7,500万トン、メタノール合成量は2億トン（4,540 PJ相当）と計算される。また、必要水素量は4,194億m^3Nと計算され、水素製造原単位を4.5kWh／m^3Nとすると必要電力量は6,800 PJとなる。

これらの検討結果を日本のエネルギーフローに組み込むと**図8.11**になる。合成メタノールを導入することで石炭の輸入量が4,910 PJから1,878 PJにまで削減される。さらに、余剰分のメタノールを石油代替にすることで石油の輸入量を8,536 PJから7,331 PJにまで削減させることも可能である。これらによるCO_2削減量は、石炭削減分で年間約2.75億トン、石油削減分で約0.83億トンとなり、合わせて3.58億トン（一般炭の単位発熱量／CO_2排出量：26.6 GJ／t／2.409kg-CO_2／kg、石油の単位発熱量／CO_2排出量：38.2GJ／kl／2.619kg-CO_2／kl）に相当する。

これは、石炭火力からの回収CO_2量以上の削減量となる。実は石炭火力とメタノールの

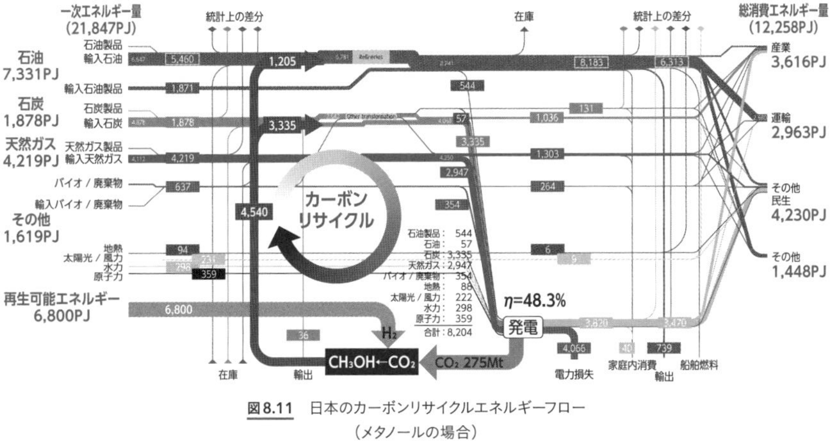

図8.11 日本のカーボンリサイクルエネルギーフロー
（メタノールの場合）

組み合わせは、排出CO_2量が多い分、再生可能エネルギーを多く導入できるというメリットがある。メタノールは化成品の基幹物質としても使えることから、カーボンリサイクルによるエネルギーシステムを構築する上で適した物質なのである。

なお、石炭火力については、CO_2回収装置が付設されることで所内動力が増すので、10%の燃料消費量増加を見込んでいる。

2　メタン／メタノールによるカーボンリサイクルの短所長所

前述のようにカーボンリサイクルされるメタン、メタノールであれば、これらは、いわゆるCO_2フリー燃料と捉えることができるであろう。これらリサイクルシステム化によるCO_2フリー燃料の特徴を以下に整理してみた（**表8.3**）。

表8.3　リサイクルシステム化によるCO_2フリー燃料の特徴

①　両者共有課題	
排出源にCO_2分離・回収装置、CO_2貯蔵設備の追設が必要。	
海外で再生可能エネルギー電源が必要。	
海外で水素を製造する水電解装置が必要。	
大型の液体CO_2輸送船の実績がない。	
②　天然ガス／メタンの場合	
長所	国内のLNG焚きGTCC火力の設備、貯蔵も含めそのまま利用可能。
	すでにLNG船がある。
	都市ガスとしても利用が可能（CO_2回収は不可）。
	海外の既存のLNGプラントおよびLNG出荷設備を利用可能。
短所	GTCC排ガスからのCO_2回収率は、CO_2濃度の低さから一般的に85%程度まで。
	海外にメタン合成プラント、合成メタンの貯蔵設備が必要。
	メタネーション技術は開発実証中の技術である。
	国内ではLNG自動車（普及はほぼ公共交通のみ）が普及していないので自動車用燃料としては使いづらい。
③　石炭／メタノールの場合	
長所	国内の石炭火力、貯蔵に対し、わずかな改造、常温常圧タンクの設置で対応可能。
	既設石炭火力の改造の場合、脱硫、除塵装置の負荷が減り、石炭灰も減る。
	燃焼器の改造により既存GTCCにも適用可能と考えられる。
	石炭火力からのCO_2分離回収率は、CO_2濃度の高さから一般的に90%まで上げられる。
	メタノールは大型タンカーによる大量輸送が可能。
	メタノール合成技術は商用化された既存技術である。
	化学品の基幹物質としての利用も可能。
	自動車用混合燃料としても利用が可能（CO_2回収は不可）。
短所	海外にメタノール合成プラント、メタノール貯蔵設備が必要。

いずれにしても、CO_2フリー燃料と謳う限り、燃焼により排出されるCO_2の分離・回収は必要であり、小口ユースの一般家庭への都市ガス供給利用、自動車用燃料としての利用ではCO_2分離・回収は困難となる。あくまでも、大口ユースによる大規模燃焼からの大規模CO_2分離・回収が、CO_2大幅削減策のカギとなる。

このようなCO_2フリー燃料を国内火力に適用した際、CO_2分離・回収によりGTCCの場合で7ポイント程度、石炭火力で10ポイント程度の発電効率の低下を伴う。この効率低下は、火力発電に付設するCO_2分離・回収装置が熱を要すためであり、実は、そこに国内再生可能エネルギーを活用する道がある。

その一例の構想図を**図8.12**に示す。ここに必要な熱は300℃程度までであり、太陽光や風力発電の余剰電力を熱に変換し、熱媒体に貯蔵することで、CO_2分離・回収装置の24時間運転が可能となるメリットがある。これにより前述のGTCCや石炭火力の発電効率低下も抑止できる。その他、火力発電の急速起動用に熱を貯蔵しておく使い道もある。そういう意味でも、再生可能エネルギーは既存の火力発電と協調できる分野がまだ多く残っている。

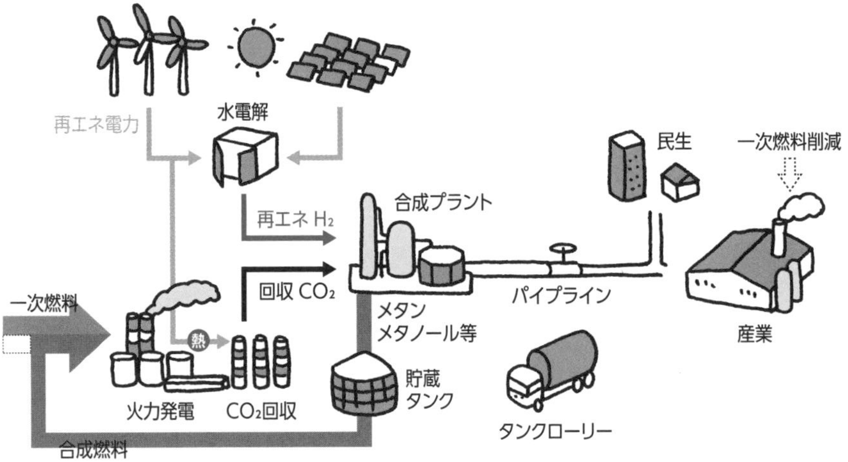

図8.12　CO_2フリー燃料を使ったエネルギーシステム
（太陽光、風力利用の場合）

8.5 世界との連携

1 世界のCO_2有効利用に関する研究

CO_2の利用分野は、2012年以降、世界で研究開発が急速に推進され、日本、アメリカ、中国、欧州が中心となって、多くの論文発表、特許出願がなされている。CO_2固定化・有効利用分野について、1998年以降の論文件数の国籍別シェアを**図8.13**に、出願特許ファミリー件数の国別シェアを**図8.14**に示す。特許出願件数では善戦しているものの、将来のイノベーションにつながる論文の件数では、アメリカ、欧州、中国に見劣りしているのが現状である。また、CO_2の回収に関する特許や論文が多く、CO_2の有効利用技術に関しては、特許で23%程度、論文では27%であった。

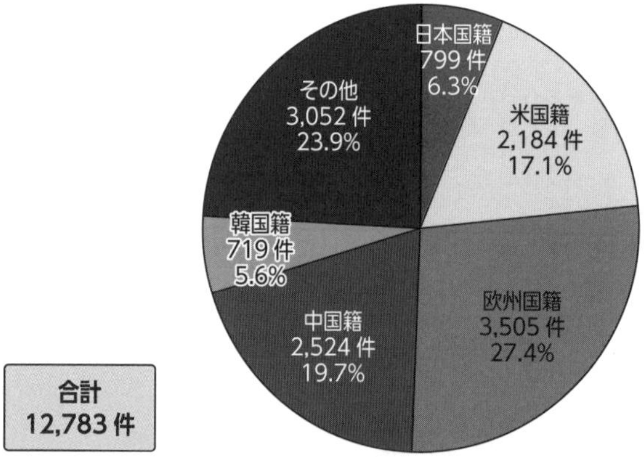

図8.13　「CO_2固定化・有効利用技術」分野全体の論文発表国別シェア（論文発表年：1998～2016年）
出典：特許庁「平成29年度 特許出願技術動向調査報告書(概要)『CO_2固定化・有効利用技術』」(2018.2) [17] をもとに作成

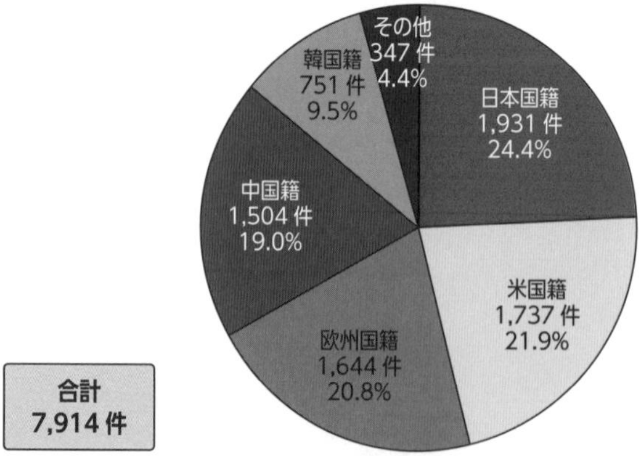

図8.14　「CO_2固定化・有効利用技術」分野全体の出願特許ファミリー件数の国籍別シェア
出典：特許庁「平成29年度 特許出願技術動向調査報告書(概要)『CO_2固定化・有効利用技術』」(2018.2) [17] をもとに作成

CO_2有効利用技術について、技術および国ごとの特許出願件数を整理したのが、**図8.15**である。日本は、工業利用、ハイドロカーボン（炭化水素）合成、電気化学、人工光合成に力を注いでいるのがわかる。

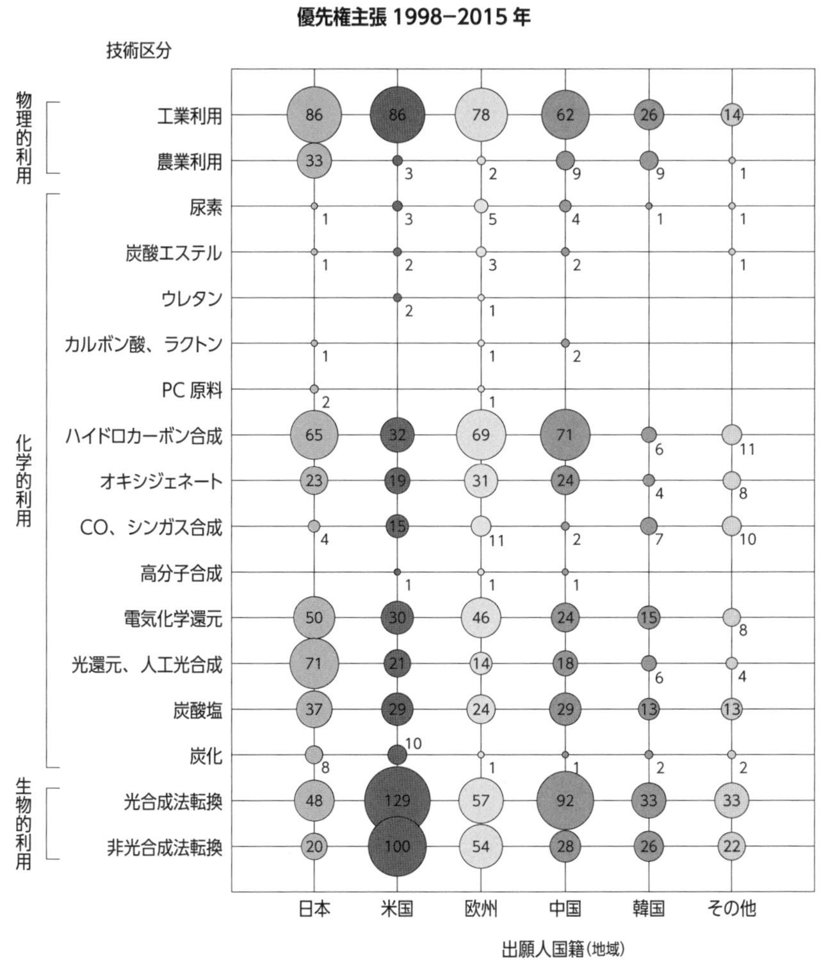

（注）2014 年以降はデータベース収録の遅れ、PCT（Patent Cooperation Treaty：特許協力条約）出願[1]の各国移行のずれなどで全出願データを反映していない可能性がある。

図8.15　「CO_2有効利用」：中分類技術区分別－出願人国籍別 出願特許ファミリー件数
出典：日米欧中韓への出願、出願年（優先権主張年）：1998 年～2015 年）[18]をもとに作成

1　**PCT出願**　日本の特許庁などの指定官庁に出願手続きを行うことにより、特許協力条約加盟国すべてに同時に出願をしたことと同じ効果が得られる出願方法。

2 欧州の連携

欧州では、CO_2有効利用分野で、ACT（Accelerating CCS Technologies、CCUSの促進を目指す研究イニシアティブ）という、欧州内での共同研究を促進するための組織を設けている。ACTは、欧州委員会が研究のために設立したHorizon 2020プログラム[2]の中に設定されているERA-NET Co-fund[3]の1つである。欧州11カ国とアメリカ、カナダ・アルバータが資金提供し、2016～2020年の5年間に、欧州の関心が高いCO_2利用につながるテーマについて協力して研究を進める体制を取っている。2017年には、8プロジェクトが、2019年には12プロジェックトが立ち上がった。

その1つがALIGN-CCUS（Accelerating Low carbon Industrial Growth through CCUS）プロジェクトである。業界主導の共同研究イニシアティブで、大規模にCCUSが導入されるのに備えて、幅広い技術課題を克服することを目指している（5章13節参照）。

3 日本の国際連携の在り方

CCUSは幅広い共通技術を包含しており、これらを多面的に研究するには、一国が単独で進めるのではなく、国際共同研究が欠かせない。特に、CO_2排出量削減は、世界の課題であり、日本にとっては、世界と連携した研究を進める必要がある。

「革新的環境イノベーション戦略」[19]には、「国内外の叡智を結集して、ゼロエミの拠点を新設していく」ものとし、国際協調の例としては、ゼロエミッション国際共同研究センターの新設が挙げられている。水素、カーボンリサイクル、エネルギーデバイスなどの領域で欧米などの研究機関との国際共同研究を実施するものとしている[19]。

2019年9月に、経済産業省とNEDOの主催で、東京で開催された「カーボンリサイクル産学官国際会議」では、国際連携の可能性が確認された。また、毎年、10月に日本政府が主導して東京で開催される、ICEF（世界エネルギー・環境イノベーションフォーラム：Innovation for Cool Earth Forum）では、CCUSのセッションが設けられ、国際協力の重要性が指摘された。このような、さまざまな連携を深め、かつ、各地域にとって適切な技術を確立していくことが求められている。

---

2 **Horizon 2020プログラム**　欧州全体で実施されている研究や革新的開発を促進するための計画。2014～2020年に約800億ユーロ（約10兆円）のEUからの公的資金が投入されている。

3 **ERA−NET Co-fund**　Horizon 2020の枠組みで、研究とイノベーションプロジェクトに資金を提供するための共同公募助成。

Column 7

CCUの国際会議

この原稿を執筆している今、多くの諸外国ではコロナウイルスでロックダウン状態が続いている。そんな中、今世界のCO_2排出量が大幅に低減されていると聞く。その影響とは無関係とのツイートもあるが北極のオゾンホールも消滅したと聞く。それだけ人類は日頃の経済活動で多量のCO_2を含む大気汚染物質を排出し、地球に負荷をかけ続けている訳である。ロックダウンが解除され、再び経済活動が始まるとCO_2排出が増え始める。CO_2を排出しない社会の実現に向け、世界中でCCUについて議論の場が設けられている。

❶ ICCDU：International Conference on Carbon Dioxide Utilization

1991年以来開かれている国際会議。2015年以降は毎年世界各地持ち回りで開催されている。2020年で第18回目。毎年5～6月頃に4日間程度の期間で開催される。発表内容が要素開発から実証、政策まで多岐に渡り、もっとも情報量が多い。

コラム図8.1
資料提供：Sotacarbo SpA

❷ ACI's Carbon Dioxide Utilization Summit（欧州）

ACI主催の2020年で第17回目を迎えるCCU国際会議。毎年9月から10月に1回／年3日間程度で開催される。研究開発の紹介、提言などが主体である。

❸ ACI's Carbon Dioxide Utilization Summit（北米）

ACI主催の2020年9月で第16回目を迎えるCCU国際会議。毎年2月と9月に2回／年2日間程度で開催される。

❹ ICCDUSD：International Conference on Carbon Dioxide Utilization and Sustainable Development

毎年8月にバンクーバー、1月にロンドンで、各2日間程度で開催される国際会議。2020年8月で第14回を迎える。

❺ International Conference on Carbon Recycling（日本）

2019年9月に経済産業省とNEDO主催で第1回目が開催されたカーボンリサイクル産学官国際会議。CCU技術開発で先行している欧米のプロジェクト推進責任者らを招いて開催。

コラム図8.2
資料提供：一般社団法人 四国天然ガス普及協会

第9章

カーボンリサイクルへの道

前章までに、カーボンリサイクルの概念とその必要性と、そのための技術的な説明をしてきた。2019年にカーボンリサイクル技術ロードマップが策定され、短期および長期に分けてCCU技術のロードマップが示された。カーボンリサイクルを進めるには、技術だけではなく、様々な課題がある。日本政府、特に経済産業省がどのように進めようとしているか、整理しておきたい。

大幅なCO_2を削減するには、個々の技術をどのようなシステムとして実現していくかの視点が欠かせない。火力発電から排出されるCO_2を分離・回収し、再生可能エネルギーを用いて、メタンやメタノールなどのCO_2フリー燃料を製造するのが、現実的である。その場合、CO_2フリー燃料を製造するコストは、再生可能エネルギーで製造する水素の製造コストがポイントである。

このような、CO_2フリー燃料を導入するには、技術の進展が求められるが、さらに事業面、政策的支援、国際的制度、投資促進、カーボンプライシングやそれに準ずる制度の導入が欠かせない。本章では、これら、幅広い観点から、カーボンリサイクル実現への道程を整理したい。

9.1 日本のGHG削減目標を達成するための施策

1 革新的環境イノベーション戦略

❶ GHG削減目標を達成するためのカーボンリサイクル

内閣府は「革新的環境イノベーション戦略」[1]を2020年1月に策定した。「我が国が強みを有するエネルギー・環境分野において、革新的なイノベーションを創出し、社会実装可能なコストを実現、これを世界に広めていく」ことを目指している。国内だけでなく世界全体の温室効果ガス(GHG:Greenhouse Gas)[1]排出削減に貢献することを目的としたものである。2010年の世界のGHG排出量は490億トンに及び、2050年には、2℃目標に相当する70%削減、1.5℃努力目標に相当する100%削減を目指すこととしている。

ここでは、エネルギー供給(エネルギー転換)と、エネルギー需要(運輸、産業、業務・家庭、そのほか横断領域、農林水産業・吸収源)の全5分野について、**表9.1**に示すように、重要かつ共通の16の技術課題に分類している。さらに、GHG削減量が大きく、日本の技術力による大きな貢献が可能な39テーマをイノベーション・アクションプランとして設定している。

一方、内閣府は、2017年に「エネルギー・環境イノベーション戦略(NESTI2050)」[2]を策定した。この戦略では、「CO_2固定化・有効利用」が7技術分野の1つとして挙げられている。「革新的環境イノベーション戦略」では、よりカーボンリサイクルを強調した形になっている。

❷ カーボンリサイクルに関連する技術プラン

カーボンリサイクルに直接関連する技術としては、「5. CCUS/カーボンリサイクルを見据えた低コストでのCO_2分離回収」「8. カーボンリサイクル技術によるCO_2の原燃料化など」、「16. 大気中のCO_2の回収」が挙げられている。これらの技術は、**図9.1**のように水素や再生可能エネルギー、海外展開とも密接に関連している。

「5. CCUS/カーボンリサイクルを見据えた低コストでのCO_2分離回収」[1]については、**図9.2**に2050年に向けてのCO_2分離・回収コストの目標を示す。現在、CO_2の分離・回収コストは、4,000円/t-CO_2程度であるが、2030年には2,000円/t-CO_2、2050年には1,000円/t-CO_2以下を目指している。

1 **温室効果ガス(GHG)** 京都議定書における温室効果があるガスで排出量削減対象となっている二酸化炭素(CO_2)、メタン(CH_4)、亜酸化窒素(N_2O、別名:一酸化二窒素)、ハイドロフルオロカーボン類(HFCs)、パーフルオロカーボン類(PFCs)、六フッ化硫黄(SF_6)の6種類のガス。

表9.1　革新的環境イノベーション戦略におけるイノベーション・アクションプラン（図中、GHG削減量は、世界の年間の値）

分野	技術課題
I. エネルギー転換 GHG削減量：約300億トン〜	1. 再生可能エネルギーを主力電源に
	2. デジタル技術を用いた強靭な電力ネットワークの構築
	3. 低コストな水素サプライチェーンの構築
	4. 革新的原子力技術／核融合の実現
	5. CCUS／カーボンリサイクルを見据えた低コストでのCO_2分離回収
II. 運輸 GHG削減量：約110億トン〜	6. 多様なアプローチによるグリーンモビリティーの確立
III. 産業 GHG削減量：約140億トン〜	7. 化石資源依存からの脱却
	8. カーボンリサイクル技術によるCO_2の原燃料化など
IV. 業務・家庭・その他・横断領域 GHG削減量：約150億トン〜	9. 最先端のGHG削減技術の活用
	10. ビッグデータ、AI、分散管理技術などを用いた都市マネジメントの変革
	11. シェアリングエコノミーによる省エネ／テレワーク、働き方改革、行動変容の促進
	12. GHG削減効果の検証に貢献する科学的知見の充実
V. 農林水産業・吸収源 GHG削減量：約150億トン〜	13. 最先端のバイオ技術などを活用した資源利用及び農地・森林・海洋へのCO_2吸収・固定
	14. 農畜産業からのメタン・N_2O排出削減
	15. 農林水産業における再生可能エネルギーの活用&スマート農林水産業
	16. 大気中のCO_2の回収

出典：内閣府　統合イノベーション戦略推進会議「革新的環境イノベーション戦略」（2020）[1]をもとに作成

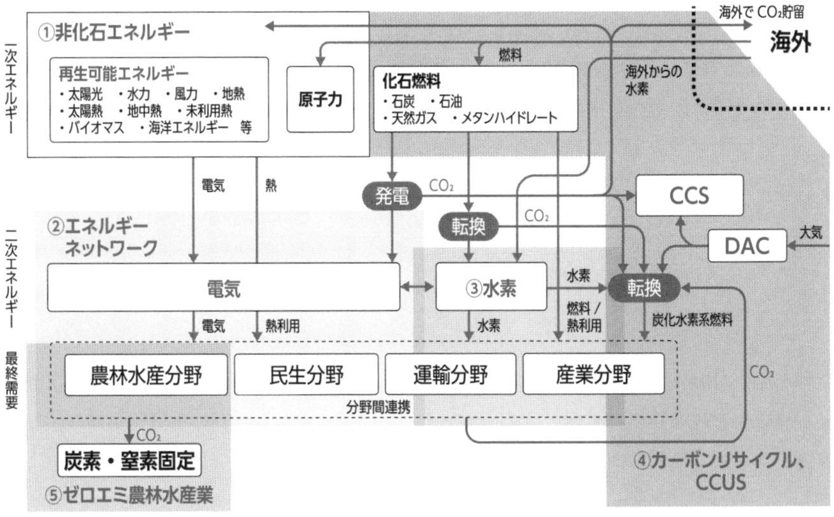

図9.1　革新的環境イノベーション戦略におけるイノベーション・アクションプランの重点領域
出典：内閣府　統合イノベーション戦略推進会議「革新的環境イノベーション戦略」（2020）[1]をもとに作成

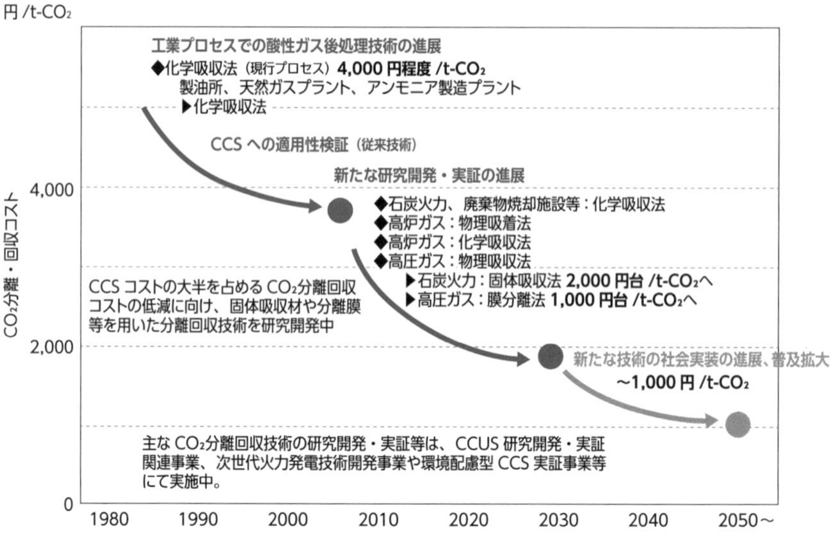

図9.2　革新的環境イノベーション戦略におけるCO_2分離・回収コストの目標
出典：内閣府　統合イノベーション戦略推進会議「革新的環境イノベーション戦略」（2020）[1]をもとに作成

「8. カーボンリサイクル技術によるCO_2の原燃料化など」については、次の4技術を挙げている[1]。

表9.2　カーボンリサイクルによるCO_2の原燃料化技術

	技術内容	概要
1	人工光合成を用いたプラスチック製造の実現	2050年までに化石燃料由来基幹化学品と同等コストを目標。世界全体におけるCO_2削減量は、年間約15億トン。
2	製造技術革新・炭素再資源化による機能性化学品製造の実現	カーボンリサイクル技術によりCO_2を原料とした機能性化学品製造プロセスでは、2050年における世界全体のCO_2削減量は年間最大1億トン。バイオプロセスおよびバイオ製品に由来するCO_2削減量は年間約25億トン。
3	低コストメタネーション（CO_2と水素からの燃料製造）技術の開発	2050年までに既存メタン（天然ガス輸入価格：40～50円／m^3N）と同等のコストを目標。世界全体におけるCO_2削減量は年間約11億トン。
4	CO_2を原料とするセメント製造プロセスの確立／CO_2吸収型コンクリートの開発ほか	2050年における世界全体のCO_2削減量は年間約43億トン。

「16. 大気中のCO_2の回収」では、受容可能なコストでネガティブエミッションを実現する技術開発を2050年までに確立するものとして、世界全体におけるCO_2吸収量は、年間約80億トンとし、利用、固定化される。

2　カーボンリサイクル技術のロードマップ

❶ カーボンリサイクル室が進める技術内容

一方、経済産業省資源エネルギー庁では、2019年2月に分野横断の組織としてカーボンリサイクル室が発足し、6月には「カーボンリサイクル技術ロードマップ」を策定した。ここでは、カーボンリサイクルを次のように捉えている[3]。

図9.3に示すように、CO_2の回収・貯留（CCS）はもちろん、EORやCO_2の直接利用（溶接やドライアイス）を除いている。

①カーボンリサイクルとは、CO_2を資源として捉え、これを分離・回収し、鉱物化や人工光合成、メタネーションによる素材や燃料への再利用などとともに、大気中へのCO_2排出を抑制していく。

②カーボンリサイクルは、CO_2の利用（Utilization）について、世界の産学官連携の下で研究開発を進め、非連続的イノベーションを進める取り組み。

③省エネルギー、再生可能エネルギー、CCSなどとともにカーボンリサイクルは鍵となる取り組みの1つ。

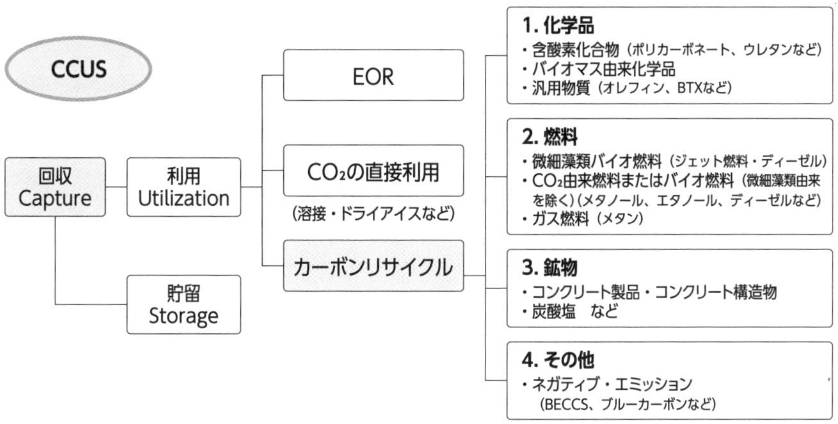

図9.3　カーボンリサイクルの範囲

出典：経済産業省「カーボンリサイクル技術ロード」（2019.6）[3]をもとに作成

❷ カーボンリサイクルの具体策

図9.4にカーボンリサイクル技術ロードマップ[3]を示す。ここでは、2030年頃から普及する技術として、化学品（ポリカーボネートなど）、液体燃料（バイオジェット燃料など）、コンクリート製品（道路ブロックなど）を挙げている。2050年頃から普及する技術としては、化学品（汎用品:オレフィン、BTXなど）、燃料（ガス、液体）、コンクリート製品（汎用品）を挙げ、2030年頃に普及する技術がさらに拡大するものとしている。このロードマップでは、

おおよそのコスト見込みを示しているものの、導入量については、示されていない。

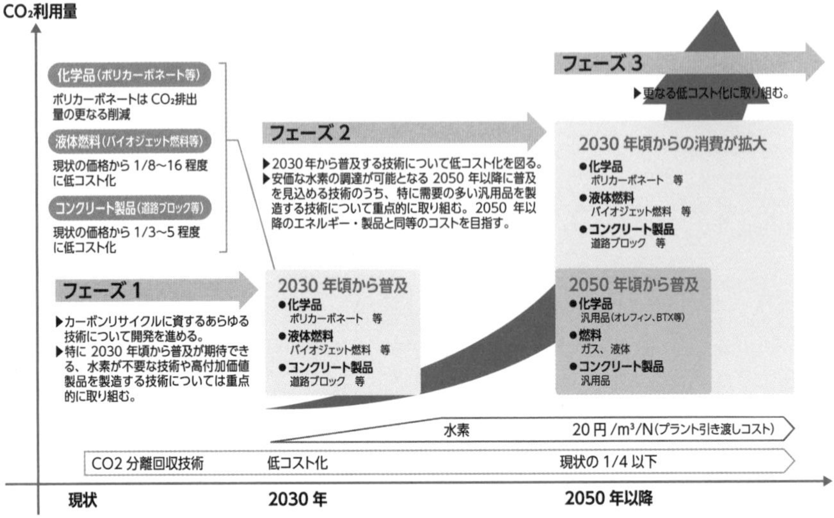

図9.4　カーボンリサイクル技術ロードマップ
出典：経済産業省「カーボンリサイクル技術ロード」(2019.6) [3] をもとに作成

あわせて、カーボンリサイクルが普及する上での留意点として、次の点を挙げている。

①多くの技術開発において、安価なCO_2フリー水素が重要。
②カーボンリサイクル技術には、ゼロエミッション電源[1]の活用が重要。
③カーボンリサイクル技術の評価には、LCA (Life Cycle Assessment)[2]の視点が重要であり、分析・検証をしっかり行う。
④CO_2の分離・回収もコスト低減を図る。

カーボンリサイクル技術ロードマップは、革新的環境イノベーション戦略に比べて、CO_2利用技術に特化したものとなっている。

1　**ゼロエミッション電源**　発電時にCO_2を排出しない太陽光発電、風力発電、地熱発電、水力発電、バイオマス発電などの再生可能エネルギー由来の電源および原子力発電。
2　**LCA**　商品やサービスの原料調達から、廃棄・リサイクルに至るまでのライフサイクル全体を通しての環境負荷を定量的に算定する手法のこと。

9.2 カーボンリサイクル技術で短期になすべきこと

1 カーボンリサイクルの技術目標

「カーボンリサイクル技術ロードマップ」[3] では、2030年と2050年以降とに分けて技術項目とその目標を記載している。この内、2030年では、早期の普及実現を目指すものとして、下記の指針を上げている。

①CO_2を利用しやすい環境の確立（分離・回収・利用の低コスト化）
②すでに基礎技術が確立し、低コスト化を図ることで既存製品の代替が可能なもの（水素の低コストでの利用を前提としないもの、高付加価値で代替が進みやすいもの）

その結果、水素が不要なものや高付加価値なものから導入するものとして、下記の分野を挙げている。

①化学品（ポリカーボネートなど）
②液体燃料（バイオジェット燃料など）
③コンクリート製品（道路ブロックなど）

2 コスト削減に向けた積極的なプロジェクトの推進

具体的には、**表9.3**に2030年だけではなく、2050年を目指した技術がリストアップされている。大型化することが可能な技術があるものについては、実証プロジェクトを積極的に立ち上げることで、2050年に向けた低コスト化が可能となるであろう。というのは、エネルギーの供給は、要素技術だけではなく、供給システムがコストに大きく影響するので、実際に、やってみることが重要である。

表9.3　2030年を目指したカーボンリサイクル技術開発

カテゴリー	CO_2変換後の物質	現状	2030年目標	2050年以降の目標
基幹物質	合成ガス・メタノールなど	一部実用化、革新的プロセスは研究開発段階	プロセスの低コスト化	プロセスの更なる低コスト化
化学品	含酸素化合物	一部実用化（ポリカーボネートなど）、その他は研究開発段階	既存のエネルギー・製品と同等のコスト	更なる低コスト化
	バイオマス由来化学品	技術開発段階（非可食性バイオマス）	既存のエネルギー・製品と同等のコスト	更なる低コスト化
	汎用品（オレフィン、BTXなど）	一部実用化（石炭などから製造した合成ガスなどを利用）	−	既存のエネルギー・製品と同等のコスト
燃料	液体燃料（微細藻類バイオ燃料）	実証段階	既存のエネルギー・製品と同等のコスト」（100～200円／L）	更なる低コスト化
	液体燃料（CO_2由来燃料またはバイオ燃料）	実証段階（E-Fuel等）、バイオエタノールのうち、可食性バイオマス由来については一部実用化	−	既存のエネルギー・製品と同等のコスト
	ガス燃料（メタン）	実証段階	CO_2由来CH_4のコストダウン	既存のエネルギー・製品と同等のコスト
鉱物	炭酸塩、コンクリート製品、コンクリート構造物	一部実用化、低コストに向けたさまざまな技術の研究開発が実施中	道路ブロック、既存のエネルギー・製品と同等のコスト	道路ブロック以外：既存のエネルギー・製品と同等のコスト
共通技術	CO_2分離・回収	一部実用化（化学吸収法）、その他手法は研究・実証段階	1,000～2,000円台／t-CO_2	1000円以下／t-CO_2
基盤物質	水素	おおむね技術確立済み（水電解など）、他の手法含め低コスト化に向けた研究開発が実施中	30円／m^3N	20円／m^3N（プラント引き渡しコスト）

出典：経済産業省「カーボンリサイクル技術ロード」（2019.6）[3]をもとに作成

9.3 カーボンリサイクル技術で長期を見据えてなすべきこと

1 実施中の研究プログラム

2050年に向けて実施すべきことは、**表9.3**に挙げられているが、このほかにさまざまなファンドにより、大学や研究機関で研究が精力的に進められている。ここでは、日本での研究を中心に、主なファンドで研究されている内容を紹介する。

❶「未踏チャレンジ2050」プログラム

2018年度「NEDO先導研究プログラム／未踏チャレンジ2050」[4]では、「CO_2を有効活用し化学品を得る技術」の分野で、「Net Zero Emission（NZE）を実現するCO_2有効活用技術」と「Direct Air Capture（DAC）[1]を実現する複合技術」の研究分野で公募を行い、次の4テーマが研究されている。

①CO_2とH_2からの高付加価値化学品合成に関する先導的研究
②CO_2循環型新製鉄システムの研究開発
③二酸化炭素とジオール[2]の重合用固体触媒プロセスの開発
④排気ガス由来低濃度CO_2の有用化製品への直接変換

❷ JSPS新学術領域研究

日本学術振興会（JSPS）新学術領域研究（研究領域提案型）[4]は、2012年に「人工光合成による太陽光エネルギーの物質変換：実用化に向けての異分野融合」を立ち上げ、その中で、CCUに関係するテーマとしては、研究開発項目（4）「二酸化炭素還元光触媒能を有する人工光合成システム」が該当し、16テーマの研究が進められている。

❸ JSTのACT－C「低エネルギー、低環境負荷で持続可能なものづくりのための先導的な物質変換技術の創出」

国立研究開発法人 科学技術振興機構（JST）のACT－C（先導的物質変換領域）では、先導的な触媒による物質変換技術の創出に取り組んできた。CCU関連としては、「有用物質へ変換する二酸化炭素還元法等の創出」が該当し、51テーマの研究が進められている。

1 **DAC** 大気中のCO_2を直接捕集する技術。
2 **ジオール** グリコールと呼ばれることが多い。アルコールの一種で、脂肪族炭化水素の2つの炭素原子に1つずつヒドロキシ基が置換している構造を持つ化合物。ここでは、研究テーマ名をそのまま記載。

❹ 公益信託ENEOS水素基金第3分野「CO_2固定化・削減技術」

2006年に創設された民間の基金である。「CO_2固定化・削減技術」では、26テーマの研究が実施されている。

❺ DOE「Office of Fossil Energy」

アメリカのDOE（Department of Energy：米国エネルギー省）では2017年以降、継続して、「回収したCO_2利用のための新技術開発」に関する17テーマを選定している。その一部を紹介する。

①CO_2とバイオプラスチック：微細藻類を利用した石炭火力発電所からのCO_2の有益な再利用
②建設機能用コンクリート「CO_2ネガティブ」アップサイクリング[3]
③CO_2のアルコールへの電気化学的変換
④価値ある製品へのCO_2転換のための高エネルギーシステム
⑤合成・改質のためのCO_2の利用におけるセラミックス中空繊維に担持されたナノ触媒
⑥燃料へのCO_2転換の新しいプロセス
⑦石炭由来煙道ガスからのオレフィン製造のためのナノ触媒を利用した低温プロセス

2 CCU関連論文から見た将来技術

長期的な視野からの研究動向については、過去に発表された技術分野ごとの論文数が参考になる。そこで、CCU分野の論文について、2010～2017年までの間に発表された件数と日本のシェアを調べた結果を**表9.4**に示す[4]。ほとんどの分野で中国、アメリカが1、2位で、日本のシェアは、CO_2－EORのほぼ0%を除き3～10%で、3～10位に留まっている。

日本にとってシェアが高い燃料・化学品への変換技術別（触媒的変換技術、電気化学的変換技術、光化学的変換技術）の論文発表件数については、触媒的変換が6,510件と最多で、光化学的変換2,051件、電気化学的変換1,998件の順であった。件数の多い、触媒的変換技術について、この間の論文数の推移を見ると、**図9.5**に示すように、近年、急激に増加していることがわかる。

一方、鉱物化については、世界でのポテンシャルは多いものの、日本にそのための資源が十分にないために、研究も限定的である。CO_2－EORはアメリカ、中国、イラン、カナダなど、産油国に限定される。

このように、日本にあっては、CO_2分離・回収と燃料・化学品への変換を軸に、カーボン材料など、幅広く研究を促進していくことになる。

---

3 **アップサイクリング** 廃棄物のような役に立たないものを、良い品質のものに変換するプロセス。

表9.4 2010～2017年の間に発表されたCCU関係の論文の件数と日本のシェア

技術分野	技術名	論文件数	日本のシェア
CO_2分離・回収	吸収分離	2,501	4.9%
	吸着分離	5,780	3.9%
	膜分離	5,214	4.9%
CO_2－EOR		1,080	0.0%
燃料・化学品への変換	触媒的変換	6,510	7.3%
	電気化学的変換	1,988	7.4%
	光化学的変換	2,051	9.2%
CO_2の鉱物化		4,242	3.6%
機能性カーボン材料への変換		238	7.1%

経済産業省「平成30年度　地球温暖化対策における国際機関等連携事業
（ミッション・イノベーションを通じた国際連携に関する取組等調査）」（2018）[4]をもとに作成

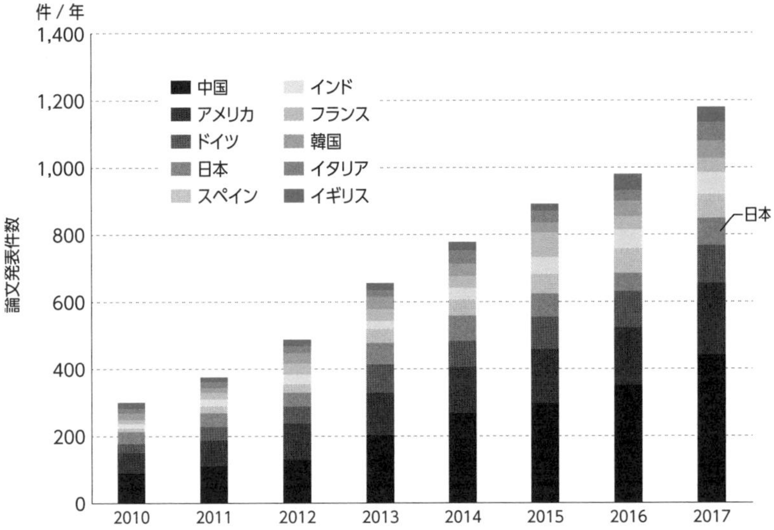

図9.5 CO_2の燃料・化学品への触媒的変換技術に関する論文発表件数の国別推移（発行年：2010～2017年）
出典：経済産業省「平成30年度　地球温暖化対策における国際機関等連携事業
（ミッション・イノベーションを通じた国際連携に関する取組等調査）」（2018）[4]をもとに作成

3 2050年に実現できること

前項では、長期の研究を紹介したが、2050年に実現する観点からの技術を見てみたい。

欧州では、ドイツ化学工学協会が「2050年に向けた欧州化学工業の低炭素化シナリオ」[5]を検討し、2017年に発表している。現時点で技術成熟度（TRL：Technology Readiness Level）[4]がレベル6、いわゆる実証レベル以上の技術を普及していく4つのシナリオ（BAU、中間、野心的、理論的最大）（BAU：Business as usual：特段の対策のない自然体ケース）を策定している。この内、「野心的」シナリオでは、水の電気分解により製造した水素とCO_2からメタノールを製造する。メタノールからはMTO（Methanol to Olefins）やMTA（Methanol to Aromatics）でオレフィン、BTX（Benzene, Toluene, Xylene）を製造することを中心に設定している。これにより、欧州の化学工業では、2050年のCO_2排出量を、化石燃料を原料とするBAUシナリオに対して、年間1億トン、84%を削減できるとしている。

2050年に向けたさまざまなイノベイティブな研究の重要性は論を待たないが、2050年にCO_2の大幅削減を実現するには、現在、実証レベルにある技術の実用化、普及を図ることが現実的である。同時に、関連する研究を充実させて、効率を上げ、コストを下げる試みが必要である。日本では前項に挙げた研究、例えば、オレフィン製造のための触媒研究、CO_2とH_2からの高付加価値化学品合成、燃料へのCO_2転換の新しいプロセスなどがそれに当たる。

4 **TRL** NASAが提唱した、技術成熟度レベル。レベル1がもっとも基礎的な研究、レベル6が実証、レベル9がもっとも商業化に近い。

Column 8

CO_2を減らしながらメタノールを生産する人工島構想

スイスのチューリッヒ大学、及びノルウェー科学技術大学などの研究者グループが、アメリカ科学アカデミー紀要（PNAS：Proceedings of the National Academy of Sciences of the United States of America）に、「Solar Methanol Island（ソーラー・メタノール・アイランド）」という構想を提案している。

これは1基あたり直径100mの円形の人工島（7,850m^2）に太陽電池120MW（平均電力24MW）を敷き詰め、海水淡水化装置と水電解装置で0.345 t／hの水素を製造する。一方、41,000 t／hの海水中に含まれるCO_2をバイポーラ膜電気透析で濃縮し分離・回収する。その時のCO_2回収量は2.4 t／h（C量として5,700 t／y）になる。これらを利用して合成するメタノール量は1.75 t／h、年間15,300 t／yになる。蓄電池の利用で24時間連続生産も可能だとしている。なお、海水からのCO_2分離・回収プロセスで、同時に水素生成も可能という。

現在、世界の化石燃料のエネルギー使用量（約468,000PJ）のうち、31,638PJが160km以上の長距離輸送で消費されており、それを、この人工島で賄おうとすると～17万基が必要という。日本のエネルギー使用量（約20,000PJ）をこの人工島で賄うには単純計算で～10万基（面積：10万基×7,850m^2 = 785 km^2）が必要となる。琵琶湖の面積669km^2よりもう一回り大きい。

日本の太陽光発電の導入ポテンシャルは低いが、海洋国家の日本が広い海を活用すれば、生態系への影響、漁業補償問題などもあろうが、もしかしたらエネルギー問題はある程度本手法で解決できるかもしれない。

コラム図9.1　ソーラー・メタノール・アイランド
出典：PNAS,「vol. 116 no. 25, 12212-12219」（2019.6.18）

9.4 経済性の観点から考えたカーボンリサイクル

1 CO_2フリーメタノールによるCO_2削減

大幅なCO_2削減を早期に実現するために、火力発電の排ガスよりCO_2を分離・回収し、再生可能エネルギーを利用してメタノール、メタンとして再利用することを説明してきた。これらは、CO_2フリーメタノール、CO_2フリーメタンと呼ばれ、カーボンリサイクルエネルギーシステムの中でCO_2を大幅に削減する効果がある。ここではその経済性について紹介する。

まず、既存の発電所である100万kWの石炭火力からCO_2を分離・回収し、オーストラリアで太陽光からCO_2フリー燃料を製造することを想定する。

❶ 物質バランス

この100万kWの石炭火力からのCO_2排出量、分離・回収CO_2量、必要水素量、太陽光発電出力などは次の通りとなる（**表9.5**）。

表9.5　石炭火力・太陽光でのCO_2回収・燃料製造・利用率

発電・排出量など	利用・稼働率など
年間の発電量　≒　約70億kWh	設備利用率：80%
100万kW石炭火力のCO_2排出量　≒　605万トン／年	設備利用率：80%、CO_2排出原単位：864g－CO_2／kWh
CO_2分離・回収量　≒　545万トン／年＝約27.7億m^3N／年	回収率：90%
メタノール製造量　≒　396万トン／年	反応式：$CO_2 + 3H_2 \rightleftarrows CH_3OH + H_2O$
必要水素量　≒　74万トン／年≒83億m^3N／年≒95万m^3N／h	—
水素製造用必要電力　≒　375億kWh／年	水素製造原単位：4.5kWh／m^3N
太陽光発電出力　≒　30.5GW （海外再生可能エネルギー）	設備利用率：14%
必要敷地面積　≒　153 km^2≒12.4 km×12.4km	太陽光パネル出力：200W／m^2＝200MW／km^2

これは、北海道のサロマ湖と同程度の広さである。ただし、実際には、通路などの余裕を勘案すると2倍程度の面積は必要であろう。

❷ 設備費

石炭火力で石炭とメタノールを同時に燃焼（混焼）させるために改造が必要である。改造のメインはボイラ燃焼器の改造であろう。この改造に対し、下流側の集塵装置、脱硫装置などの環境装置は流用可能である。メタノール混焼による燃焼ガス量の変化は15～20%程度の増加に止まるので、大きなダクトなどの改造は不要である。

表9.6　必要な設備費用

費用	費用概要
既設ボイラ改造費　≒　500億円	改造単価：5万円／kW仮定
CO_2分離・回収、輸送設備単価　≒　10,000円／トン－CO_2 ※1	CO_2分離・回収：約2,000円／トン 液化・昇圧：約1,800円／トン 輸送：約4000円／トン 貯留：約500円／トン エネルギーペナルティ[1]：1,700円／トン
CO_2分離・回収、輸送設備費　≒　8,175億円	CO_2輸送量：545万トン－CO_2／年 CO_2分離・回収／輸送設備単価：10,000円／トン-CO_2 ※1 設備償却年：15年
メタノール製造設備費　≒　1,250億円※2	メタノール製造量：約396万トン／年 （天然ガス改質メタノール製造設備費からリフォーマ部を除き推算）
水素製造設備費　≒　2,470億円※3	水素製造設備単価：26万円／m^3N 水素製造量：95万m^3N／h
太陽光発電設備費　≒　23,400億円※4	太陽光発電出力：30.5GW 発電電力単価：2.5円／kWh 設備利用率：14% 償却年数：25年

※1：CO_2分離・回収とCO_2の輸送費（分離・回収、液化・昇圧、輸送、貯留、エネルギーペナルティ[1]）については、日本 - オーストラリアとの間で液体CO_2を船で輸送するF／S検討が行われており、これを参考とした[6]

※2：今回のCO_2フリーメタノール製造量からメタノール製造設備の建設費を次のように推算した。

※3：このCO_2からメタノールを製造するために必要な水素量とF／S検討が行われている水電解装置費単価を用いて水電解装置費は以下の通り計算される[7]。

※4：海外での再生可能エネルギー設備費は、太陽光発電出力と現状の海外大型太陽光発電プラントの発電電力単価より太陽光発電プラントの価格を逆算した。

これらより、100万kW石炭火力のカーボンリサイクルエネルギーシステムを構築するためには、合計約3兆5,400億円の費用が必要となる。

このうち、65%を太陽光発電設備費が占めており、さらなるコストダウンが望まれる。実際、今回想定した太陽光発電電力単価より半値に近い計画がすでに現れている。

❸ FIT制度による買取費用

日本のエネルギーフローにおいて（5章1節の**図5.2**参照）、発電での石炭の使用量は年間3,032 PJで、CO_2排出量は年間約2億7,550万トンであった。石炭火力の平均発電効率を42%と置けば、発電出力は1,273 PJ（3,534億kWh）で、これは100万ｋW（発電量で70億kWh相当）石炭火力の50基相当分である。単純に考えれば、3兆5,400億円の50倍、すなわち約177兆円で排出CO_2量を石炭分2億7,550万トンと石油分8,300万トン分（8章4節参照）削減できるわけである。

一方、**図9.6**に見るように、日本では国内再生可能エネルギー普及のために、FIT制度[2]の

1　**エネルギーペナルティ**　CO_2分離・回収輸送プロセスにおけるエネルギーロス分を追加費用として算定計上したもの。

2　**FIT (Feed-in Tariff) 制度**　固定価格買取制度のことで、太陽光、風力、水力、地熱、バイオマスの再生可能エネルギー源を用いて発電された電気を、国が定める価格で一定期間電気事業者が買い取ることを義務付ける制度のこと。

下で2012年度から2018年度までで、その買取費用の累計額が約11兆5,400億円に達している。2019年度の買取費用は3.6兆円になっており、その目標額の4兆円が2030年まで続くとすれば、今後約40兆円がさらに支出されていくことになる。この間、再生可能エネルギーの導入だけに因るものとは捉えにくいが、日本のCO_2排出量は、2012年度13.1億トンから2018年度11.4億トンと減少してはいるが、2050年のCO_2排出量目標約2.4億トン／年には遥かに及ばない。今後さらなる国内再生可能エネルギー導入には、蓄エネルギーなどによる系統安定化や余剰電力対策費などの新たな負担も大きく付加されてくる。むしろ、これらの方が再生可能エネルギー設備費よりも高価になるであろう。海外からの再生可能エネルギーの輸入はエネルギー供給確保からも必須でありCO_2フリー燃料であれば、早期導入に、しかもインフラコストを安くすることが期待される。

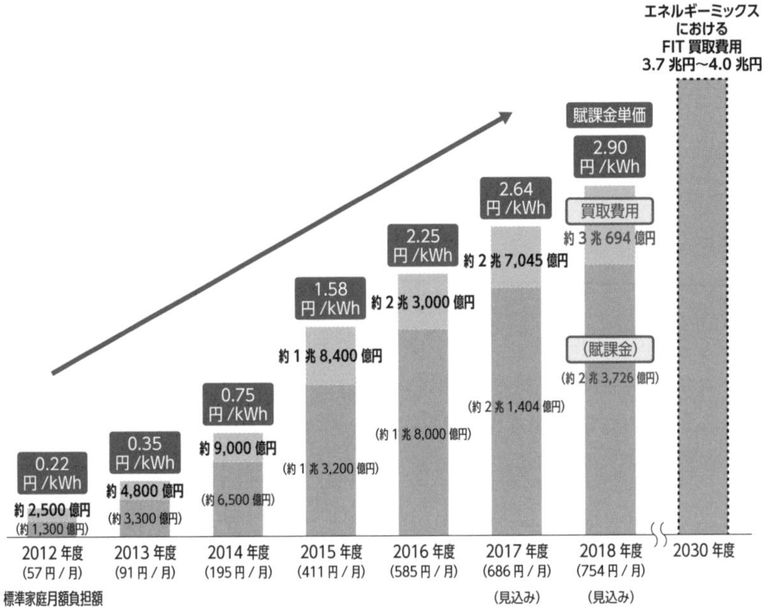

図9.6　固定価格買取制度導入後の賦課金などの推移
出典：経済産業省　資源エネルギー庁　総合資源エネルギー調査会 基本政策分科会
「第25回会合資料」（2018.3.26）[8]をもとに作成

2 CO_2フリーメタノールの製造単価

このCO_2フリーメタノールを燃料として発電に利用したときに、CO_2フリーメタノールの単価と国内発電単価は一体いくらになるのであろうか。

前述の通り、100万kW石炭火力のカーボンリサイクルエネルギーシステムを構築するためには、合計約3兆5,400億円（内訳：太陽光発電設備 約2.3兆円、そのほかの設備 約1.24兆円）が必要であった。カーボンリサイクルエネルギーシステムを維持するために必要な年経費率は1.5%として約500億円を想定した。約396万トン／年のCO_2フリーメタノールの単価は、太陽電池以外の設備の償却年数を15年、太陽電池の償却年数を25年（電気-メタノール転換率を加味して2.5円/kWhの変動費としてカウント）とすると次の通り計算される。

((1.24兆円／15年)＋500億円)／(396万t／年×5420kcal／kg／860kcal／kWh)＋2.5円／kWh
＝7.8円／kWh(発電単価)
＝49 円／kg－CH_3OH(CO_2フリーメタノール単価)

確かに、この燃料単価は今の一次エネルギー燃料の石油、石炭、天然ガスの1～3円／kWhに比べると高い。しかしながら、これもCO_2フリー燃料なのである。水素基本戦略に示されている水素30円／m^3Nは「8.5円／kWh」、20円／m^3Nは「5.7円／kWh」と比べて同程度のコストである。しかも、新規開発インフラも不要である。

このCO_2フリーメタノールを用いて、CO_2分離・回収率を変化させた時の石炭メタノー混焼火力の発電電力単価、およびCO_2排出原単位を**図9.7**に示す。CO_2分離・回収率が大きくなるほどCO_2排出原単位は大幅に下がるが、それに比例して発電電力単価は上がっていく。あとはCO_2フリーメタノールを今後、どこまで安く製造できるかにかかっている。

CO_2排出削減目標に合わせて、このCO_2分離・回収率をその時の経済状況により徐々に厳しく変化させていくことも可能である。このようなカーボンリサイクルエネルギーシステムを、まずは小さいながらも早期に構築しておくことこそが今、求められているのではなかろうか。

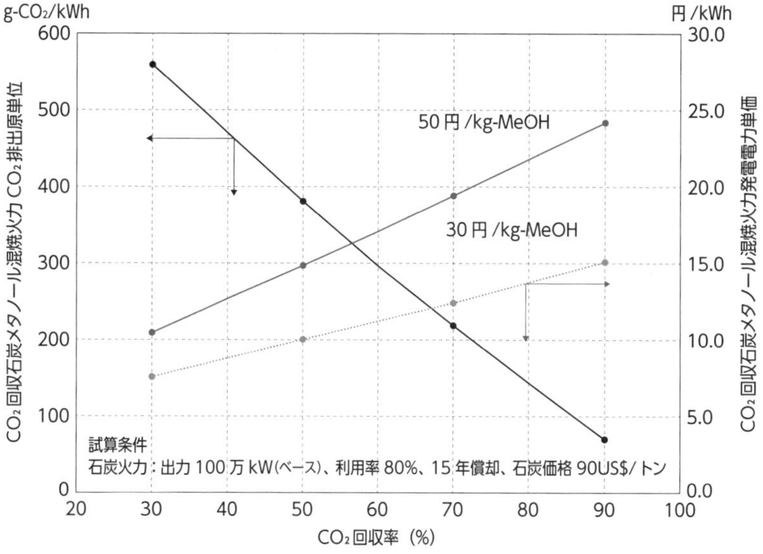

図9.7 CO_2フリーメタノール混焼時の発電電力単価とCO_2排出原単位

9.5 政策の選択肢

1 カーボンプライシング

❶ 温室効果ガス排出量取引制度

カーボンリサイクルを推し進める上で、いくつかの政策が考えられる。その代表的なものがカーボンプライシングで、日本語では炭素価格付けと呼ばれる。言葉通り、炭素（C）に価格を付けることで、直接、CO_2排出量を削減する、もしくは、CO_2排出で生じる問題を解決する費用を支払うことである。

カーボンプライシングには、**図9.8**に示すように、明示的なものとして、炭素税と排出量取引制度がある。炭素税は、政府が排出されるCO_2に価格を付けて、排出者から排出量に応じた税金を徴収するものである。日本では、炭素税としては、「温暖化対策として石油石炭税の税率の特例（2012）」により、全化石燃料に対してCO_2排出量に応じた税率（2016年から289円／t-CO_2）を上乗せしている。地球温暖化対策のための税（温対税）と呼ばれている。

温室効果ガス排出量取引制度（ETS：Emission Trading Scheme）は、各排出源に初期に設定した目標値と実際の排出量の差を排出源同士で取引し、目標とする排出総量を最小の費用で達成しようという仕組みである。国際間では、ある国の余剰分を削減クレジット（排出権）としてほかの国に売却できる制度である。日本国内では、大規模事業所に対するキャップ&トレード制度[1]が該当する。

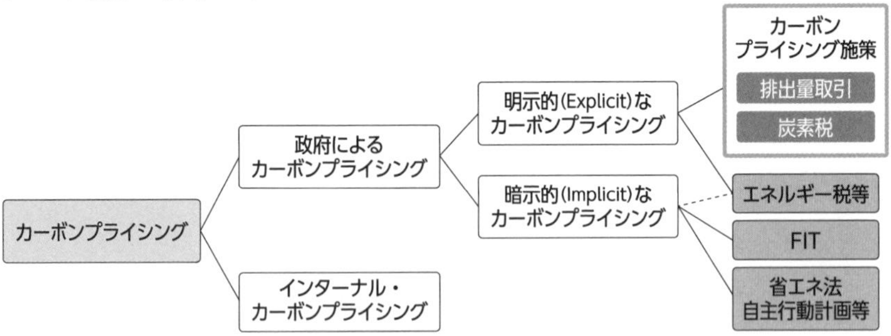

図9.8 カーボンプライシングの分類
出典：経済産業省「長期地球温暖化対策プラットフォーム報告書
―我が国の地球温暖化対策の進むべき道―」（2019.4）[9]をもとに作成

1 **キャップ&トレード制度** キャップは、事業者が有する温室効果ガス排出量の限度額、トレードは、排出枠の売り買いを意味し、キャップが未達の場合、トレードで排出枠を調達する制度。

❷ 海外の導入状況

海外では、2016年時点で、36カ国、24都市が排出量取引制度を導入、または、導入予定であり、日本を含む18カ国と2都市が炭素税を導入済み、または、導入予定である[9]。また、EUが2005年から排出量取引を実施しており、11,500の事業所が対象となり、19.0億トンの排出枠で、GHG排出量の約45%をカバーしている。取引価格は、当所、10ユーロ／t-CO_2以下であったが、2018年以降上昇し、20ユーロ／t-CO_2（約2,300円@1ユーロ=117円）を超えるようになった。アメリカカリフォルニア州では450事業所を対象として約85%をカバーしているし、韓国では526事業所を対象に68%をカバーするなど、積極的に推進している国と地域が見られる[10]。日本のカーボンプライシングは、導入が進んでいるEU諸国に比べると低水準ともいわれているが、エネルギー諸税を含めるとカーボンプライシングとしては高い水準である[9]。

炭素税は、税率を決めると、事業者が支払う税金が決まるので、将来を予見できるメリットがあるものの、必ずしもCO_2削減になるとは限らない。一方、排出量取引制度では、取引となる排出量価格は市場メカニズムで決まるので、経済的合理性を以って、排出量の削減が見込まれる。

❸ カーボンプライシングの関連制度

図9.8で示したインターナル・カーボンプライシングとは、企業が自主的に炭素に価格付けを行うものである。CO_2排出が現在または将来の事業に影響することを踏まえて、リスクマネージメントとして実施するものである。

また、暗示的なカーボンプライシングとしては、エネルギー税や省エネ法、固定価格買取制度（FIT：Feed－in Tariff）などが挙げられる。エネルギー税としては、揮発油税、軽油取引税、石油石炭税、電源開発促進税など多岐に渡る。これらを含めると、ガソリンではCO_2トン当たりに換算すると、2万円以上になり、石炭に比べて高くなる。ただし、石油石炭税は、元々は燃料安定供給対策およびエネルギー需給構造高度化対策のためであるように、CO_2削減を目的としたものではない。

このほかに、EUでは、炭素税が高くなってくると、国内のエネルギー多消費産業の競争力が低下することを恐れて国境炭素税を提案している。例えば、鉄鋼のように生産過程でCO_2を多く発生する品物を輸入する際に、生産国で発生したCO_2に炭素税をかけようとする試みである。

カーボンリサイクルを促進する手段としては、このようなカーボンプライシングにより、リサイクルにかかる費用を賄うビジネスモデルが有効と考える。また、カーボンリサイクルのシステムを新たに構築する初期投資に対する経済的な補助が重要である。

9.6 カーボンリサイクルの理想的なあり方

1 増え続ける排出CO_2を減らす努力

2019年1月23日の世界経済フォーラム年次総会（ダボス会議）において、安倍首相がスピーチの中で、「気候変動問題に立ち向かう上では、非連続的イノベーションによる問題解決が必要なこと、人工光合成、メタネーションなどにみる二酸化炭素を「回収」「活用」するCCUを考えるとき、2050年までに水素の製造コストを現在の1割以下にし、天然ガスより割安にすること、環境・社会・ガバナンス（ESG：Environment, Social, Governance）投資を増加させること」を主旨とした演説をされた。

その直後、2019年2月に経済産業省資源エネルギー庁内に「カーボンリサイクル室」が設置され、その年の6月のG20大阪サミットにおけるエネルギー大臣会合（軽井沢）にて、日本よりカーボンリサイクルが提案され、カーボンリサイクル技術ロードマップが公表された。その時提示された日本の目指すカーボンリサイクル社会のイメージ図を、筆者らにより描きなおしたものが**図9.9**である。

毎年排出される多くのCO_2は燃料の廃棄物などとして発生するものであり、そのリサイクルを行わない限り大気のCO_2濃度は上昇し続けていくばかりである。したがって、燃料起源のCO_2のリサイクル化は、早期に取り組まなければならない必須の実施事項である。

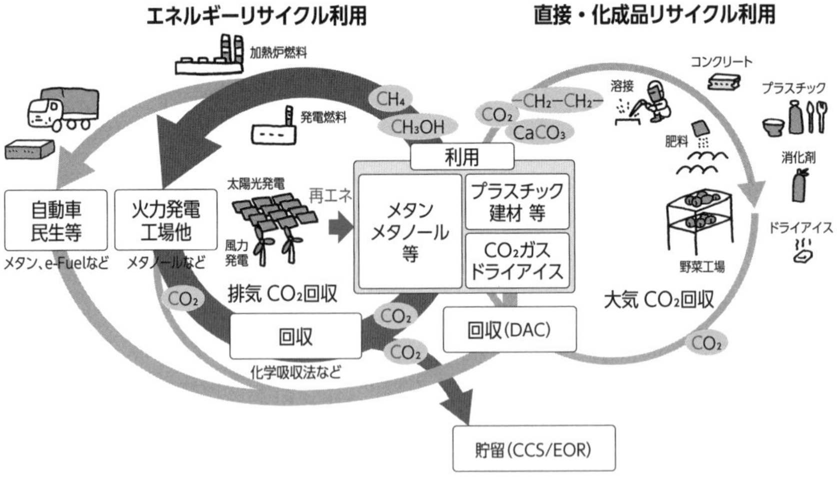

図9.9 カーボンリサイクル社会のイメージ

2 実現可能なカーボンリサイクルの仕組み

図9.9中の「エネルギーサイクル利用」側では、火力発電などから排出される高濃度のCO_2が回収され、再生可能エネルギーを利用してメタン、メタノールなどの燃料に転換されて再利用される。このループは、大量のCO_2を早く人為的にリサイクル（ACC：Anthropogenic Carbon Cycle）させるメインルートである。一部は、自動車用などに利用され大気放出されることから、DACによりCO_2を回収しなければならないルートをたどる。

化学品リサイクルや鉱物化は、正確には一時的なCO_2固定化であり、いずれ大気にCO_2が解放されることがあることを認識しておかなければならない。そのほかには、人工林などによる自然界のCO_2吸収量を増大させる方法、バイオエネルギー利用によるCO_2回収貯留もあるが、実際の総CO_2排出量に対して規模感がともなわないのが実情であろう。

「直接・化成品リサイクル利用」側では、溶接などによる直接大気放出、肥料・プラスチックなどに一度は固定されたCO_2が、長い月日を経て再び大気に放出されることから、DACによりCO_2を回収するルートを辿らなくてはならない。CO_2固定期間という、また別の尺度による評価が必要となる。そのほかには、人工林などによる自然界のCO_2吸収量を増大させる方法、バイオエネルギー利用によるCO_2回収貯留もあるが、実際の総CO_2排出量に対して規模感がともなわないのが実情であろう。こちらのループは、少量のCO_2を一定期間固定してリサイクルするルートである。

日本は、現在水素を海外で石炭ガス化ガスから製造し、輸入するエネルギー計画を進めている。裏返せば、これは国内再生可能エネルギーだけでは自国のエネルギー需給をまかなうことは不可能ということを意味していることでもある。これまでの議論のように水素だけで自国のエネルギー需給をまかなうには、膨大なインフラ整備費とそのための時間を要することは明らかである。今後、水素エネルギー社会に向かうとしても、国内外の再生可能エネルギーを利活用しながら、既存の火力発電と相互にその特長を生かしつつ、日本の電力の安定供給、CO_2排出量の削減を図っていく移行期間が必ず必要と思われる。

また、昨今の再生可能エネルギーへの100%依存、石炭火力発電の廃止宣言などを鑑み、CO_2排出源がない世界を想定するのであれば、CCS開発を目指すインセンティブは薄れることにもなる。事実、昨今発表されたドイツの水素戦略では、CCSはもはや火力発電から排出されるCO_2の貯蔵ではなく、メタン改質から水素を製造する際に発生するCO_2の貯蔵という方向性に政策が向いている（この水素はいわゆるブルー水素と呼ばれる）。

わが国にとっては、むしろ、再生可能エネルギーを利活用したCO_2排出量の抑制、排出CO_2をリサイクル利用するなどの技術開発の方が、再生可能エネルギーの導入と火力発電を維持両立し得る現実的な解なのではなかろうか。すなわち、早期にCO_2排出量の削減抑制に努めようとするのであれば、既存インフラを活用することを前提に、従来技術の延長線上で、それらを組み合わせたエネルギーシステムを考えることこそが重要と思われる。

3 カーボンリサイクルのエネルギーシステム化の推進

いつまでも革新的、先導的、次世代といった開発に取り組んでいては、その成果を2050年までに商用化し、エネルギーシステムとして仕上げるには間に合わない。いわゆる「ローテクな新技術」を組み合わせたエネルギーシステムこそ今、求められているのではなかろうか。

その典型的な例が「メタノール合成」であり、「メタネーション」であり、これら技術はまったく革新的、先導的、次世代的な技術でもない。CO_2フリー燃料と化す「エネルギーシステム」に取り組んでこなかっただけである。幸いにもこれまでのCCS技術開発により、CO_2分離・回収・輸送技術については、その技術はほぼ確立しており、エネルギーシステムを構築する基盤はできている。あとは、実証プラントの建設、実機運用による経験の蓄積、およびこれら開発を後押しする施策の立案・推進である。

これまで述べてきたように、エネルギーサイクル利用の方が、圧倒的にCO_2循環量が多い訳であり、カーボンリサイクルのエネルギーシステム化によりCO_2フリー燃料と化したメタン、メタノール社会の早期構築が望まれるところである。

9.7 カーボンリサイクル推進のための課題

1 カーボンリサイクルのクリアするべき課題

カーボンリサイクルを推進してくためには、**図9.10**に示すように技術面、事業性、国内外の制度面からいくつかの課題が残されている。

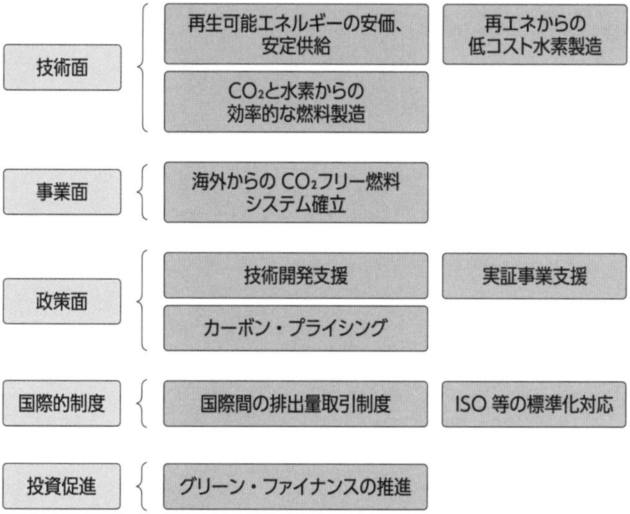

図9.10 カーボンリサイクル推進のための課題一覧

❶ 技術面

これまで述べてきたように、エネルギーの観点からは、カーボンリサイクルを実現する上で再生可能エネルギーを用いて製造した水素が安価に、かつ大量に供給できるかが、重要なポイントである。再生可能エネルギーにより安価な電力を安定して供給すること、そのための低コストの蓄電や蓄熱技術の確立、電力などからの水素製造技術から成り立つ生産システムが求められている。

❷ 事業面

次に、CO_2フリー水素を安定して日本に供給するためのサプライチェーンを確立する必要がある。水素のキャリアーとして液体水素、有機ハイドライドやアンモニアが候補となる。カーボンリサイクルのシステムの中で供給されるCO_2から製造した、いわゆるCO_2フリー燃料であるメタン、メタノール、FT（Fischer–Tropsch process）合成油、DME（Dimethyl ether）、OME（Polyoxymethylene dimethyl ethers）などさまざまな燃料も想定される。これら燃料製造の多くは、既往の技術で対応できるものの、さらなる高効率な技術開発が期待される。いずれの燃料が採用されるかは、事業者の立場で、各事業者が権益を有する既存のインフラストラクチャー、保有する技術、ノウハウを活用して事業として成立するビジネスモデルを組めるかがポイントである。例えば、都市ガス会社にとっては、海外のLNG基地の権益、LNG輸送船、パイプライン、受入れ設備、貯蔵基地、家庭への導管、などである。石油会社にとっては、産油国との関係、原油貯蔵基地の利用、輸送・販売ルート、ガソリンスタンドのような消費者への販売網、などである。

❸ 政策的支援

政策的な支援も重要である。イノベーション技術の技術開発支援とともに、事業化のためには実証事業への支援が欠かせない。特に、燃料のようにCO_2利用の規模が大きい技術を優先して実用化していくことが重要である。

❹ 国際的制度

再生可能エネルギーが豊富な国から日本にこのエネルギーを供給するには、国際的な枠組みが重要である。オーストラリアのように、再生可能エネルギーが豊富であり、また、社会が安定しており、日本との関係が良好な国との協力が必要である。同様の観点から、オーストラリア以外にも、中近東やほかのアジアの国々とも協力していくことが望まれる。相手国へのCO_2の供給は、相手国で回収したものや、日本からだけではなく第三国で回収したものなど、国際的な取引の枠組みで考えることも可能である。

国際的取り組みとしては、2015年にパリで開催されたCOP21で採択されたパリ協定により、各国の取り組みの基本的なルールが確認され、その後のCOPで詳細が議論されてきた。その後、2019年にマドリードで開催されたCOP25では、パリ協定の6条である、国家間の排出量取引制度などの市場メカニズムについて議論がなされた。その中で、関係国間での排出削減量のダブルカウントを認めると実際に排出量の削減になっていないことなどが議論され、結論は持ち越しとなった。日本にとっては、オーストラリアなどから再生可能エネルギー、もしくは再生可能エネルギーにより製造した燃料を輸入した際の、CO_2排出量削減がどれだけカウントされるかが重要なポイントである。製品としての輸入に限らず、設備投資や運転管理、保守を含めてクレジットの確保が重要なポイントである。日本は、JCM（二国間クレジット制度：Joint Crediting Mechanism）[1]を2013年から活用して17カ国と署名を交わしており、カーボンリサイクルを推進する上で、今後、この制度を運用していくことが期待される。

ISOなどの国際標準については、とかく、欧米に比べて日本は対応が遅れているとの批判

1 **JCM** 途上国等へ優れた低炭素技術などを普及することにより、日本からの排出削減への貢献を適切に評価して、日本の削減目標の達成に活用するという仕組み。

がある。カーボンリサイクルは、新規の概念であり、国際的関係が重要な分野であることから、特に、早期に組織的に対応していくことが必要である。

❺ 投資促進

投資促進のためには、グリーン・ファイナンス[2]の推進が重要である。「革新的環境イノベーション戦略」[1]では、次の項目を挙げている。

①企業による気候変動対策の情報発信

②気候変動対策への積極的な資金供給

③産業界と金融界の対話・プラットフォーム

特に、②の資金供給については、(a)グリーン投資ガイダンスの普及、企業の円滑な移行の促進、(b)グリーンボンド[3]ガイドラインの改訂、発行支援、(c)ESG（Environment, Social, Governance）[4]地域金融の普及促進、(d)グリーンローン[5]／サステナビリティー・リンク・ローンガイドライン[6]の策定、調達費用支援、を挙げている。

①から⑤に述べたように、イノベーション技術だけではなく、既往の技術を使ってCO_2を利用したカーボンリサイクルに寄与するシステムの構築と、そのシステムを事業化していく制度や投資ガイドラインが早急に求められているところである。

2 **グリーン・ファイナンス** 温室効果ガス排出量削減、省エネ、再生可能エネルギー推進など環境問題解決に資する事業への資金提供。

3 **グリーンボンド** 環境改善効果のある事業のための資金を調達するために発行する債券をいう。

4 **ESG** 環境や社会への配慮、企業統治の向上を通じて企業価値の拡大を目指す考え方。

5 **グリーンローン** 調達資金が、適格なグリーンプロジェクトの初期投資やリファイナンスのみに充当される様々なローン。

6 **サステナビリティー・リンク・ローンガイドライン** 借り手となる企業等の持続可能なサステナビリティ経営の高度化を、コーポレートファイナンスと結びつけた枠組み。

おわりに

CO_2大幅削減のためには、あらゆる方法で取り組む必要がある。再生可能エネルギーや未利用熱の使用拡大、低炭素燃料への転換、エネルギー使用の高効率化、省エネルギー、それぞれは有効な手段であるものの、2050年に80%削減のような大幅な削減は難しい。CO_2を回収し貯留するCCSは、国内では適地が限られる。そこで、CO_2を回収し利用するCCUが必要となる。

2019年2月に経済産業省資源エネルギー庁内にカーボンリサイクル室が設置され、同年6月にはカーボンリサイクル技術ロードマップがG20大阪サミットのエネルギー大臣会合（軽井沢）の場で公表された。日本は世界の場で、CO_2有効利用技術に本格的に取り組んでいくことを宣言した。

炭素とCO_2は、元来、地球上で大きく循環している。植物は光合成により、CO_2から炭水化物を合成する。海域ではCO_2を溶解、また、放出し、その一部は炭酸塩鉱物として沈降する。陸域では炭酸塩としてCO_2を除去する。また、植物や動物の呼吸によりCO_2が発生するというカーボンサイクルが成り立っている。一方で、化石燃料を燃焼し発生するCO_2など、人為的起源のCO_2が加わり、その結果、大気中のCO_2濃度が上がってきている。それに対するには、人為的なカーボンリサイクルを追加していくことが必要不可避である。

発生したCO_2を有用物に転換するには、エネルギーが必要である。燃料や有用な化学品となる炭化水素を製造するには、水素とCO_2の反応が使われる。CO_2を原料として、メタン、メタノール、FT合成油、DME、OMEなどの燃料、メタノール等の含酸素化合物、オレフィン、BTX、ポリカーボネートなどの化学品の製造が可能である。水素を使わずに、炭素材料を製造する、あるいは、炭酸塩として固定する方法も見逃せないが、日本で可能な量は限定的である。メタンやメタノール製造は、従来から実績のある技術で対応が可能であり、さらに、微細藻類などの生物的な方法によるCO_2固定化も近い将来の方法として期待されている。

必要な水素を得る方法としては、再生可能エネルギー電力を用いた水の電気分解が有力な手段であるが、太陽熱を利用するなど、低コストに向けた技術開発が進められている。しかし、日本では、再生可能エネルギーを低コストで入手するには、量的に制約される。オーストラリアや中近東では、太陽電池による電力が2セント/kWh程度で入手可能ともいわれており、このような安価な再生可能エネルギー電力を利用して、水素を製造することが経済的である。そこで、再生可能エネルギーが豊富な地域で、CO_2を原料として化学品や燃料を製造し、消費地に輸送するビジネスモデルが誕生する。このような燃料は、CO_2フリー燃料、例えば、CO_2フリー水素、CO_2フリーメタン、CO_2フリーメタノールと呼ばれる。

日本などのエネルギー大消費国で発生したCO_2を輸送し、CO_2フリー燃料を製造し、その燃料を消費国に輸送するなら、まさに、カーボンリサイクルとなる。オーストラリアのように、再生可能エネルギーが豊富であり、また、社会が安定していて、日本との関係が良好な国との協力関係が益々重要となる。同様に、オーストラリア以外にも、中近東や他のアジアの国々とも協力していくことが望ましい。幸い、これらの国々とは、原油、天然ガス、石炭、鉄鉱石の輸入を通して、現在も緊密な関係を維持している。このようなビジネスモデルは、1969年に反対意見がある中で、日本が世界に先駆けて本格的に発電・都市ガス用にアラスカからLNGを輸入した。その後、中近東、東南アジア、ロシアなどから輸入するLNGが日本の主なエネルギー源へと成長したように、新たなビジネスモデルの誕生、そして、成長の歴史を彷彿とさせる。

日本にとっては、オーストラリアなどから再生可能エネルギー、もしくは再生可能エネルギーにより製造した燃料を輸入した際の、CO_2排出量削減がどれだけ自国の削減としてカウントされるかが重要なポイントである。国際的なカーボンクレジット[1]のルール策定に積極的に寄与し、早急に確立することが望まれる。

カーボンリサイクルを促進する手段としては、カーボンプライシングにより、リサイクルにかかる費用を賄うビジネスモデルが有効と考える。また、カーボンリサイクルのシステムを新たに構築するための初期投資に対する経済的な補助が重要である。さらに、新たな技術を導入するに当たっては、技術開発促進のための費用や、実証事業への経済的支援策も欠かせない。投資促進のためには、環境問題解決に資する事業への資金提供であるグリーン・ファイナンスの推進が有効であろう。

CO_2の排出量を80%以上削減するには、エネルギーシステムのカタストロフィックな変化が必要である。現在のエネルギーシステムの固定観念を打破し、CO_2フリーの燃料等で組み立てたシステムを構築する必要がある。その移行に当たっては、新たな価値の下に現存する巨大なインフラストラクチャーを再活用していくことが望ましい。民間企業が自己の有するインフラ、技術、ノウハウ、資金をフルに活用し、国の政策的、制度的、資金的な支援を受けて、国際間の協力の下、事業を立ち上げねばならない時期が迫っている。新たなエネルギーシステムを構築し、それが普及し、持続可能な社会となるには、数十年を要する。2050年までに残された時間は限られている。1969年のLNGの事業化に見られたように、世界をリードして新たなビジネスモデルを確立できるかどうかが、日本の将来を左右する。

最後に、読者の皆様には、カーボンリサイクルに関心を持って下さったことに感謝するとともに、本書がカーボンリサイクルを総合的に理解する一助となれば幸いである。パラダイムシフトが求められている今、是非とも、各人が知恵を絞り、やれることを実行していただきたい。執筆者一同の願いである。

---

1 **カーボンクレジット** GHGの排出枠を超えている国が、排出枠に余裕がある国の排出量を得るために取引すること。

［参考文献］

1章

1.1〜1.2

［1］ P. Friedlingstein et al., "Global Carbon Budget 2019", Earth System Science Data, 11, 1783–1838,（2019）, 2020, https://doi.org/10.5194/essd-11-1783-2019.

［2］ P.Tans, R.Keeling, "NOAA/ESRL Mauna Loa CO2 monthly mean data", 2020, 2020, ftp://aftp.cmdl.noaa.gov/products/trends/co2/co2_mm_mlo.txt

［3］ J.T.Kiehl, K.E.Trenberth, "Earth's Annual Global Mean Energy Budget", Bulletin of the American Meteorological Society, 78, 197–208)（1997）.

［4］ 国立環境研究所 地球環境センター, 横畠 徳太,「水蒸気の温室効果　ココが知りたい温暖化　Q9」,（2014）, 2020, http://www.cger.nies.go.jp/ja/library/qa/11/11-2/qa_11-2-j.html

1.3

［5］ 国立環境研究所 温室効果ガスインベントリオフィス,「温室効果ガスインベントリオフィス（2019）日本の温室効果ガス排出量データ 2019年公開版（速報値:1990〜2018年度）」,（2019）, 2020, http://www-gio.nies.go.jp/aboutghg/data/2019/L5-7gas_preliminary_2020-gioweb_1.0.xlsx

1.4

［6］ NOAA, "Climate at a Glance: Global Time Series, published March 2020",（2020）, 2020, https://www.ncdc.noaa.gov/cag/

［7］ IPCC, "Climate Change 2014: Synthesis Report.Contribution of Working Groups I, II and III to the Fifth Assessment Report of the Intergovernmental Panel on Climate Change［Core Writing Team, R.K.Pachauri et al.］", IPCC, Geneva, Switzerland, pp151,（2014）.

［8］ IPCC, "Summary for Policymakers.In: Global Warming of 1.5 ° C.An IPCC Special Report on the impacts of global warming of 1.5° C above pre-industrial levels and related global greenhouse gas emission pathways, in the context of strengthening the global response to the threat of climate change, sustainable development, and efforts to eradicate poverty［Core Writing Team, V. Masson-Delmotte, et al.］", World Meteorological Organization, Geneva, Switzerland, pp32,（2018）.

1.5〜1.6

［9］ 経済産業省 資源エネルギー庁,「長期エネルギー需給見通し」,（2015）.

［10］ 環境省,「算定・報告・公表制度における算定方法・排出係数一覧」,（2020）.

［11］ 経済産業省 資源エネルギー庁,「電力調査統計 結果概要【2019年12月分】」,（2020）.

［12］ L.Miró et al., "Mapping and discussing Industrial Waste Heat（IWH）potentials for different countries", Renewable and Sustainable Energy Reviews, 51, 847–855,（2015）.

［13］ 国立研究開発法人新エネルギー・産業技術総合開発機構, ニュースリリース『「省エネルギー技術戦略」に定める「重要技術」の改定省エネルギー技術戦略の重要技術を改定—廃熱利用や再エネ主力電源化につながる省エネルギー技術を追加—』の「図　省エネルギー技術戦略に定める重要技術」,(2019.7.18), 2020, https://www.nedo.go.jp/news/press/AA5_101157.html

1.7

［14］ 経済産業省,「経済産業省生産動態統計,統計表一覧(経済産業省生産動態統計)」,2020, https://www.meti.go.jp/statistics/tyo/seidou/result/ichiran/08_seidou.html

［15］ 日本産業・医療ガス協会,「日本産業・医療ガス協会統計資料」,(2020),2020, http://www.jimga.or.jp/front/bin/cglist.phtml?Category=7009

1.8

［16］ 日本産業・医療ガス協会,「産業ガス部門　統計資料　月次統計：炭酸ガス」,(2020),2020, http://www.jimga.or.jp/front/bin/home.phtml

1.9

［17］ 環境省,「報道発表資料　日本のNDC(国が決定する貢献)の地球温暖化対策推進本部決定について」,(2020),2020, https://www.env.go.jp/press/107941.html

［18］ 国連環境計画(UNEP),「排出ギャップ報告書2019　エグゼクティブ・サマリー」,(2019),2020, https://www.iges.or.jp/jp/publication_documents/pub/policyreport/jp/10436/UN_Emissions+Gap+Report_2019_J.pdf

1.10

［19］ 国連広報センター,「持続可能な開発目標」, 2020, https://www.unic.or.jp/activities/economic_social_development/sustainable_development/2030agenda/

［20］ 環境省,「平成29年版 環境・循環型社会・生物多様性白書」,(2018).

［21］ 外務省,「我々の世界を変革する：持続可能な開発のための2030アジェンダ」,(2015).

［22］ 経済産業省,「SDGs経営ガイド」,(2019).

1.11

［23］ IEA, “Energy Technology Perspective 2017 (ETP2017)”, (2017).

［24］ 経済産業省 再生可能エネルギー・水素等関係閣僚会議,「水素基本戦略」,(2017).

［25］ 経済産業省 水素・燃料電池戦略協議会,「水素・燃料電池戦略ロードマップ～水素社会実現に向けた産学官のアクションプラン～」,(2019).

1.12

［26］ ECOFYS, “Implication of the Reuse of Captured CO_2 for European Climate Action Policies,Final Report”, (2013), 2020, http://www.scotproject.org/sites/default/files/Carbon%20Count, %20Ecofys%20%282013%29%20Implications%20of%20the%20reuse%20of%20captured%20CO2%20-%20report.pdf

［27］ 経済産業省・文部科学省,「エネルギー・環境技術のポテンシャル・実用化評価検討会報告書」,(2019).

2章

2.1

［1］ 経済産業省 次世代火力発電の早期実現に向けた協議会,「次世代火力発電に係る技術ロードマップ、技術参考資料集」,(2016).

［2］ Shu-Yuan Pan,et al., “An innovative approach to integrated carbon mineralization and waste utilization: A review”, Aerosol and Air Quality Research, 15, 1072–1091, 2015, 2020, https://aaqr.org/articles/aaqr-14-10-ir-0240

2.2

［3］ 環境省委託事業，「平成25年度シャトルシップによるCCSを活用した二国間クレジット制度実現可能性調査委託事業」，（2014）．

2.3

［4］ 佐々木孝，「国内外CCSプロジェクトの分離回収プロセス」，化学工学，79，826-839，（2015）．

［5］ Global CCS Institute, Global Status of CCS 2019"，（2020），2020, https://www.globalccsinstitute.com/resources/global-status-report/

2.4

［6］ 日本液炭株式会社，CO_2輸送タンクローリー、トレーラー．

［7］ 国立研究開発法人新エネルギー・産業技術総合開発機構，「革新的ゼロエミッション石炭ガス化発電プロジェクト　発電からCO2 貯留までのトータルシステムのフィジビリティー・スタディー　成果報告書（要約1）」のp12「図2-2-1　商用船概略（下：海外輸送50,000t）」（2013.8.1）．

［8］ 国立研究開発法人新エネルギー・産業技術総合開発機構，平成20年度～平成24年度成果報告書「革新的ゼロエミッション石炭ガス化発電プロジェクト　発電からCO2貯留までのトータルシステムのフィジビリティー・スタディー　全体システム評価（発電からCO2貯留に至るトータルシステムの評価）成果報告書」のp4-139「表4.9.2-1　航程」「表4.9.2-2　1年あたりの1隻にかかる諸経費」，（2013.4）．

［9］ 国立研究開発法人新エネルギー・産業技術開発機構，「次世代火力発電等技術開発/次世代火力発電技術推進事業/高効率石炭火力実現のための経済性評価」，(2017.10).

2.5

［10］ Marty Lail et al.，（Energy Technology Division, RTI International），"Non-Aqueous Solvent（NAS）CO_2 Capture Process", Energy Procedia, 63, 580–594，（2014）．

［11］ Sonja Salmon, Alan House，（Novozymes North America, Inc），"Novel Materials for Carbon Dioxide Mitigation Technology, Chapter 2-Enzyme-catalyzed Solvents for CO_2 Separation", 23-86，（2015）．

［12］ Louis Fradette et al., "Demonstration Results of Enzyme-Accelerated CO_2 Capture", Energy Procedia，（2017），https://az659834.vo.msecnd.net/eventsairwesteuprod/production-ieaghg-public/2660e3b3951743b0af0f1a89074d2eb0

［13］ 地球環境産業技術研究機構 化学研究グループ，「開発テーマ　固体吸収材」，2020, http://www.rite.or.jp/chemical/theme/2014/04/solid1.html

［14］ 川崎重工業株式会社，「実用化試験の概要　移動層システムの概念図」，（2017），2020, https://www.khi.co.jp/news/upload_pdf/news_20170919.pdf

［15］ 地球環境産業技術研究機構 化学研究グループ，「開発テーマ　分離膜」，2020，　http://www.rite.or.jp/chemical/theme/2014/04/membrane1.html

［16］ Hui Yang, Jian-Rong Li, "Porous Materials for Carbon Dioside Capture, Chapter3 – Metal-Organic Frameworks（MOFs）for CO_2 Capture", Springer-Verlag Berlin Heidelberg, 79-113，（2014）．

3章

3.1

［1］ 経済産業省，「CO_2固定化・有効利用分野の技術マップ」，（2006）．

［2］ 経済産業省，「カーボンリサイクル技術ロードマップ」，（2019）．

［3］ George A. Olah et al., "Anthropogenic Chemical Carbon Cycle for a Sustainable Future", J. Am. Chem. Soc. 133, 12881-12898，(2011)．

［4］ George A. Olah et al.，“Beyond Oil and Gas: The Methanol Economy”, Wiley-VCH，（2006）．

3.2

[5] 日本ガス協会,「都市ガスが届くまで」, 2020, https://www.gas.or.jp/gastodokumade/

[6] MGCターミナル,「施設紹介」, 2020, https://www.mgc-terminal.jp/location.html

3.3

[7] D. Milani et al., "A model-based analysis of CO_2 utilization in methanol synthesis plant", Journal of CO_2 Utilization, 10, 12–22 , (2015).

[8] M. Aresta et al., "The changing paradigm in CO_2 utilization", Journal of CO_2 Utilization, 3-4, 65-73 , (2013).

[9] 地球環境産業技術研究機構,「平成22年度温暖化対策基盤整備関連調査(二酸化炭素固定化・有効利用技術等調査)」, (2011).

[10] M. Behrens,FHI-AC Lecture Series, "Utilization of CO_2",2020,http://www.fhi-berlin.mpg.de/acnew/department/pages/teaching/pages/teaching__wintersemester__2012_2013/malte_behrens__utilization_of_carbon_dioxide__130125.pdf

[11] G. Centi et al., "CO_2-based energy vectors for the storage of solar energy", Greenhouse Gas Sci Technol., 1:21–35, (2011).

4章

4.1

[1] 経済産業省　産業技術環境局,「CCS2020 我が国における二酸化炭素の分離回収・地中貯留技術研究開発の動向」, (2007).

[2] 公益財団法人地球環境産業技術研究機構, CO_2 地中貯留の概要, 2020, https://www.rite.or.jp/Japanese/project/tityu/choryutoha.html

4.2

[3] 日本CCS調査株式会社,「苫小牧の実証試験」, 2020, https://www.japanccs.com/

[4] 公益財団法人地球環境産業技術研究機構,「二酸化炭素地中貯留技術研究開発成果報告書」, (2008).

4.3

[5] 石灰石鉱業協会,「石灰石鉱業の紹介」, 2020, https://www.limestone.gr.jp/introduction/index.htm

[6] 国立研究開発法人国立環境研究所,「環境展望台／サンゴ礁保全対策」, 2008, 2020, http://tenbou.nies.go.jp/science/description/detail.php?id=104

[7] CarbFix, PUBLICATIONS／Press kit,(左：2020　右：2014), 2020, https://www.carbfix.com/press-kit

4.4

[8] 一般社団法人セメント協会,「廃棄物・副産物の有効利用」, 2020, http://www.jcassoc.or.jp/seisankankyo/seisan01/seisan01a.html

[9] 一般社団法人セメント協会,「セメントの製造方法」, 2020, http://www.jcassoc.or.jp/cement/1jpn/jc2.html

[10] 一般社団法人セメント協会,「セメントとは」, 2020, http://www.jcassoc.or.jp/cement/1jpn/jd1.html

[11] 鐵鋼スラグ協会,「温暖化対策と高炉セメント」, 2020, http://www.slg.jp/activity/ondanka.html

[12] 一般社団法人セメント協会,「コンクリートとは」, -, 2020, http://www.jcassoc.or.jp/cement/1jpn/je1.html

[13] 和泉 意登志・竹田 宣典　他,「コンクリートの劣化と補修がわかる本」, コンクリート新聞社, (2016).

［14］ 長濵 庸介,「コンクリート構造物のCO2吸収効果の把握」,SATテクノロジー・ショーケース2015,（2015）,2020,https://www.science-academy.jp/showcase/14/pdf/P-072_showcase2015.pdf

［15］ F. Xi et al, "Substantial global carbon uptake by cement carbonation", NATURE GEOSCIENCE, 9, 880-883, DECEMBER ,（2016）.

4.5

［16］ 炭素繊維協会,「炭素繊維とは」,2020,https://www.carbonfiber.gr.jp/index.html

［17］ BiZVOiCES,「炭素繊維 世界ランキングと世界シェア」,2020,https://bizvoices.net/carbon-fiber-world-ranking-share/

［18］ 国立研究開発法人新エネルギー・産業技術総合開発機構,（実用化ドキュメント）「驚異の新素材、単層カーボンナノチューブ世界初の量産工場が稼働」,（2016）,2020,https://www.nedo.go.jp/hyoukabu/articles/201602cnt/page04.html

［19］ 国立研究開発法人新エネルギー・産業技術総合開発機構,実用化ドキュメント「驚異の新素材、単層カーボンナノチューブ世界初の量産工場が稼働」,「図1 単層カーボンナノチューブの分子構造」,（2016）,2020,https://www.nedo.go.jp/hyoukabu/articles/201602cnt/pdf/cnt.pdf

［20］ J. Ren et al., "Transformation of the greenhouse gas CO by molten electrolysis into a wide controlled selection of carbon nanotubes", Journal of CO_2 Utilization, 18, 335－344,（2017）.

［21］ X. Liu et al., "Transformation of the greenhouse gas carbon dioxide to graphene", Journal of CO_2 Utilization", 36, 288-294,（2020）.

［22］ 徳島大学　永瀬・大野研究室,「研究内容（グラフェン）」,2020,http://graphene.ee.tokushima-u.ac.jp/research

4.6

［23］ U.S. Chamber of Commerce, Institute for 21st Century Energy, "CO_2 Enhanced Oil Recovery", 2020, https://www.globalenergyinstitute.org/sites/default/files/020174_EI21_EnhancedOilRecovery_final.pdf

［24］ Don Winslow "Industry Experience with CO_2 for Enhanced Oil Recovery" Chevron Workshop on California Opportunities for CCUS/EOR", une 27,（2012）.
https://usea.org/sites/default/files/event-presentations/Chevron_Industry_Experience_CO_2_EOR_1.pdf

［25］ V. Kuustra and M. Wallace, "CO_2-EOR set for growth as new CO_2 supplies emerge," Oil & Gas Journal, 2014, May 592（2014）.

［26］ アメリカ国立エネルギー技術研究所（NETL）,「Carbon Dioxide Enhanced Oil Recovery」（2010.3）, 2020, https://netl.doe.gov/sites/default/files/netl-file/CO2_EOR_Primer.pdf

［27］ EIA, "Annual Energ andy Outlook 2017",（2017）, 2020, https://www.eia.gov/outlooks/aeo/pdf/0383(2017).pdf.
同"Annual Energy Outlook 2018",（2019）, 2020.

4.7

［28］ ランデス株式会社,「CO_2－SUICOM」,2020,https://www.landes.co.jp/product/113

［29］ 取違 剛 他,「CO_2排出量ゼロ以下の環境型コンクリート「CO_2－SUICOM（スイコム）」,2020,https://www.cgr.mlit.go.jp/ctc/tech_dev/kouryu/T-Space/ronbun/pdf/24_yamaguti/24_yamaguti_5-3.pdf

［30］ 鐵鋼スラグ協会,「鉄鋼スラグについて」,2020,http://www.slg.jp/slag/kind.html

［31］ JFEスチール株式会社,「二酸化炭素の炭酸塩固定技術に関する取組みについて～脱炭素社会への寄与を目指して～」,（2020）,2020,https://www.jfe-steel.co.jp/release/2020/04/200420.html

［32］ 経済産業省　資源エネルギー庁,「カーボンリサイクル技術事例集」,（2020）,2020,https://www.enecho.meti.go.jp/category/others/carbon_recycling/tech_casebook/

［33］ 国立研究開発法人新エネルギー・産業技術総合開発機構，「次世代火力発電等技術開発／次世代火力発電技術推進事業／CO_2有効利用技術の先導研究（CO_2直接分解）」"，（2019）．

［34］ 国立研究開発法人新エネルギー・産業技術総合開発機構，「カーボンリサイクル・次世代火力発電等技術開発／CO_2排出削減・有効利用実用化技術開発／炭酸塩、コンクリート製品・コンクリート構造物へのCO_2利用技術開発」，2020.

［35］ 出光興産株式会社，宇部興産株式会社，日揮株式会社，「二酸化炭素の固定化と利用に関する新技術開発を目的とする研究会の設立について」，（2019），2020，https://www.jgc.com/jp/news/assets/pdf/20190610_1.pdf

4.8

［36］ B. Mathieu，"CO_2 mineralisation : Update on latest developments Views from the cement sector"，14th Carbon Dioxide Utilisation Summit，（2019.10.9）．

［37］ Solidia　Technologies，"Sustainable cement manufacturing and concrete"，2020，https://www.solidiatech.com/solutions.html

［38］ Solidia，"コンクリート製造のCO_2ネット排出量を70%削減。大気中のCO_2固定"，Sustainable Japan，（2019.4.29），https://sustainablejapan.jp/2019/04/29/solidia-technologies/39271

［39］ Fast Carb，2020，https://fastcarb.fr/en/home/

［40］ C2CNT，"Technology"，2020，https://www.c2cnt.com/technology/

［41］ Green Car Congress，"GWU team suggests C2CNT carbon nanotube composites could amplify reduction of GHG emissions"，30 August 2019，https://www.greencarcongress.com/2019/08/20190830-licht.html

［42］ Mineral Carbonation International，（2019），https://www.mineralcarbonation.com/

［43］ O.C.O. Technology，2020，https://oco.co.uk/

［44］ Carbon8 Systems，2020，http://c8s.co.uk/

5章

5.1

［1］ M. Behrens，FHI-AC Lecture Series，"Utilization of CO_2"，2020，http://www.fhi-berlin.mpg.de/acnew/department/pages/teaching/pages/teaching__wintersemester__2012_2013/malte_behrens__utilization_of_carbon_dioxide__130125.pdf

［2］ IEA，Sankey diagram（2017），"World Balance（2017）"，（2017），2020，https://www.iea.org/sankey/

5.3

［3］ Shigeru Matsuda，"MAINTAINING HIGH-LEVEL SAFETY IN CITY GAS PRODUCTION IN JAPAN"，The Japan Gas Association，2020，https://www.gas.or.jp/en/newsletter/images/09/pdf/conf_05.pdf

［4］ Svenskt Gastekniskt Center，"Substitute natural gas from biomass gasification"，Rapport SGC 187，1102-7371，ISRN SGC-R-187-SE，（2008）．

［5］ Johnson Matthey Process Technologies，2020，https://matthey.com/en/products-and-services/chemical-processes/chemical-catalysts/methanol-synthesis-catalysts

［6］ Jan Kopyscinski et al.，"Production of synthetic natural gas（SNG）from coal and dry biomass – A technology review from 1950 to 2009"，Fuel，89，1763–1783，（2010）．

［7］ Dakota Gasification Company，2020，https://www.dakotagas.com/

5. 4

［ 8 ］ dena, “Power to Gas system solution, Opportunities, challenges and parameters on the way to marketability.”, (2015),

［ 9 ］ Christina. Wulf et al., "Review of Power-to-Gas Projects in Europe", Energy Procedia, 155, 367–378（2018）.

［10］ 水素・燃料電池戦略協議会,「水素・燃料電池戦略ロードマップ」,（2019.3.12）.

5. 5

［11］ 国立研究開発法人新エネルギー・産業技術総合開発機構,「平成2年度調査報告書　石油代替エネルギー等の輸送技術に関する調査」,（1992）.

［12］ Daniel Sheldon, "Methanol Production – A Technical History", Johnson Matthey Technology Review, 61,（3）, 172–182 ,（2017）.

［13］ 冨永 博夫, 吉田 邦夫監修,「新メタノール技術」, 株式会社サイエンスフォーラム,（1987）.

［14］ A. H. Mohammadi, "Methane to Methanol Process and Methanol to Gasoline（MTG）Process", 2017, 2020, https://www.researchgate.net/publication/320189315_Methane_to_Methanol_Process_and_Methanol_to_Gasoline_MTG_Process

［15］「中国で再燃するメタノール・ガソリン（MTG）生産」, JPECレポート2015年度第1回,（2015）, 2020, http://www.pecj.or.jp/japanese/minireport/pdf/H27_2015/2015-001.pdf

5. 6

［16］ "China's use of methanol in liquid fuels has grown rapidly since 2000", Today in Energy, U.S. EIA, 23 Feb. 2017, 2020, https://www.eia.gov/todayinenergy/detail.php?id=30072

［17］ U.S. EIA, —, 2020, https://www.eia.gov/
天然ガス:https://www.eia.gov/dnav/ng/ng_pri_fut_s1_d.htm
原油：https://www.eia.gov/dnav/pet/pet_pri_spt_s1_d.htm
石炭：https://www.eia.gov/coal/markets/

［18］ Methanex, "METHANEX CORPORATION ANNUAL INFORMATION FORM",（2019.3.11）, 2020, https://www.methanex.com/sites/default/files/investor/annual-reports/2018%20Methanex%20AIF_0.pdf

［19］ GlobalPetrolPrices, 2020, https://www.GlobalPetrolPrices.com
ガソリン：https://www.globalpetrolprices.com/gasoline_prices/
軽油：https://www.globalpetrolprices.com/heating_oil_prices/
電気：https://www.globalpetrolprices.com/electricity_prices/

［20］ George A. Olah et al,"Chemical Recycling of Carbon Dioxide to Methanol and Dimethyl Ether: From Greenhouse Gas to Renewable, Environmentally Carbon Neutral Fuels and Synthetic Hydrocarbons", J. Org. Chem., 74, 487–498,（2009）.

5. 7

［21］ ENEOS,「石油便覧」, —, 2020, https://www.eneos.co.jp/binran/part01/index.html

［22］ 株式会社東京商品取引所,「石油取引の基礎知識」, 2020, https://www.tocom.or.jp/jp/guide/study/textbook/oil/oil02.html

5. 8

［23］ 国立研究開発法人 新エネルギー・産業技術総合開発機構・技術戦略研究センター（TSC），技術戦略研究センターレポート「TSC Foresight Vol.21」，「次世代バイオ燃料分野の技術戦略策定に向けて」の「図 1　次世代バイオ燃料製造プロセス一覧」，（2017.11），2020，https://www.nedo.go.jp/content/100870191.pdf

［24］ 鮫島 正浩 他，「バイオ液体燃料」，エヌ・ティー・エス，（2007）．

［25］ 近藤 昭彦，植田 充美 監修，「セルロース系バイオエタノール製造技術～食料クライシス回避のために～」，エヌ・ティー・エス，（2010）．

［26］ 国土交通省・経済産業省，「2020年オリンピック・パラリンピック東京大会でのバイオジェット燃料利用に関する検討について」，（2015）．

5. 9

［27］ 光島 重徳，松澤 幸一，「水電解技術の現状と課題」，水素エネルギーシステム，36，No.1，（2011）．

［28］ 国立研究開発法人新エネルギー・産業技術総合開発機構，「風力発電導入ガイドブック（2008年2月改定第9版）」，（2008）．

［29］ 国立研究開発法人新エネルギー・産業技術総合開発機構，「NEDO再生可能エネルギー技術白書　第2版　再生可能エネルギー普及拡大にむけて克服すべき課題と処方箋」，p10「第5章　太陽熱発電・太陽熱利用」の「表5-1　太陽熱発電の集光・集熱技術別比較」，（2014）．

5. 10

［30］ 国立研究開発法人 新エネルギー・産業技術総合開発機構，「石炭資源利活用に関する要素研究調査」のp150「図3.1.6-3」，（2019）．

［31］ SolarPACES，（2020），2020，http://www.solarpaces.org/wp-content/uploads/Mapa-Updated.png

［32］ SUN to LIQUID，（2020），2020，https://www.sun-to-liquid.eu/

［33］ Xiaomin. Zhang et al.,"Co-electrolysis of CO_2 and H2O in high-temperature solid oxide electrolysis cells: Recent advance in cathodes",Journal of Energy Chemistry，26，839–853，（2017）．

5. 11

［34］ 環境省，「平成21年度　再生可能エネルギー導入ポテンシャル調査」，（2010）．

［35］ 環境省，「平成22年度　再生可能エネルギー導入ポテンシャル調査」，（2011）．

［36］ 環境省，「平成23年度　再生可能エネルギーに関するゾーニング基礎情報整備」，（2012）．

［37］ 環境省，「平成24年度　再生可能エネルギーに関するゾーニング基礎情報整備」，（2013）．

［38］ 環境省，「平成25年度　再生可能エネルギーに関するゾーニング基礎情報整備」，（2014）．

［39］ 環境省，「平成26年度　再生可能エネルギーに関するゾーニング基礎情報整備」，（2015）．

［40］ 環境省，「平成27年度　再生可能エネルギーに関するゾーニング基礎情報整備」，（2016）．

［41］ dena，"Powerfuels: Missing Link to a successful global Energy Transition"，（2019），2020，https://www.readkong.com/page/powerfuels-missing-link-to-a-successful-global-energy-6172062?p=1

5. 12

［42］ 国立研究開発法人 新エネルギー・産業技術総合開発機構，ニュースリリース「石炭火力発電所から排出されるCO2の有効利用技術開発2テーマに着手―有望なCO2有効利用技術の確立を目指す―」の「図　CO2有効利用のイメージ例」，（2017.11.14），2020，https://www.nedo.go.jp/news/press/AA5_100871.html

[43] 国立研究開発法人 新エネルギー・産業技術総合開発機構, ニュースリリース「CO2を有効利用するメタン合成試験設備を完成、本格稼働に向けて試運転開始」の「図1　メタネーション試験設備」, (2019), 2020, https://www.nedo.go.jp/news/press/AA5_101217.html

[44] 経済産業省 資源エネルギー庁, 「カーボンリサイクル技術事例集」, (2019).

[45] 国立研究開発法人 新エネルギー・産業技術総合開発機構, 「カーボンリサイクル技術における基礎・先導研究レベルの技術開発に着手」, (2020), 2020, https://www.nedo.go.jp/news/press/AA5_101340.html

[46] 環境省 地球環境局, 「CCUSの早期社会実装会議 環境省CCUS事業の概要」, (2019).

5. 13

[47] ALIGN-CCUS, 2020, https://alignccus.eu/about-project/work-package-4-co2-re-use-0

[48] Carbon Recycing International, 2020, https://www.carbonrecycling.is/

[49] Ómar Sigurbjörnsson, "Technical development and commercialization of CO_2 to Methanol", 9th Carbon Dioxide Utilization Summit, (2017.10.19).

[50] Sunfire, 2020, https://www.sunfire.de/en/

[51] A. Frömmel et al., "Sunfire Company Presentation, Energy everywhere", (2018.3.22).

[52] Stephan Rieke, "Power-To-Gas-Anlage, Bau und Betrieb einer 6-MW-Anlage in Werlte", ETOGAS GmbH, 2016, 2020, https://docplayer.org/52818360-Etogas-gmbh-stephan-rieke-power-to-gas-anlage-bau-und-betrieb-einer-6-mw-anlage-in-werlte-muenchen-industriestrasse-6-d-stuttgart.html

[53] "Inovyn takes role in project producing methanol from captured CO_2", Carbon Capture Journal, 10 May (2020), 2020, http://www.carboncapturejournal.com/ViewNews.aspx?NewsID=4342

6章

6. 2

[1] Methanol Institute, 2020, https://www.methanol.org/methanol-price-supply-demand/

[2] 酒井　奨, 「カーボンリサイクル技術とそのCO2削減効果について」, 季報エネルギー総合工学, 2019年10月, 30-42, (2019).

[3] S.Y.Pan, et.al., "An Innovative Approach to Integrated Carbon Mineralization and Waste Utilization: A Review", Aerosol and Air Quality Research, 15, 1072–1091, (2015).

[4] 化学工業日報社, 「2018年版16918の化学商品」, 化学工業日報社, 2018

[5] 石油化学工業協会, 「石油化学製品の生産」, 2020, https://www.jpca.or.jp/statistics/annual/seisan.html

[6] 化学工学会, 「Web版　化学プロセス集成 メタノールプロセス」, -, 2020, http://www3.scej.org/education/me_home.html

[7] 産業技術総合研究所, 「二酸化炭素とギ酸を相互変換するエネルギー効率の高い触媒を開発」, (2012), 2020, https://www.aist.go.jp/aist_j/press_release/pr2012/pr20120319/pr20120319.html

[8] 石油化学工業協会, 「石油化学コンビナート所在地およびエチレンプラント生産能力」, 2020, https://www.jpca.or.jp/trends/plants.html

6. 3

[9] 大河内記念会, "二酸化炭素を原料とするポリカーボネート樹脂製造プロセスの開発と工業化", 2020, http://www.okochi.or.jp/hp/gyoseki52_1.html

6.4

[10] 国立研究開発法人新エネルギー・産業技術総合開発機構・旭化成, "ポリカーボネート樹脂原料の新製法を実証プラントで検証", (2017), 2020, https://www.asahi-kasei.co.jp/asahi/jp/news/2017/ch170807.html

[11] 産業技術総合研究所, "二酸化炭素からポリウレタン原料を効率的に合成", (2014), 2020, https://www.aist.go.jp/aist_j/press_release/pr2014/pr20140930/pr20140930.html

6.5

[12] 人工光合成化学プロセス技術研究組合, -, 2020, http://kumiaikon.la.coocan.jp/docs/meti/2015/42.pdf

[13] 杉本 裕 監修, 「二酸化炭素を用いた化学品製造技術」, S&T出版, (2016).

[14] 経済産業省 資源エネルギー庁, スペシャルコンテンツ「CO2を"化学品"に変える脱炭素化技術「人工光合成」」, 2018, 2020, https://www.enecho.meti.go.jp/about/special/johoteikyo/jinkoukougousei.html

[15] 日本GTLコンソーシアム, 2020, http://japan-gtl.com/

[16] 経済産業省, 「カーボンリサイクル技術事例集」, (2019).

6.6

[17] Global CCS Institute, "Accelerating the Uptake of CCS: Industrial Use of Captured Carbon Dioxide", (2011.3).

[18] National Coal Council, "CO_2 BUILDING BLOCKS: Assessing CO_2 Utilization Options", – CO_2 Building Blocks White Paper, 2016, 2020, http://www.nationalcoalcouncil.org/studies/2016/NCC-CO2-Building-Block-FINAL-Report.pdf

[19] A. W. H. Kolbe, "Ueber Synthese der Salicylsäure", Ann. Chem. Pharm. 113, 125-127 (1860).

[20] R. Schmitt, J. Prakt, "Beitrag zur Kenntniss der Kolbe'schen Salicylsäure Synthese", Chem. 31, pp.397-411 (1885).

[21] "Innovations for a climate-friendly chemical production", BASF BUSINESS & FINANCIAL NEWS, (2019.1.10).

[22] Federal Ministry of Education and Research, "Carbon2Chem", -, 2020, https://www.fona.de/en/measures/funding-measures/carbon2chem-project.php

[23] The State CO2-EOR Deployment Work Group, "21st Century Energy Infrastructure: Policy Recommendations for Development of American CO_2 Pipeline Networks", White paper, (2017).

[24] trends watcher, 「実用化に近づいた空気中のCO2で燃料を製造する技術」, (2014), 2020

[25] fabcross for エンジニア, 「バクテリアで二酸化炭素を燃料に変える――人工光合成バイオハイブリッドシステムを開発、将来の火星探査も視野に」, (2020), 2020, https://engineer.fabcross.jp/archeive/200430_biohybrid.html

[26] Yang Song et al., "High-Selectivity Electrochemical Conversion of CO_2 to Ethanol using a Copper Nanoparticle/N-Doped Graphene Electrode", Chemistry Select, 1, 6055–6061 (2016).

[27] LanzaTech, 2020, https://www.lanzatech.com/

7章

7.1

[1] 東京ガス株式会社 天然ガスプロジェクト記録史編纂委員会, 「天然ガスプロジェクトの軌跡:未来を目指す東京ガス」, (1990).

7.2

[2] Nel Hydrogen, "Atmospheric Alkaline Electrolyser", Nel, (2020), https://nelhydrogen.com/product/atmospheric-alkaline-electrolyser-a-series/

［3］ 旭化成,「旭化成グループの新事業創出戦略 グループ融合による更なる高度化と、深化による新事業の創出」,（2017）.2020, https://www.asahi-kasei.com/jp/ir/library/business/pdf/170412.pdf

［4］ Siemens, "SILYZER 300 The next paradigm of PEM electrolysis, Article", No. PDLD-T10120-00-74000,（2018）, 2020, https://assets.new.siemens.com/siemens/assets/public.1524040818.abae9c1e48d6d239c06d88e565a25040ed2078dc.ct-ree-18-047-db-silyzer-300-db-de-en-rz.pdf

［5］ 日立造船,「国内最大 メガワット級 大型固体高分子型水素発生装置を開発｜新着情報｜Hitz 日立造船株式会社」,（2020）, 2020, https://www.hitachizosen.co.jp/news/2018/06/003058.html

［6］ Sunfire, "Sunfire Hylink: Low-Cost Hydrogen Production", Sunfire, 2020, https://www.sunfire.de/en/products-and-technology/sunfire-hylink

［7］ 国立研究開発法人新エネルギー・産業技術総合開発機構,「水素利用等先導研究開発事業 高効率水素製造技術の研究 高温水蒸気電解システムの研究」,（2014）.

［8］ 松永 健太郎 他,「固体酸化物形電解セルを用いた水素製造システム及び電力貯蔵システム」, 東芝レビュー, 71, 5, 41-45,（2016）.

［9］ 河守 正司 他,「バイオマスを用いた水素発酵実証試験」, 水素エネルギーシステム, 35, 1, 17-21,（2010）.

［10］ 産業技術総合研究所 プレスリリース,「世界初、生ごみから水素とメタンを高速回収できる新システム - 二段発酵法のバイオガス実験プラントが完成 -」, 2020, https://www.aist.go.jp/aist_j/press_release/pr2004/pr20040714/pr20040714.html

［11］ 宮島 秀樹,「下水バイオガス利用による水素創エネ技術の実証」, 水素エネルギー社会形成研究会 平成27年度第2回セミナー,（2015）.

［12］ 国土交通省,「下水道における水素社会への取組について」,（2016）, 2020, https://www.mlit.go.jp/common/001120066.pdf

［13］ 国立研究開発法人新エネルギー・産業技術総合開発機構・人工光合成化学プロセス技術研究組合,「人工光合成の水素製造で世界最高レベルのエネルギー変換効率2%を達成—化石資源に依存しない基幹化学品製造基盤技術を確立へ—」,（2015）, 2020, https://www.nedo.go.jp/news/press/AA5_100372.html

［14］ 日本原子力研究開発機構 プレスリリース,「高温ガス炉による水素製造が実用化へ大きく前進—実用工業材料で製作した水素製造試験装置を用いた熱化学法ISプロセスによる150時間の連続水素製造に成功—」,（2020）, 2020, https://www.jaea.go.jp/02/press2018/p19012502/

7.3

［15］ 山下 誠二 他,「水素液化貯蔵システムの開発」, 日本エネルギー・資源学会論文誌, 37, 4, 1-8,（2016）.

［16］ 物質・材料研究機構,「水素、液化革命　－来たる水素社会！"磁石"で挑む省エネ冷却－」, NIMS NOW, Vol.19, No.4,（2019）.

［17］ CO_2フリー水素サプライチェーン推進機構, HySTRA,「世界初、液化水素運搬船「すいそ　ふろんてぃあ」が進水」,（2019）, 2020, http://www.hystra.or.jp/news/article.html#news04

［18］ Klaas Kunze, Oliver Kircher, "CRYO-COMPRESSED HYDROGEN STORAGE", CRYOGENIC CLUSTER DAY, OXFORD, SEPTEMBER 28,（2012）, 2020, https://stfc.ukri.org/stfc/cache/file/F45B669C-73BF-495B-B843DCDF50E8B5A5.pdf

［19］ 次世代水素エネルギーチェーン技術研究組合,「【世界初の国際間水素輸送】ブルネイ・ダルサラーム国にて製造された 海外水素が本邦初上陸」,（2019.12.18）, 2019, 2020, https://www.ahead.or.jp/jp/pdf/20191218_ahead_press.pdf

［20］ 壹岐 典彦 他,「アンモニアを燃焼するガスタービン」, 日本燃焼学会誌, 58, 186, 215-222,（2016）.

［21］ SIP 終了報告書,「CO_2フリー水素からのアンモニア合成プロセスの構築及び実証」,（2019）.

［22］ 日本ガス協会,「天然ガスの取引量｜日本ガス協会」, 2020, 2020, https://www.gas.or.jp/tokucho/torihiki/

7.4

[23] 経済産業省 資源エネルギー庁,「電源種別（太陽光・風力）のコスト動向等について」,（2016）.

[24] 浪江町,「"世界最大級"の水素製造拠点が浪江町に誕生」,2020,https://www.town.namie.fukushima.jp/soshiki/2/24199.html

[25] 経済産業省　北海道産業保安監督局,「平成29年度 北海道における風力発電の現状と課題 ～稼働状況とトラブル状況～」,（2018）.

[26] 九州電力,「九州電力における再エネ接続の現状と今後の対応」,（2017）,2020,https://www.nedo.go.jp/content/100866078.pdf

[27] CO_2フリー水素サプライチェーン推進機構,HySTRA「HYDROGEN SUPPLY CHAIN 水素サプライチェーン」,（2019）,2020,http://www.hystra.or.jp/project/#chain01

[28] ARENA,"Opportunities for Australia From Hydrogen Exports",（2018）,2020,https://arena.gov.au/knowledge-bank/opportunities-for-australia-from-hydrogen-exports/

[29] 日本経済新聞,丸紅　ギガソーラー稼働　UAEで世界最大級の太陽光,（2019.1.1）,2020, https://www.nikkei.com/article/DGXMZO46795670R00C19A7XQ9000/

7.5

[30] 経済産業省 水素・燃料電池戦略協議会,「水素・燃料電池戦略ロードマップ ～水素社会実現に向けた産官学のアクションプラン～」,（2019）.

[31] 経済産業省 再生可能エネルギー・水素等関係閣僚会議,「水素基本戦略」,（2017）.

[32] 経済産業省 資源エネルギー庁,「エネルギー基本計画」,（2018）.

[33] 経済産業省 再生可能エネルギー・水素等関係閣僚会議,「水素基本戦略（概要）」,（2017）.

[34] 経済産業省 水素・燃料電池戦略協議会,「水素・燃料電池戦略ロードマップ ～水素社会実現に向けた産官学のアクションプラン～（概要）」,（2019）.

8章

8.1

[1] Emiliano Bellini, pv magazine,（2020.2.23）,2020, https://www.pv-magazine.com/2020/01/23/qatars-800-mw-pv-tender-saw-world-record-final-price-0-01567-kwh/

[2] 科学技術振興機構低炭素社会戦略センター,「主要再生可能エネルギーの都道府県別ポテンシャル分布と発電所建設コスト低減」,LCS-FY2017-PP-06,（2017）.

[3] BP,"BP Statistical Review of World Energy 2019,68th edition",（2019）,2020, https://www.bp.com/content/dam/bp/business-sites/en/global/corporate/pdfs/energy-economics/statistical-review/bp-stats-review-2019-full-report.pdf

[4] NREL,"Techno-Economic Renewable Energy Potential on Tribal Lands",（2018）,2020,https://www.nrel.gov/docs/fy18osti/70807.pdf

[5] IRENA,"Renewable Power Generation Costs in 2019",（2020）,2020,https://www.irena.org/publications/2020/Jun/Renewable-Power-Costs-in-2019

[6] USDOE,"2018 Wind Technologies Market Report",（2019）, 2020,https://www.energy.gov/eere/wind/2018-wind-market-reports

[7] 経済産業省,「エネルギー白書2019」,（2020）.

8. 2

［8］ European Academies Science Advisory Council, “Negative emission technologies: What role in meeting Paris Agreement targets?”, EASAC policy report 35,（2018）, 2020, https://easac.eu/fileadmin/PDF_s/reports_statements/Negative_Carbon/EASAC_Report_on_Negative_Emission_Technologies.pdf

［9］ Jan C. Minx et al.,“Negative emissions—Part 1: Research landscape and synthesis”,Environmental Research Letters,（2018）, 2020, https://iopscience.iop.org/article/10.1088/1748-9326/aabf9b/meta

8. 3

［10］ Climeworks, "Direct air capture", 2020, https://www.climeworks.com/

［11］ EUROHEAT & POWER, “EUROPEAN DISTRICT HEATING PRICE SERIES, Reports and Studies”,（2016.12.14）, 2020, https://www.euroheat.org/publications/reports-and-studies/european-district-heating-price-series/

［12］ Carbon Engineering, "Our Technology",（2020）, 2020, https://carbonengineering.com/our-technology/

［13］ David. W. Keith et al., "A Process for Capturing CO_2 from the Atmosphere", Joule 2, 1573-1594,（2018.8.15）.

［14］ Global Thermostat, -, 2020, https://globalthermostat.com/

［15］ Robert. F. Service,"This former playwright aims to turn solar and wind power into gasoline",Science,（2019.2.3）, 2020, https://www.sciencemag.org/news/2019/07/former-playwright-aims-turn-solar-and-wind-power-gasoline

［16］ O. A. Baturina et al.,"CO_2 electroreduction to hydrocarbons on carbon-supported Cu nanoparticles", ACS Catal. 4, 3682-3695,（2014）.

8. 5

［17］ 経済産業省,「平成30年度地球温暖化対策における国際機関等連携事業（ミッション・イノベーションを通じた国際連携に関する取組等調査）」,（2019）.

［18］ 経済産業省・特許庁,「平成29年度特許出願技術動向調査報告書（概要）「CO_2固定化・有効利用技術 」」,（2018）.

［19］ 内閣府 統合イノベーション戦略推進会議,「革新的環境イノベーション戦略」,（2020）.

9章

9. 1

［1］ 内閣府 統合イノベーション戦略推進会議,「革新的環境イノベーション戦略」, 2020.

［2］ 内閣府 総合科学技術・イノベーション会議 エネルギー・環境イノベーション戦略推進ワーキンググループ,「エネルギー・環境イノベーション戦略 推進ワーキンググループ中間報告書」,（2017）.

［3］ 経済産業省,「カーボンリサイクル技術ロードマップ」,（2019）.

9. 3

［4］ 経済産業省委託,「平成30年度地球温暖化対策における国際機関等連携事業（ミッション・イノベーションを通じた国際連携に関する取組等調査）」,（2019）.

［5］ DECHEMA, "Low carbon energy and feedstock for the European chemical industry", 2017. 2020, https://dechema.de/dechema_media/Downloads/Positionspapiere/Technology_study_Low_carbon_energy_and_feedstock_for_the_European_chemical_industry.pdf

9.4

［6］ 国立研究開発法人新エネルギー・産業技術総合開発機構，「2017年度　次世代火力発電等技術開発　次世代火力発電技術推進事業　高効率石炭火力実現のための経済性評価」，(2018)．

［7］ 国立研究開発法人新エネルギー・産業技術総合開発機構，「H27年度 NEDO二酸化炭素原料化基幹化学品製造プロセス技術開発／化学品原料として利用可能な水素製造技術に関する検討」，(2016)．

［8］ 総合資源エネルギー調査会 基本政策分科会，「第25回会合資料，H30年3月26日」，(2018)．

9.5

［9］ 経済産業省 長期地球温暖化対策プラットフォーム，「長期地球温暖化対策プラットフォーム報告書　－我が国の地球温暖化対策の進むべき道－」，(2017)．

［10］ 経済産業省，「長期地球温暖化対策プラットフォーム　国内投資拡大タスクフォース　第1回討議材料」，(2018)，2020，https://www.meti.go.jp/committee/kenkyukai/energy_environment/ondanka_platform/kokunaitoushi/pdf/001_04_00.pdf

［索引］

英数字

あ

か

さ

た

な

は

ま・や・ら

［著者略歴］

小野﨑 正樹（オノザキ　マサキ）

【現職】　一般財団法人エネルギー総合工学研究所　研究顧問、博士（工学）

【経歴】　1975年、早稲田大学大学院理工学研究科化学工学専修修士課程修了後、千代田化工建設株式会社入社。1980年から1981年まで米国ウェストバージニア大学留学。2000年に現研究所に移籍し、化石燃料グループ（現、炭素循環エネルギーグループ）の部長、理事として、エネルギー技術戦略策定や天然ガス、石油、石炭などの利用技術の検討に従事。

加藤 悦史（カトウ　エツシ）

【現職】　一般財団法人エネルギー総合工学研究所　プロジェクト試験研究部　主管研究員・副部長、博士（地球環境科学）

【経歴】　2002年、北海道大学地球環境科学研究科博士後期課程修了。筑波大学、JAMSTEC、国立環境研究所にて、地球レベルの炭素循環および地球温暖化リスクに関する研究に従事。2014年より現研究所にて、地球環境およびエネルギーに関する統合評価モデル、およびネガティブエミッション技術に関する研究に従事。

酒井 奨（サカイ　ススム）

【現職】　一般財団法人エネルギー総合工学研究所　プロジェクト試験研究部　主管研究員・副部長、博士（工学）

【経歴】　2000年、静岡大学大学院理工学研究科修了後、信州大学、カナダ・ビクトリア大学にてポスドク研究員。2003年静岡県工業技術研究所に入所。2014年より現研究所にて、火力発電技術、省エネ技術、エネルギーキャリア技術、バイオマス技術、カーボンリサイクル技術等のエネルギー戦略の策定や総合評価（技術評価、経済性評価、環境評価等）に従事。

橋﨑 克雄（ハシザキ　カツオ）

【現職】　一般財団法人エネルギー総合工学研究所　プロジェクト試験研究部　部長、博士（工学）

【経歴】　1986年、広島大学大学院工学研究科修士課程修了後、三菱重工業株式会社に入社。火力発電技術、新エネルギー技術開発に従事。2015年京都大学　特定研究員（RISING）。2016年に現研究所に出向。2018年、九州大学大学院総合理工学府博士課程修了。現在、炭素循環エネルギーグループで、カーボンリサイクル技術などのエネルギー技術開発、戦略策定の検討に従事。

塙 雅一（ハナワ　マサカズ）

【現職】　一般財団法人エネルギー総合工学研究所　プロジェクト試験研究部　参事

【経歴】　1971年、東京工業大学工学部化学工学科修了後、三菱油化株式会社入社。2001年に現研究所に出向し、地球環境グループの研究員として、炭酸ガス排出抑制技術の検討に従事。2007年に現研究所に移籍し、エネルギー技術戦略策定や天然ガス、石油、石炭などの利用技術の検討に従事。

水田 美能（ミズタ　ハルヨシ）

【現職】　一般財団法人エネルギー総合工学研究所　プロジェクト試験研究部　参事、博士（工学）

【経歴】　1982年、東京大学大学院工学研究科工業化学博士課程修了後、日本石油株式会社入社。1984年から米国SRI Internationalに1年間、1989年英国John Innes Instituteに6ケ月訪問研究員。2004年に石油産業活性化センターに、2008年に日本GTL技術研究組合に出向、2013年7月より現研究所に移籍し、天然ガス、石油、などの利用技術の検討に従事。

水野 有智（ミズノ　ユウジ）

【現職】　一般財団法人エネルギー総合工学研究所　プロジェクト試験研究部　主任研究員、博士（工学）

【経歴】　2013年、大阪大学大学院工学研究科博士後期課程修了。大阪大学にて持続可能社会シナリオ設計、製品ライフサイクル設計に関する研究に従事。2015年より現研究所にて主に水素エネルギーシステムの経済性・環境性分析を行う。

■本書へのご意見、ご感想について

本書に関するご質問については、下記の宛先にFAXもしくは書面、小社ウェブサイトの本書の「お問い合わせ」よりお送りください。
電話によるご質問および本書の内容と関係のないご質問につきましては、お答えできかねます。あらかじめ以上のことをご了承の上、お問い合わせください。
ご質問の際に記載いただいた個人情報は質問の返答以外の目的には使用いたしません。また、質問の返答後は速やかに削除させていただきます。

〒162-0846　東京都新宿区市谷左内町21-13
株式会社技術評論社　書籍編集部
「図解でわかるカーボンリサイクル」質問係

FAX番号：03-3267-2271

本書ウェブページ：https://gihyo.jp/book/2020/978-4-297-11561-6 /

カバー・本文デザイン　武田 厚志（SOUVENIR DESIGN INC.）
カバー・本文イラスト　加納 徳博
本文図版・レイアウト　株式会社トップスタジオ
編　集　最上谷 栄美子

未来《みらい》エコ実践《じっせん》テクノロジー
図解《ずかい》でわかるカーボンリサイクル
～CO_2《シーオーツー》を利用《りよう》する循環《じゅんかん》エネルギーシステム～

2020年　9月29日　初版　第1刷発行
2021年　12月18日　初版　第5刷発行

編著者　一般財団法人《いっぱんざいだんほうじん》　エネルギー総合工学研究所《そうごうこうがくけんきゅうじょ》
発行者　片岡 巌
発行所　株式会社技術評論社
東京都新宿区市谷左内町21-13
電話　03-3513-6150 販売促進部
03-3267-2270 書籍編集部
印刷／製本　日経印刷株式会社

定価はカバーに表示してあります。

ISBN 978-4-297-11561-6 C3060
Printed in Japan